数字图像预处理技术及应用

王　敏　周树道　著

科学出版社

北　京

内 容 简 介

本书是作者在多年进行图像去噪、图像增强、图像融合和图像复原等数字图像预处理研究的基础上撰写而成的，系统地论述和分析图像去噪、图像增强、图像融合和图像复原的基础理论与相关技术。全书共分12章，主要阐述若干种数字图像去噪、增强、融合与复原预处理算法，即基于小波域旋转奇异值分解的图像去噪算法、基于小波域奇异值差值的图像去噪算法、基于分块旋转奇异值分解的图像去噪算法、基于人工鱼群与粒子群优化的图像增强算法、基于突变粒子群优化的图像增强算法、基于亮度小波变换和颜色改善的图像增强算法、基于小波变换方向区域特征的图像融合算法、基于刃边函数和维纳滤波的模糊图像复原算法、基于分块奇异值的图像复原去噪算法、数字图像预处理技术相关应用等。

本书可供信息与通信工程、计算机科学与技术、大气科学、控制科学与工程、电子科学与技术、生物医学工程等学科领域的高年级本科生、研究生、研究人员及工程技术人员参考使用。

图书在版编目（CIP）数据

数字图像预处理技术及应用 / 王敏，周树道著. —北京：科学出版社，2021.6

ISBN 978-7-03-068778-4

Ⅰ. ①数… Ⅱ. ①王… ②周… Ⅲ. ①数字图像处理 Ⅳ. ①TN911.73

中国版本图书馆 CIP 数据核字（2021）第 088263 号

责任编辑：闫 悦 / 责任校对：胡小洁

责任印制：师艳茹 / 封面设计：迷底书装

科 学 出 版 社 出版

北京东黄城根北街 16 号

邮政编码：100717

http://www.sciencep.com

天津文林印务有限公司 印刷

科学出版社发行 各地新华书店经销

*

2021 年 6 月第 一 版 开本：720×1 000 1/16

2021 年 6 月第一次印刷 印张：15 1/4 插页：4

字数：312 000

定价：129.00 元

（如有印装质量问题，我社负责调换）

作 者 简 介

王敏，南京信息工程大学教授、龙山学者、硕士研究生导师，博士毕业于国防科技大学。主要从事数字图像处理、模式识别、大气探测等方向的研究。在国内外期刊上发表学术论文80余篇，其中SCI收录15篇；出版中文著作3部、英文著作1部。授权专利55项，包括发明专利19项、实用新型专利31项、外观设计专利5项。主持国家自然科学基金项目2项、省部级科研项目2项，参与国家自然科学基金重大研究计划项目、重点型号项目、国家530专项项目及其他省部级科研项目等10余项。2016年获中国气象学会气象科学技术进步成果奖二等奖1项(排名第1)，2020年获军队科学技术奖二等奖1项(排名第2)，2014年获军队科学技术奖三等奖1项(排名第2)，2021年获江苏省气象学会气象科技成果奖(基础研究奖)二等奖1项(排名第2)。

周树道，浙江宁波人。先后获得空军工程大学雷达工程专业工学学士学位、国防科技大学天气动力学理学学士学位、东南大学系统工程专业工学硕士学位。长期从事信号处理研究，现任国防科技大学教授、气象水文装备学科带头人。先后担任国家530计划重大课题、国家自然科学基金、重点型号项目组长，获省部级科技进步奖6项、优秀教材奖3项、优秀科技工作者称号，发表学术论文50余篇，出版专著4部，授权发明专利51项。担任科技部专家库成员，教育部专家库成员，气象水文装备杂志主编。

前　　言

数字图像处理技术是近40年来蓬勃发展的一门新兴综合学科，涉及内容相当广泛，包括物理学、计算机科学、数学、统计学、信息科学、生物学、机器视觉、模式识别以及人工智能等。数字图像处理技术已在航空航天、公安司法、军事、生物医学、工业检测、机器人视觉导航、文化艺术等众多领域得到了广泛的应用。

图像在获取、存储和传输等过程的各个环节中，会受到技术上的限制、天气因素以及其他因素的影响，导致获取的图像不可避免地存在噪声、模糊、对比度低等质量下降问题。因此，对降质图像进行图像去噪、图像增强、图像融合和图像复原等图像预处理，以获得高清晰度、高质量的图像，对后续的图像分析和图像理解等高层次处理具有重要的研究意义和实际应用价值。

本书主要介绍数字图像预处理(包括图像去噪、图像增强、图像融合和图像复原)技术的基础理论和实用技术，以及作者近年来的相关研究成果。本书涉及的研究内容主要包括以下几个方面。

(1)阐述本书的研究背景及意义、数字图像预处理概述、相关技术国内外研究现状及应用领域。

(2)提出一种基于小波域旋转奇异值分解与边缘保留的图像去噪算法，利用小波变换和奇异值分解的方向特性，对小波域高频分量进行旋转奇异值分解滤波和边缘提取，有效去除图像噪声的同时保留图像的方向细节信息。

(3)提出一种基于小波域奇异值差值建模的图像去噪算法，利用含噪图像奇异值随噪声方差和图像尺寸变化的特征，构建噪声奇异值差分模型，实现对图像中噪声的去除。

(4)提出一种基于自适应分块旋转的奇异值分解图像去噪算法，考虑到图像的局部特性和方向特性，通过检测图像所含直线的方向对图像进行自适应分块，利用旋转奇异值分解滤波去除图像中的噪声。

(5)提出一种基于人工鱼群与粒子群优化混合的图像自适应增强算法，该算法具有快速的局部搜索速度以及有效的全局收敛能力，并设计一种考虑多个图像质量因素的适应度函数，有效提高了处理时效以及图像增强效果。

(6)提出一种基于突变粒子群优化算法的图像自适应增强算法，利用突变机制扩大寻找空间、寻找最优变换参数，有效提高搜索效率、收敛精度以及图像增强效果。

(7) 提出一种基于亮度小波变换和颜色改善的图像增强算法，应用小波变换域对图像亮度分量低频信息即含雾部分采用反锐化掩蔽加以抑制，通过非线性变换适当增强高频景物信息来获得初级去雾图像。对图像应用基于色彩恒常性的单尺度 Retinex 算法、拉伸、颜色恢复等一系列处理改善图像亮度，有效去除云雾的同时提高了图像的颜色表现。

(8) 提出一种基于小波变换方向区域特征的图像融合算法，对小波域不同分量分别采用基于循环移位子块空间频率相关系数以及基于方向特性的区域能量及梯度归一化相关系数差的自适应融合规则，有效提高了融合效果并降低了融合处理的复杂度。

(9) 提出一种基于刃边函数和最优窗维纳滤波的运动模糊图像复原算法，通过刃边函数可以简便且高效地估计系统降质函数和点扩散函数，进而利用添加最优窗的维纳滤波方法有效去除图像模糊畸变并减小边缘误差。

(10) 提出一种基于分块奇异值导数的图像复原算法，考虑到图像的局部平稳性，采用奇异值分解估计分块模糊图像的点扩散函数，其中的奇异值重组阶数采用奇异值导数来确定，复原算法具有较广的适用范围。

(11) 研究人脸识别、边缘检测、物体分割和遥感图像几何校正等方向相关的数字图像预处理技术，提出基于小波变换和改进的奇异值分解的人脸识别技术、基于小波变换及形态学重构的 SAR 图像边缘检测算法、基于饱和度和区域一致性的静态水上物体分割算法、基于灰度共生矩阵和小波纹理的 SAR 水面图像分割算法，以及基于城市 GCP 模板的遥感图像几何校正算法，为高性能的目标识别及解译提供技术支撑。

在本书的撰写过程中，作者参考了大量的国内外相关技术资料、书籍、学术论文和专利等，吸取了许多专家和同仁的宝贵经验，在此对本书中所引用文献的作者深表感谢。感谢国防科技大学的严卫、黄峰、刘志华、白衡、马宁等老师对本书技术内容提供的指导和支持，感谢南京信息工程大学行鸿彦、张秀再、周晓彦、朱艳萍老师对本书文字内容提供的审查和修改。

本书的出版得到了国家自然科学基金项目（编号：41775165，41301370，41775039）以及国家自然科学基金重大研究计划项目（编号：91544230）的资助。

由于作者水平有限，加之数字图像处理领域宽广，书中难免有不足之处，诚请广大读者和同行专家批评指正。

作　者

2020 年 12 月于南京

目　　录

第1章　绪　　论

1.1　研究背景及意义

人类是通过感觉器官从客观世界获取信息的，视觉是人类最高级别的感知，图像是物体透射或反射的光信息，通过人的视觉系统接收后，在大脑中形成的印象或认识，是自然景物的客观反映。一般来说，凡是能被人类视觉系统所感知的有形信息，或人们心中的有形想象都统称为图像。图像作为一种有效的信息载体，是人类获取和交换信息的主要来源。据统计，人类感知的外界信息，75%以上是通过视觉得到的。视觉信息的特点是信息量大、传播速度快、作用距离短、有心理和生理作用，加上大脑的思维和联想，具有很强的判断能力。此外，人的视觉十分完善，人眼灵敏度高、鉴别能力强，不仅可以辨别景物，还能辨别人的情绪。因此，图像信息对人类来说是十分重要的，有用的、有效的图像信息是图像处理技术发展的源泉。

目前数字图像处理技术已经成为信息科学、计算机科学、工程科学、地球科学等诸多领域研究图像的有效工具。数字图像处理(digital image processing)，就是通过某些数学运算对图像信息进行加工和处理，以满足人的视觉心理和实际应用需求[1]。一般使用计算机处理或实时的硬件处理，因此也称为计算机图像处理(computer image processing)。相较于模拟图像处理，其特点是处理精度高，处理内容丰富，可进行复杂的非线性处理，有灵活的变通能力，一般来说只要改变软件就可以改变处理内容。其缺点是处理速度较慢，尤其是进行复杂的算法处理时，实时性俨然成为瓶颈问题。

一般来讲，对数字图像进行计算机处理(或加工、分析)的主要目的有三个方面。

(1)提高图像的视感质量，如进行图像的亮度、彩色变换，增强、抑制某些成分，对图像进行几何变换等，以改善图像的质量。

(2)提取图像中所包含的某些特征或特殊信息，这些被提取的特征或信息往往为计算机分析图像提供便利。提取的特征可以包括很多方面，如频域特征、灰度或颜色特征、边界特征、区域特征、纹理特征、形状特征、拓扑特征和关系结构等。

(3)进行图像数据的变换、编码和压缩，以便于图像的存储和传输。

早期的图像处理的目的是改善图像的质量，它以人为对象，以改善人的视觉效果为目的，如图像噪声去除、图像对比度增强、多幅图像融合、图像模糊复原等处理，这些处理通常对后续的特征提取、目标识别等处理有重要的影响，因此也称为图像预处理。

与声音信号类似，图像信号在获取和传输过程中，由于环境条件恶劣和传感器元器件自身质量老化等因素，不可避免地会受到各种噪声的污染；另外，在采集图像过程中光照环境或物体表面反光等原因造成图像整体光照不均，或是图像显示设备的局限性造成图像显示层次感降低或颜色减少等；还有，由于传感器自身物理特性、成像机理和观察视角等因素的限制，单一的图像传感器往往不能够从场景中获取足够的信息，甚至无法独立完成对一幅场景的全面描述；同时，在上述图像形成和传输过程中，由于成像系统、传输系统和设备不完善，图像质量会有退化和失真，如成像系统的散焦、设备与物体间存在相对运动或者器材的固有缺陷、大气湍流影响等，就会使图像有畸变。这些现象分别需要进行图像去噪、图像增强、图像融合和图像复原处理工作，这些处理是对图像的低层次处理，处于图像处理的预处理阶段。但它却是图像处理的一个重要环节，在整个图像处理过程中起着承前启后的重要作用，对图像高层次处理的成败至关重要。它们的共同目的都是改善图像的质量和视觉效果，以便从图像中获取更加有用的信息，才能更快、更准确地进行后续的图像处理，如边缘检测、图像分割、特征提取、模式识别等环节。因此，图像去噪、增强、融合与复原处理是数字图像处理非常重要的研究分支。

通过图像去噪处理，可以对图像中出现的噪声进行最大限度的抑制、衰减以及去除不需要的信息，降低噪声对原始图像的干扰程度，使有用的信息得到加强，并且增强视觉效果，提高图像质量，使图像更加清晰化，从而有利于更高层次的目标区分或对象解释，它是图像预处理必经的一个环节。

通过图像增强处理，可以突出图像中感兴趣的部分，减弱或去除不需要的信息，如对比度增强、光照均匀化、去除薄云薄雾等。这样使有用信息得到加强，从而得到一种更加实用的图像或者转换成一种更适合人或机器进行分析处理的图像，有利于对后期图像中的目标进行识别、跟踪和理解。

通过图像融合处理，利用多个传感器提供的冗余信息和互补信息，使融合后的图像包含更为全面、丰富的信息，使其更符合人或机器的视觉特性、更有利于对图像的进一步分析处理以及自动目标识别。

通过图像复原处理，根据估计相应的退化模型和知识重建或恢复原始的图像，还原图像的本真，从而改善图像的清晰度和分辨率。

1.2 数字图像与数字图像预处理概述

1.2.1 数字图像的概念

图像是对客观对象的一种相似的、生动的描述或表示。图像的种类很多，属性及分类方法也很多。从不同的视角看图像，其分类方法也不同。

1)按人眼的视觉特点分类

按人眼的视觉特点，可将图像分为可见图像和不可见图像。其中，可见图像又包括生成图像(通常称为图形或图片，如图 1.1 所示)和光图像(图 1.2)两类。图形侧重于根据给定的物体描述模型、光照及想象中的摄像机的成像几何，生成一幅图像的过程。光图像侧重于用透镜、光栅和全息技术产生图像。我们通常所指的图像是后一类图像。不可见图像包含不可见光(如 X 射线、红外线、紫外线、超声、磁共振等)成像和不可见量成像，如温度、压力人口密度的分布图等。

图 1.1 生成图像(图形)(见彩图)

(a)可见光图像

(b)红外图像

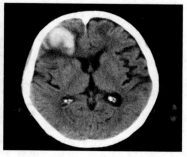

(c)微波图像

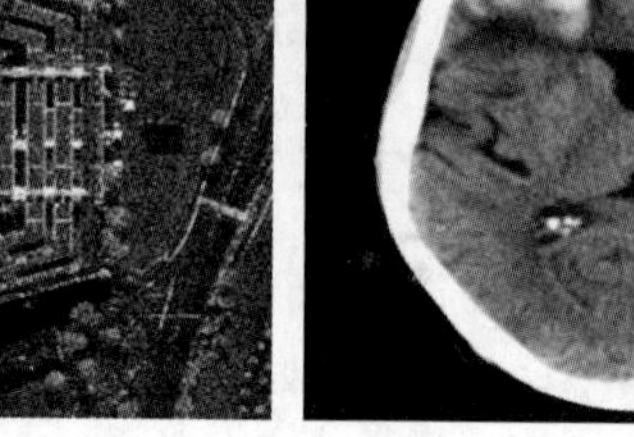

(d)磁共振图像

图 1.2 光图像(见彩图)

2)按波段分类

按波段，可将图像分为单波段、多波段和超波段图像。单波段图像在每个像素点只有一个亮度值；多波段图像上的每一个像素点具有不止一个亮度值，例如，红、绿、蓝三波段光图像或彩色图像在每个像素具有红、绿、蓝三个亮度值，这三个值表示在不同光波段上的强度，人眼看来就是不同的颜色；超波段图像上每个像素点具有几十或几百个亮度值，如遥感图像等。

3)按空间坐标和明暗程度的连续性分类

按空间坐标和明暗程度的连续性，可将图像分为模拟图像和数字图像。模拟图像的空间坐标和明暗程度都是连续变化的，计算机无法直接处理。数字图像是指其空间坐标和灰度均不连续、离散的图像，这样的图像才能被计算机处理。因此，数字图像可以理解为图像的数字表示，是时间和空间的非连续函数(信号)，是由一系列离散单元经过量化后形成的灰度值的集合，即像素的集合。数字图像定义为一个二维函数 $f(x,y)$，其中，x 和 y 是空间(平面)坐标，而任意一对空间坐标 (x,y) 处的幅值 f 称为图像在该点处的强度或灰度，其中，x,y 和灰度值 f 是有限的离散数值[2]。

1.2.2 数字图像处理的概念及特点

数字图像处理，就是利用计算机对数字图像进行的一系列操作，从而获得某种预期结果的技术。数字图像处理的内容相当丰富，包括狭义的图像处理、图像分析(识别)与图像理解。

狭义的图像处理着重强调在图像之间进行的变换，如图 1.3 所示，它是一个从图像到图像的过程，属于底层的操作。它主要在像素级进行处理，处理的数据量非常大。虽然人们常用图像处理泛指各种图像技术，但狭义的图像处理主要指对图像进行各种加工，以改善图像的视觉效果，并为自动识别打基础，或对图像进行压缩编码，以减少所需存储空间或传输时间。它以人为最终的信息接收者，主要目的是改善图像的质量。主要研究内容包括图像变换，编码压缩，图像去噪、增强和复原、分割等。

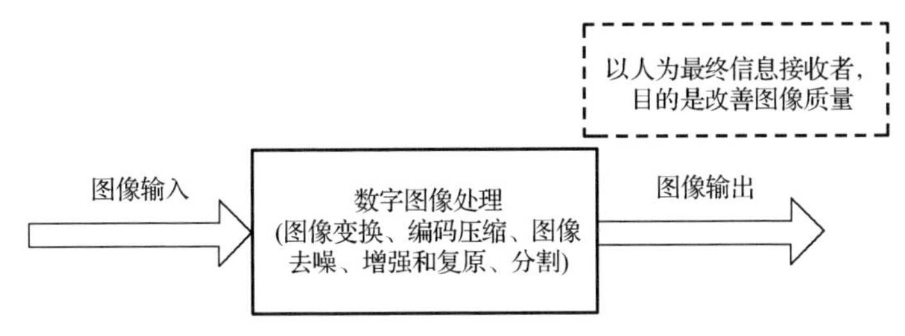

图 1.3 狭义的图像处理

图像分析是对图像中感兴趣的目标进行检测和测量，从而建立对图像的描述。它以机器为对象，目的是使机器或计算机能自动识别目标。图像分析是一个从图像到数值或符号的过程，主要研究用自动或半自动装置和系统，从图像中提取有用的测度、数据或信息，生成非图像的描述或者表示。它不仅对景物中的各个域进行分类，还要对千变万化和难以预测的复杂景物加以描述。因此，常依靠某种知识来说明景物中物体与物体、物体与背景之间的关系。目前，人工智能技术正在被越来越普遍地用于图像分析系统中，进行各层次控制并有效地访问知识库。如图 1.4 所示，图像分析的内容包括特征提取、符号描述、目标检测、景物匹配和识别等。它是一个从图像到数据的过程，数据可以是对目标特征测量的结果或基于测量的符号表示，它们描述了图像中目标的特点和性质，因此图像分析可以看作中层处理。

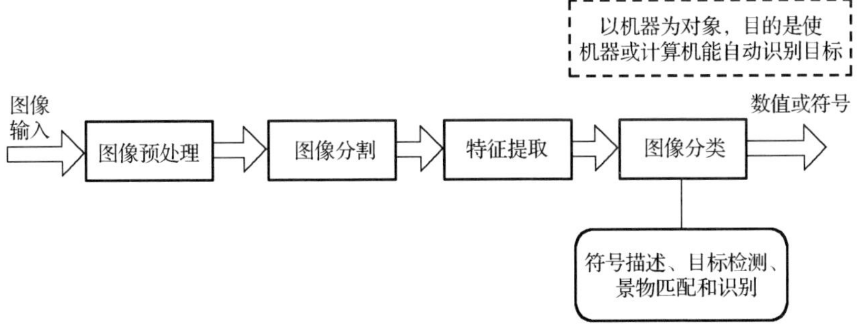

图 1.4 图像分析流程图

图像理解是利用计算机系统解释图像，实现类似人类视觉系统的功能来理解外部世界，也称为计算机视觉或景物理解。正确地理解需要知识的引导，因此图像理解与人工智能等学科有密切联系。图像理解是由模式识别发展起来的，输入的是图像，输出的是一种描述，如图 1.5 所示。这种描述不仅仅是单纯地用符号做出详细的描述，而且要利用客观世界的知识使计算机进行联想、思考及推论，从而理解图像所表现的内容。图像理解的重点是在图像分析的基础上，进一步研究图像中各目标的性质和它们之间的相互联系，并得出对图像内容含义的理解以及对原来客观场景的解释，从而指导和规划行动。如果说图像分析主要是以观察者为中心研究客观世界，那么图像理解在一定程度上则是以客观世界为中心，并借助知识、经验来把握和解释整个客观世界。因此图像理解是高层操作，其处理过程和方法与人类的思维推理有许多相似之处。

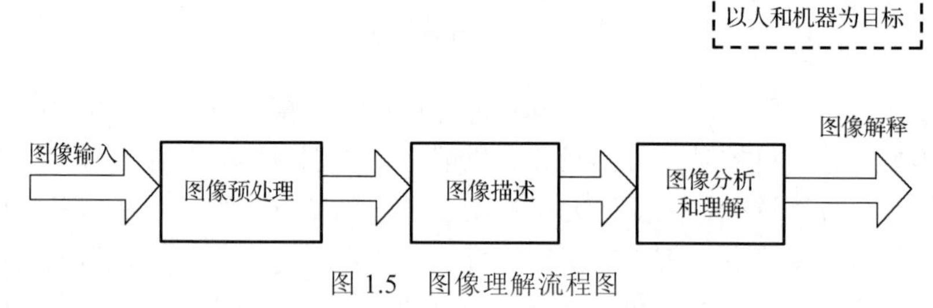

图 1.5　图像理解流程图

数字图像处理具有如下特点。

(1) 处理的信息量很大。例如，一幅 256×256 像素的低分辨率黑白(二值)图像，需要约 64kbit 的数据量；对高分辨率彩色 512×512 像素的图像，则需要 768kbit 数据量；如果要处理 30 帧/s 的电视图像序列，则每秒需要 500kbit～22.5Mbit 数据量。因此对计算机的计算速度、存储容量等要求较高。

(2) 占用的频带较宽。与语音信息相比，图像占用的频带要大几个数量级。例如，电视图像的带宽约为 5.6MHz，而语音带宽仅为 4kHz 左右。所以在成像、传输、存储、处理、显示等各个环节的实现上，技术难度较大，成本也高，这就对频带压缩技术提出了更高的要求。

(3) 数字图像中各个像素是非独立的，相关性较大。在图像画面上，常有多个像素有相同或接近的灰度或颜色。就电视画面而言，同一行中相邻两个像素或相邻两行间的像素，其相关系数可达 0.9 以上，而相邻两帧之间的相关性比帧内相关性一般来说还要更大些。因此，图像处理中信息压缩的潜力很大。

(4) 在理解三维景物时需要知识导引。由于图像是三维景物的二维投影，一幅图像本身不具备复现三维景物全部几何信息的能力，很显然三维景物背后的部分信息在二维图像画面上是反映不出来的。因此，要分析和理解三维景物必须进行适当的假设或附加新的测量，如双目图像或多视点图像，这也是人工智能正在致力解决的问题。

(5)结果图像一般是由人来观察和评价的。对图像处理结果的评价受人的主观因素影响大。由于人的视觉系统很复杂，受环境条件、视觉性能、人的情绪与爱好以及知识状况影响很大，对图像质量的评价还有待进一步深入研究。另外，计算机视觉是模仿人的视觉，因而人的感知机理必然影响着计算机视觉研究。例如，什么是感知的初始基元、基元是如何组成的、局部与全局感知的关系、优先敏感的结构、属性和时间特征等，这些都是心理学和神经心理学正在着力研究的课题。

综上所述，数字图像处理技术包括三种基本范畴，如图 1.6 所示。低级处理，包括图像获取、预处理，不需要智能分析；中级处理，包括图像分割、表示与描述，需要智能分析；高级处理，包括图像识别、解释，但缺少理论支持，为降低难度，常设计得更专用。数字图像处理是一门系统研究各种图像理论、技术和应用的新的交叉学科。从研究方法来看，它与数学、物理学、生理学、心理学、计算机科学等许多学科相关；从研究范围来看，它与模式识别、计算机视觉、计算机图形学等多个专业又互相交叉。

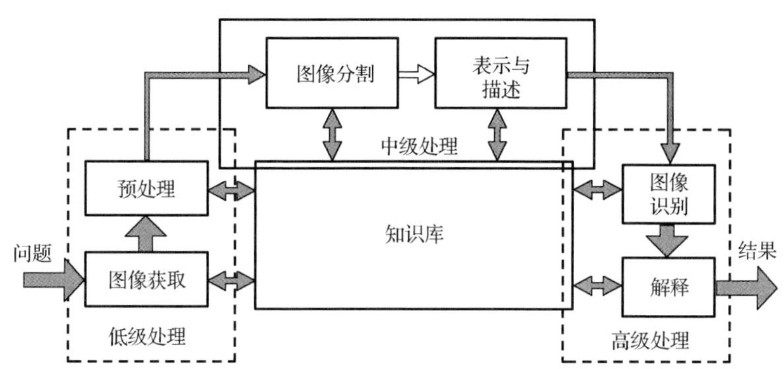

图 1.6 图像处理系统的组成

图 1.7 给出了数字图像处理与相关学科和研究领域的关系，可以看出数字图像处理的三个层次的输入/输出内容，以及它们与计算机图形学、模式识别、计算机视觉等相关领域的关系。计算机图形学研究的是在计算机中表示图形以及利用计算机进行图形的计算、处理和显示的相关原理与算法，是从非图像形式的数据描述生成图像，与图像分析相比，两者的处理对象和输出结果正好相反。另外，模式识别与图像分析则比较相似，只是前者把图像分解成符号等抽象的描述方式，二者有相同的输入，而不同的输出结果可以比较方便地进行转换。计算机视觉则主要强调用计算机实现人的视觉功能，这实际上用到了数字图像处理三个层次的许多技术，但目前研究的内容主要与图像理解相结合。以上各学科都得到了包括人工智能、神经网络、遗传算法、模糊逻辑等新理论、新工具和新技术的支持，因此它们在近年得到了长足的进展。另外，数字图像处理的研究进展与人工智能、

神经网络、遗传算法、模糊逻辑等理论和技术都有密切的联系，它的发展应用与医学、遥感、通信、文档处理和工业自动化等许多领域也是不可分割的[3]。

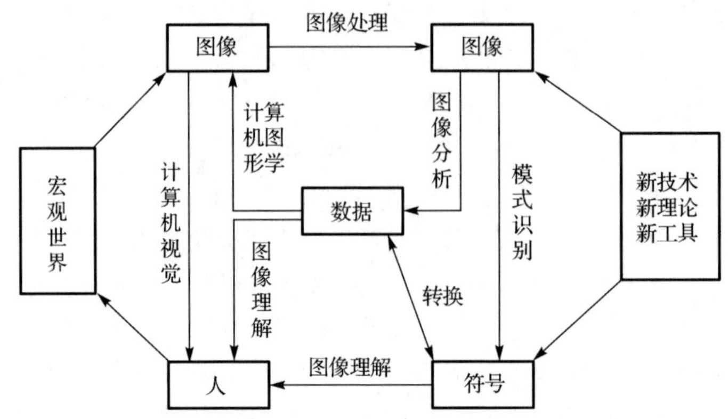

图 1.7　数字图像处理与相关学科和研究领域的关系

1.2.3　数字图像预处理研究范畴与方法

数字图像预处理是对图像的低层次处理，一般在图像中、高层次处理如特征提取、目标识别之前进行，主要包括图像去噪(image denoising)、图像增强(image enhancement)、图像融合(image fusion)、图像复原(image restoration)，以及其他辅助处理。

1. 图像去噪

图像在生成或传输过程中因受到各种噪声的干扰和影响，不可避免地会出现降质现象，存在不同程度的边缘模糊、局部和整体的对比性较差等问题，这对后续图像的处理(如分割、压缩和图像理解等)会产生不利影响。因此对图像进行去噪处理、提高图像质量是图像处理中的一项基础而重要的工作。

1)噪声的分类和数学模型

噪声是造成图像退化的重要因素之一。图像噪声的主要来源有三个方面。一是敏感元器件内部产生的高斯噪声。这是由器件中的电子随机热运动而造成的电子噪声，这类噪声很早就被人们成功地建模并研究。一般用零均值高斯白噪声来表征。二是光电转换过程中的泊松噪声。这类噪声是由光的统计本质和图像传感器中的光电转换过程引起的，在弱光情况下，影响更为严重。常用只有泊松密度分布的随机变量作为这类噪声的模型。三是感光过程中产生的颗粒噪声。在显微镜下检查可发现，照片上光滑细致的影调，在微观上呈现的是随机的颗粒性质。对于多数应用，颗粒噪声用高斯过程白噪声作为有效模型[4,5]。

从噪声的概率分布情况来看，可分为高斯噪声、瑞利噪声、伽马噪声、指数噪声、均匀噪声和脉冲噪声。它们对应的概率密度函数如下。

(1) 高斯噪声。

$$p(z)=\frac{1}{\sqrt{2\pi}\sigma}\exp[-(z-\mu)^2/(2\sigma^2)] \tag{1.1}$$

式中，z 表示图像像素的灰度值；μ 表示 z 的标准差。当 z 服从式(1.1)的分布时，其值有70%落在$[\mu-\sigma,\mu+\sigma]$范围内，有95%落在$[\mu-2\sigma,\mu+2\sigma]$范围内，有99.7%落在$[\mu-3\sigma,\mu+3\sigma]$范围内。图1.8给出了高斯噪声的概率密度函数图。

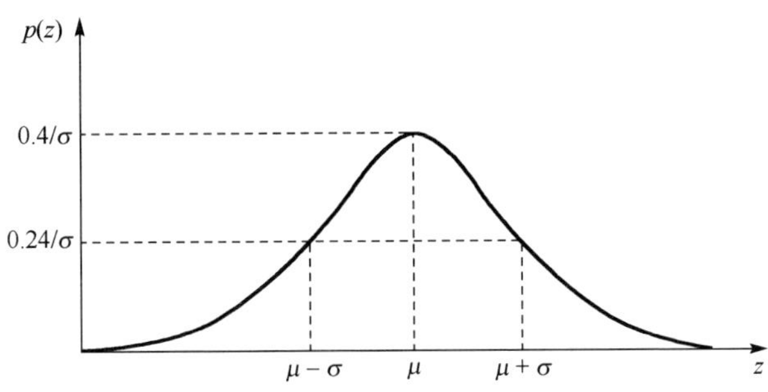

图1.8 高斯噪声的概率密度函数

(2) 瑞利噪声。

$$p(z)=\begin{cases}\dfrac{2}{b}(z-a)\exp[-(z-a)^2/b], & z\geqslant a\\ 0, & z<a\end{cases} \tag{1.2}$$

其均值和方差分别为

$$\begin{cases}\mu=a+\sqrt{\pi b/4}\\ \sigma^2=b(4-\pi)/4\end{cases} \tag{1.3}$$

(3) 伽马噪声。

$$p(z)=\begin{cases}\dfrac{a^b z^{b-1}}{(b-1)!}\mathrm{e}^{-az}, & z\geqslant 0\\ 0, & z<0\end{cases} \tag{1.4}$$

式中，$a>0$；b 为正整数。其密度的均值和方差分别为

$$\begin{cases}\mu=\dfrac{a}{b}\\ \sigma^2=\dfrac{b}{a^2}\end{cases} \tag{1.5}$$

(4)指数噪声。

$$p(z)=\begin{cases} az^{-az}, & z\geqslant 0 \\ 0, & z<0 \end{cases} \tag{1.6}$$

式中，$a>0$。其密度的均值和方差分别为

$$\begin{cases} \mu=\dfrac{1}{a} \\ \sigma^2=\dfrac{1}{a^2} \end{cases} \tag{1.7}$$

(5)均匀噪声。

$$p(z)=\begin{cases} \dfrac{1}{b-a}, & a\leqslant z\leqslant b \\ 0, & 其他 \end{cases} \tag{1.8}$$

其密度的均值和方差分别为

$$\begin{cases} \mu=\dfrac{a+b}{2} \\ \sigma^2=\dfrac{(b-a)^2}{12} \end{cases} \tag{1.9}$$

(6)脉冲噪声。脉冲噪声的幅值基本相同，但噪声出现的位置是随机的。均匀脉冲噪声的概率密度函数为

$$p(z)=\begin{cases} p_a, & z=a \\ p_b, & z=b \\ 0, & 其他 \end{cases} \tag{1.10}$$

式中，如果 p_a 或 p_b 有一个为 0，称为单极脉冲噪声；如果 p_a 或 p_b 都不为 0，称为双极脉冲噪声或椒盐噪声。通常处理的噪声都是椒盐噪声。其中，脉冲噪声可正可负，通常负脉冲以黑点(胡椒点)的形式出现，正脉冲以白点(盐点)的形式出现。图 1.9 给出了脉冲噪声的概率密度函数。

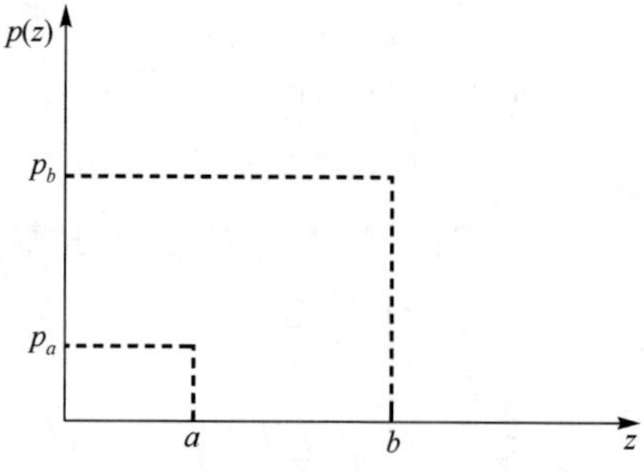

图 1.9　脉冲噪声的概率密度函数

为了更直观地显示上述噪声对图像的影响，现选取一个仅有三级灰度变化的简单图像(图 1.10)作为测试图像，并给出该图像受到上述噪声污染后的图像及其直方图(图 1.11)。

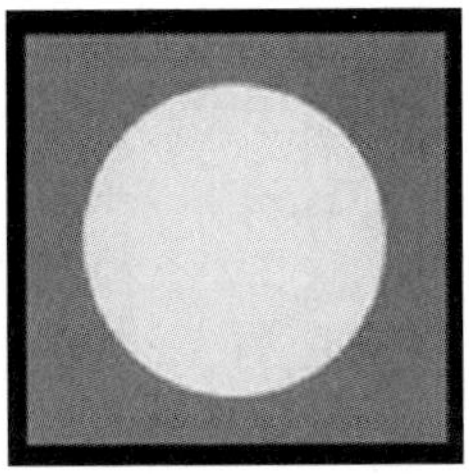

图 1.10 测试图像

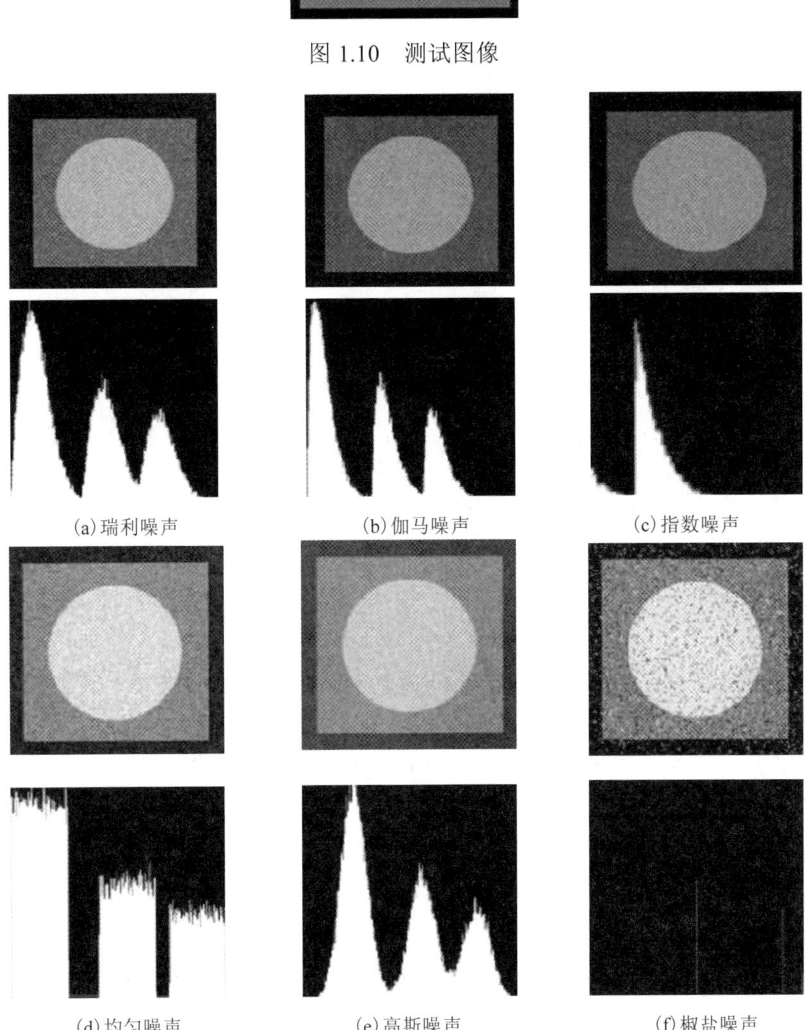

(a)瑞利噪声 (b)伽马噪声 (c)指数噪声

(d)均匀噪声 (e)高斯噪声 (f)椒盐噪声

图 1.11 各个噪声模型对受测图像的影响

根据对图像信号的污染方式，可分为加性噪声、脉冲噪声和乘性噪声。

(1)受加性噪声污染图像的退化模型为

$$x_n(i,j)=x(i,j)+n(i,j) \tag{1.11}$$

(2)受脉冲噪声污染图像的退化模型为

$$x_n(i,j)=\begin{cases} r_{\max}, & \text{概率为}\, p/2 \\ r_{\min}, & \text{概率为}\, p/2 \\ x(i,j), & \text{概率为}\, 1-p \end{cases} \tag{1.12}$$

式中，p 为脉冲噪声的概率。

(3)受乘性噪声污染图像的退化模型为

$$x_n(i,j)=x(i,j)+f(x(i,j))\cdot n(i,j) \tag{1.13}$$

式中，$x_n(i,j)$ 为噪声污染图像信号；$x(i,j)$ 为原始图像信号；$n(i,j)$ 为噪声。

在数字图像处理领域，加性噪声是最常见的噪声类型，因此，图像去噪处理大多是研究对加性噪声的去除技术。

2)小波变换去噪原理

小波变换(wavelet transform，WT)是一种新的变换分析方法，它继承和发展了短时傅里叶变换局部化的思想，同时克服了窗口大小不随频率变化等缺点，能够提供一个随频率改变的时间-频率窗口，可将信号分解成许多具有不同的分辨率、频率特性和方向特性的子带信号，被誉为数学显微镜。因此，小波变换在许多领域都得到了成功的应用，特别是小波变换的离散数字算法已被广泛用于许多问题的变换研究中。从此，小波变换越来越受到人们的重视，其应用领域也越来越广泛，如信号处理、图像处理、模式识别、语音识别等，并取得了可喜的成果。

基于小波变换进行图像去噪方法的成功，主要是由于小波变换具有以下优点。

(1)低熵性。小波系数的稀疏分布，使图像变换后的熵降低。

(2)多分辨率性。由于采用多分辨率的方法，所以可以非常好地刻画信号的非平稳特征，如边缘、尖峰、断点等，可在不同分辨率下根据信号和噪声分布的特点去噪。

(3)去相关性。因为小波变换可以对信号进行去相关，且噪声在变换后有白化趋势，所以小波变换在时域更利于去噪。

(4)选择基底的灵活性。由于小波变换可以灵活地选择不同的小波基，如单小波、多小波、多带小波、小波包等，从而对不同的应用场合和研究对象，可以选出不同的小波函数，以获得最佳的处理效果。

小波变换主要分为连续小波变换(continuous wavelet transform，CWT)和离散小波变换(discrete wavelet transform，DWT)两大类。两者的主要区别在于，连续小波变换在所有可能的缩放和平移上操作，而离散小波变换采用所有缩放和平移值的特定子集。

(1)连续小波变换。设$\psi(t)$为一个平方可积函数，即$\psi(t)\in L^2(\mathbb{R})$，其傅里叶变换在$\omega=0$时有$\hat{\psi}(0)=0$，即$\int_{-\infty}^{\infty}\psi(t)\mathrm{d}t=0$，则称$\psi(t)$为一个基本小波或母小波。将母函数$\psi(t)$经过伸缩和平移后得到

$$\psi_{a,b}(t)=\frac{1}{\sqrt{|a|}}\psi\left(\frac{t-b}{a}\right),\quad a,b\in\mathbb{R},\quad a\neq 0 \tag{1.14}$$

称$\psi_{a,b}(t)$为小波函数，简称小波。式中，a为尺度因子；b为平移因子。变量a反映的是函数的尺度(宽度)；变量b检测小波函数在t轴上的平移位置。一般地，母小波$\psi(t)$的能量集中在原点；小波函数$\psi_{a,b}(t)$的能量集中在b点。典型的db4小波函数如图1.12所示。

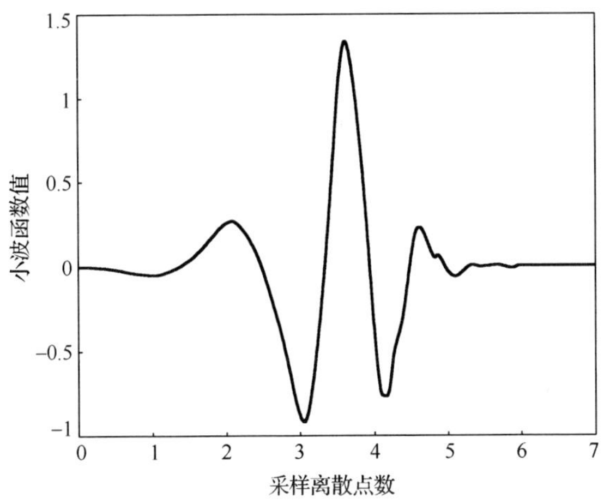

图1.12　小波函数

对于任意函数的连续小波变换为

$$W_f(a,b)=\langle f,\psi_{a,b}\rangle=\frac{1}{\sqrt{|a|}}\int_{\mathbb{R}}f(t)\psi^*\left(\frac{t-b}{a}\right)\mathrm{d}t \tag{1.15}$$

式中，$\psi^*(t)$表示$\psi(t)$的复共轭。

当此小波为正交小波时，其重构公式(逆变换)为

$$f(t)=\frac{1}{C_\psi}\int_{-\infty}^{\infty}\int_{-\infty}^{\infty}\frac{1}{a^2}W_f(a,b)\psi\left(\frac{t-b}{a}\right)\mathrm{d}a\mathrm{d}b \tag{1.16}$$

(2)离散小波变换。在实际应用中，考虑最多的是离散小波变换，而不是连续小波变换。尤其是在计算机上实现时，连续小波必须加以离散化。因此有必要讨论连续小波 $\psi_{a,b}(t)$ 和连续小波变换 $W_f(a,b)$ 离散化。离散化是指尺度和平移的离散，即都是针对连续的尺度参数和连续平移参数的，而不是针对时间的。

通常把连续小波变换中尺度参数和平移参数的离散化公式分别取作 $a=2^{-j}$，$b=k2^{-j}$，其中，$k,j\in\mathbb{Z}$，则离散小波变换 $\psi_{j,k}(t)$ 为

$$\psi_{j,k}(t)=2^{j/2}\psi\left(\frac{t-2^{-j}k}{2^{-j}}\right)=2^{j/2}\psi(2^{-j}t-k) \tag{1.17}$$

而离散小波变换系数则可表示为

$$C_{j,k}=\left\langle f,\psi_{j,k}\right\rangle=\int_{-\infty}^{\infty}f(t)\,\psi_{j,k}^{*}(t)\mathrm{d}t \tag{1.18}$$

其重构公式为

$$f(t)=C\sum_{-\infty}^{\infty}\sum_{-\infty}^{\infty}C_{j,k}\psi_{j,k}(t) \tag{1.19}$$

式中，C 是一个与信号无关的常数。要选择合适的 j 和 k，以保证重构信号的精度。显然，网络点应尽可能密，因为如果网络点越稀疏，使用的小波函数 $\psi_{j,k}(t)$ 和离散小波变换系数 $C_{j,k}$ 就越少，信号重构的精确度也就会越低。

(3)图像小波变换及其特性。Mallat 在 Butt 和 Adelson 图像分解与重构金字塔算法的启发下，基于小波分析提出了 Mallat 算法。对于二维图像信号在尺度 $j-1$ 上有如下的 Mallat 分解公式：

$$\begin{cases}C_j=\boldsymbol{H}_c\boldsymbol{H}_rC_{j-1}\\D_j^1=\boldsymbol{G}_c\boldsymbol{H}_rC_{j-1}\\D_j^2=\boldsymbol{H}_c\boldsymbol{G}_rC_{j-1}\\D_j^3=\boldsymbol{G}_c\boldsymbol{G}_rC_{j-1}\end{cases} \tag{1.20}$$

式中，C_j、D_j^1、D_j^2、D_j^3 分别对应于图像 C_{j-1} 的低频成分、垂直方向上的高频成分、水平方向上的高频成分、对角方向上的高频成分。与之相应的二维图像的 Mallat 重构算法为

$$C_{j-1}=\tilde{\boldsymbol{H}}_r\tilde{\boldsymbol{H}}_cC_j+\tilde{\boldsymbol{H}}_r\tilde{\boldsymbol{H}}_cD_j^1+\tilde{\boldsymbol{G}}_r\tilde{\boldsymbol{G}}_cD_j^2+\tilde{\boldsymbol{G}}_r\tilde{\boldsymbol{G}}_cD_j^3 \tag{1.21}$$

式中，$\tilde{\boldsymbol{H}}$、$\tilde{\boldsymbol{G}}$ 分别为 $\boldsymbol{H}$、$\boldsymbol{G}$ 的共轭转置矩阵。

图像数据经过一次离散正交小波变换后，图像被分解为四幅，如图 1.13(b)所示。其中，左上角为原图像的平滑逼近(低频 LL_1)，其余为原图像的细节高频

信息：左下角为垂直边缘细节部分 LH_1，右上角为水平边缘细节部分 HL_1，右下角为对角线边缘细节部分 HH_1。若对二维图像进行 N 层的小波分解，最终将有 $3N+1$ 个不同频带，其中有 $3N$ 个高频带和一个低频带。图 1.14 是对图像处理领域经典的 Lena 图像采用 db5 小波三层小波分解的效果图。

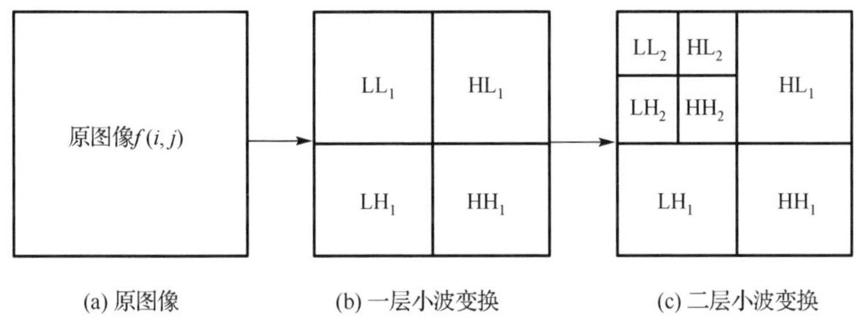

图 1.13 小波分解示意图

图 1.14 Lena 图像三层小波分解效果图

(4) 常规的小波阈值去噪方法。传统利用小波变换阈值进行图像去噪的流程如图 1.15 所示。对含噪图像在各尺度上进行小波分解，设定一个阈值，对各尺度上的小波系数进行处理，幅值低于该阈值的小波系数置为 0，高于该阈值的小波系数或者完全保留，或者进行相应的“收缩”处理。最后将处理后获得的小波系数用小波逆变换进行重构，得到去噪后的图像。

图 1.15　图像小波去噪流程图

常见的小波阈值函数有以下几种。

①硬阈值函数。硬阈值函数把信号的小波系数的绝对值和给定的阈值进行比较，小于阈值的点变为 0，大于或等于阈值的点保持不变，如图 1.16(a)所示。硬阈值函数定义为

$$\hat{W}_{j,k}=\begin{cases}W_{j,k}, & \left|W_{j,k}\right|\geqslant\lambda\\0, & \left|W_{j,k}\right|<\lambda\end{cases}\tag{1.22}$$

②软阈值函数。软阈值函数把信号的小波系数的绝对值和给定的阈值进行比较，小于阈值的点变为 0，大于或等于阈值的点变为该点值与阈值的差值，并保持符号不变，如图 1.16(b)所示。软阈值函数定义为

$$\hat{W}_{j,k}=\begin{cases}\operatorname{sgn}(W_{j,k})(\left|W_{j,k}\right|-\lambda), & \left|W_{j,k}\right|\geqslant\lambda\\0, & \left|W_{j,k}\right|<\lambda\end{cases}\tag{1.23}$$

式中，$W_{j,k}$ 是小波分解的 k 层的第 j 个系数；$\hat{W}_{j,k}$ 是对应的估计的高频小波系数。

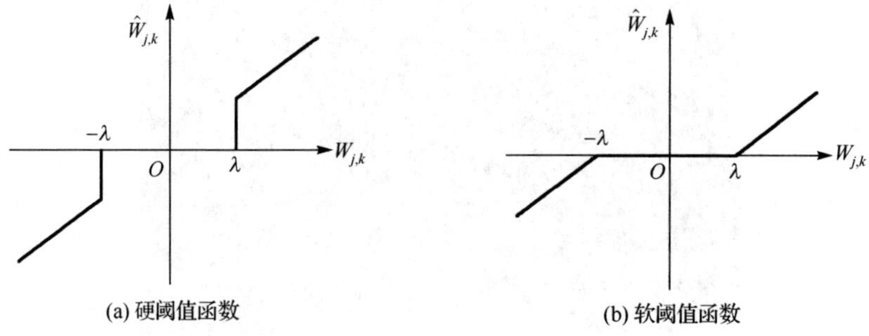

图 1.16　硬阈值函数和软阈值函数

③阈值选取。阈值 λ 的选取有全局阈值选取和局部适应阈值选取两种方法。全局阈值选取法对各层小波系数都是统一选取阈值的，局部适应阈值选取法更加灵活，根据当前小波系数周围的情况而选取不同的阈值[6,7]。

全局阈值，通常取统一阈值：

$$\lambda=\sigma\sqrt{2\lg N}\tag{1.24}$$

式中，σ 为噪声标准方差；N 为信号长度。

该阈值是在高斯模型下针对多维独立正态变量联合分布得出的。

局部适应阈值，采用基于零均值正态分布的置信区间阈值：

$$\lambda = 3\sigma \tag{1.25}$$

式中，σ 为噪声标准方差。

该阈值是假设零均值的正态分布变量落在区间 $[-3\sigma, 3\sigma]$ 之外的概率为 0，所以一般认为绝对值大于 3σ 的系数是由信号产生的，而绝对值小于 3σ 的系数是由噪声产生的[8,9]。

一般采用第一层小波分解系数求中值估计噪声标准方差 σ，即

$$\sigma = \frac{\mathrm{median}(|W_{j,1}|)}{0.6745} \tag{1.26}$$

式中，$W_{j,1}$ 为第一层小波分解系数。

3) 奇异值分解去噪原理

对于二维图像 $\boldsymbol{B}$，受到噪声 $\boldsymbol{X}$ 污染后可表示为图像 $\boldsymbol{A} \in \mathbb{R}^{l_1 \times l_2}$（$l_1 \geqslant l_2$，$l_1$ 和 l_2 分别为图像矩阵的行数和列数），设矩阵 $\boldsymbol{A}$ 的秩 $\mathrm{rank}(\boldsymbol{A}) = r(r \leqslant l_2)$，则 $\boldsymbol{A}$ 的奇异值分解(singular value decomposition, SVD)定义为[10]

$$\boldsymbol{A} = \boldsymbol{USV}^{\mathrm{T}} \tag{1.27}$$

式中，$\boldsymbol{U} = (u_1, u_2, \cdots, u_{l_1}) \in \mathbb{R}^{l_1 \times l_2}$ 和 $\boldsymbol{V} = (v_1, v_2, \cdots, v_{l_2}) \in \mathbb{R}^{l_1 \times l_2}$ 分别称作 $\boldsymbol{A}$ 的左奇异矩阵和右奇异矩阵，$\boldsymbol{U}$ 和 $\boldsymbol{V}$ 的前 l_2 列向量分别称作 $\boldsymbol{A}$ 的左奇异向量和右奇异向量；$\boldsymbol{S} \in \mathbb{R}^{l_1 \times l_2}$ 称为奇异值(singular value，SV)阵，其对角线元素 $\lambda_1 \geqslant \lambda_2 \geqslant \cdots \geqslant \lambda_r > 0$ 称为矩阵的非零奇异值，并称 λ_i 为矩阵 $\boldsymbol{A}$ 的第 i 个奇异值。因为 r 为矩阵 $\boldsymbol{A}$ 的秩，从式(1.27)中除去 $\boldsymbol{A}$ 的零奇异值，则 $\boldsymbol{A}$ 可以精简表示为

$$\boldsymbol{A} = \sum_{i=1}^{r} \lambda_i \boldsymbol{u}_i \boldsymbol{v}_i^{\mathrm{T}} \tag{1.28}$$

从式(1.28)可以看出，奇异值反映了矩阵的能量分布。对于矩阵的零奇异值，它并没有携带矩阵重构时所需要的信息，在重构矩阵时可以将其忽略，此外那些接近于零的奇异值也因仅含有少量矩阵重构信息，可以忽略。故只利用携带其信息的非零奇异值进行重构即可。即选取合适的奇异值数目 $k(k \leqslant r)$ 或者奇异值阈值 λ，去噪图像 $\hat{\boldsymbol{A}}$ 可近似为

$$\hat{\boldsymbol{A}} = \sum_{i=1}^{k} \lambda_i \boldsymbol{u}_i \boldsymbol{v}_i^{\mathrm{T}}, \quad \lambda_i \geqslant \lambda \tag{1.29}$$

一般地，式(1.29)中的 λ 取值为

$$\lambda \leqslant \sqrt{MN}\sigma \tag{1.30}$$

式中，M 和 N 表示含噪图像的长度和宽度；σ 表示含噪图像的噪声归一化方差。

奇异值分解图像去噪基本原理是通过奇异值分解，将图像矩阵在其奇异值分解左奇异矩阵 $\boldsymbol{U}$ 上进行正交投影，就可以将包含图像信息的矩阵分解到一系列奇异值和奇异值矢量对应的子空间中，因为噪声的能量比较小，所以它对应的奇异值也比较小，可以通过去除小奇异值滤掉噪声子空间，然后在有效的信号子空间上重构图像矩阵，从而达到去除噪声的目的。

4) 去噪效果评价

无论对于图像处理还是图像通信系统，信息的主体是图像，都要进行图像质量评价，以此衡量系统的性能优劣。图像的质量包括图像的逼真度和图像的可懂度两方面的含义。图像的逼真度指被评价图像与原标准图像的偏离程度，图像的可懂度则是指图像能向人或机器提供信息的能力。

根据评价的主体是人类还是计算机模型，图像去噪质量的评价分为主观评价和客观评价。客观评价大多采用定量化的离散误差来测度，但由于至今机器对人的视觉特性还未充分理解，对人的心理因素还找不出定量分析方法，所以主观评价方法是最具权威性的评价方法[11,12]。不过，主观评价方法在工程应用上劳时费力，使它在实际应用中受到了严重限制[13]。

(1) 主观评价。图像去噪质量的主观评价是以人作为图像的观察者，对图像去噪质量的优劣做出主观评定，是一个视觉认知的过程。人们通过观察原始图像和去噪后的图像，得到视觉上的一种感受，可以形成一种认识，如图像是否清晰、图像是否模糊、图像是否难以判读等。这种评价方式与评价者的专业背景、人数、经验和爱好有关，也与被评价的图像内容及观察环境、条件有关。最典型的主观评价方法有平均主观分值法(mean opinion score, MOS)和差分主观分值法(differential mean opinion score, DMOS)。平均主观分值法是将不同评价人员对同一图像评价的打分进行平均，用均值表示该幅图像的质量。打分一般分为五级，分别为优秀、良好、中等、及格、较差，得分分别为 5、4、3、2、1。计算公式为

$$J = \frac{1}{N}\sum_{i=1}^{N} J_i \tag{1.31}$$

式中，J_i 为第 i 个评价人员的评分值；N 为评价人员总数。

主观进行图像质量评价时，也可以提供一组标准的图像作为参考，帮助观察者对被评价图像的质量做出合适的评价。对一般人来讲，即“外行”观察者，多采用质量尺度；而对于专业人员——“内行”观察者，则使用妨碍尺度为宜，表 1.1 给出质量尺度和妨碍尺度的 5 级评分标准。

表 1.1　质量尺度和妨碍尺度的 5 级评分标准

得分	妨碍尺度	质量尺度
5	无察觉	非常好
4	刚察觉	好
3	察觉，但不讨厌	一般
2	讨厌	差
1	难以观看	非常差

差分主观分值法则是在平均主观分值法的基础上计算得到的一种评价方法，用以描述原始图像与去噪处理后图像之间的逼真度。计算公式如下：

$$
\begin{aligned}
d_{ij} &= M_{\mathrm{o}} - M_{\mathrm{d}} \\
d'_{ij} &= \frac{d_{ij} - \min(d_{ij})}{\max(d_{ij}) - \min(d_{ij})}
\end{aligned} \tag{1.32}
$$

式中，d_{ij} 为观察者利用平均主观分值法对原始图像和去噪图像评分的差异值；M_{o} 为观察者利用平均主观分值法对原始图像的评分；M_{d} 为观察者利用平均主观分值法对去噪图像的评分。

(2) 客观评价。图像去噪质量客观评价采用统计学的方法，以去噪图像和原始图像的差别为目标来评价去噪效果，主要评价指标是描述图像逼真度的峰值信噪比(peak signal-to-noise ratio, PSNR)。PSNR 是均方误差的一个相关量，将原始图像看作信号，将去噪图像和原始图像相应的像素灰度差值看作噪声，计算其信噪比，单位用分贝(dB)表示，其值与人眼感知评价之间的关系如表 1.2 所示。PSNR 越大，说明去噪图像与原始图像越逼近，去噪质量越好。计算公式如下：

$$
\begin{aligned}
\mathrm{PSNR} &= 10\lg\left(\frac{255^2}{\mathrm{MSE}}\right) \\
\mathrm{MSE} &= \frac{\sum_{i=1}^{M}\sum_{j=1}^{N}(f(i,j) - f_0(i,j))^2}{MN}
\end{aligned} \tag{1.33}
$$

式中，$f(i,j)$ 为去噪后图像在点 (i,j) 的像素灰度值；$f_0(i,j)$ 为原始图像在点 (i,j) 的像素灰度值；M 和 N 分别为图像的总行数和总列数。

表 1.2　PSNR 与人眼感知评价的简明关系

PSNR/dB	人眼感知评价结果
<25	图像质量差，基本不能使用
25	图像能被识别，但人眼感觉差
28	人眼感觉较差，图像有瑕疵，但基本能接受

续表

PSNR/dB	人眼感知评价结果
30	人眼感觉较好，图像有少许瑕疵
33	图像质量高，与原始图像几乎无差别
>35	去噪图像与原始图像已无法区分

结构相似度指数(structural similarity index measurement, SSIM)利用均值来评价原始图像和去噪图像之间的亮度、对比度和结构相似度，SSIM 越高，表示图像 X 与去噪图像 Y 的相似度较高。计算公式为

$$\mathrm{SSIM}(X,Y)=\frac{(2\mu_X\mu_Y+C_1)(2\sigma_{XY}+C_2)}{(\mu_X^2+\mu_Y^2+C_1)(\sigma_X^2+\sigma_Y^2+C_2)} \tag{1.34}$$

式中，μ_X、μ_Y、σ_X^2 和 σ_Y^2 分别为两幅图像 X 和 Y 的均值和标准差；σ_{XY} 为 X 和 Y 的协方差；C_1 和 C_2 为常数。

$$\begin{aligned}
\mu_X &= \sum_{i=1}^{M}\sum_{j=1}^{N} X(i,j) \\
\sigma_X^2 &= \sum_{i=1}^{M}\sum_{j=1}^{N} (X(i,j)-\mu_X)^2 \\
\sigma_{XY} &= \sum_{i=1}^{M}\sum_{j=1}^{N} (X(i,j)-\mu_X)(Y(i,j)-\mu_Y) \\
C_1 &= (0.01\times 255)^2 \\
C_2 &= (0.02\times 255)^2
\end{aligned} \tag{1.35}$$

2. 图像增强

图像在采集过程中不可避免地会受到传感器灵敏度、噪声干扰以及模数转换时量化问题等各种因素的影响，导致图像无法达到令人满意的视觉效果，为了达到人眼观察或者机器自动分析、识别的目的，对原始图像所做的改善行为，称作图像增强。图像增强包含了非常广泛的内容，凡是改变原始图像的结构关系以取得更好的判断和应用效果的所有处理手段，都可以归结为图像增强处理，其目的就是改善图像的质量和视觉效果，或将图像转换成更适合人眼观察或机器分析、识别的形式，以便从中获取更加有用的信息。云和雾是常见的一种重要的自然天气现象，云和雾的存在使大气低能见度降低，使获取的图像模糊不清，分辨率下降，无法从所获得的图像中获得清晰的目标信息，从而严重影响图像中的信息提取，因此，薄云薄雾去除是一种特殊的图像增强处理，通过对薄云薄雾的去除达到增强图像有用信息的目的。

图像增强处理的目标包括增强边缘、提高对比度、增加亮度、去除不需要的信息而增强有用信息、改善颜色效果和细微层次等处理。为了使各种不同特定目的的图像质量得到改善，人们提出了多种图像增强算法。这些算法根据处理空间的不同分为基于空间域的图像增强算法和基于变换域的图像增强算法。基于空间域的图像增强算法直接针对图像中的像素，对图像的灰度进行处理；基于变换域的图像增强算法是基于图像的变换域(如傅里叶变换)对图像频谱进行改善，增强或抑制所希望的频谱。基于空间域的图像增强算法又可以分为点处理和邻域(模板)处理两大类，点处理是作用于单个像素的空间域处理方法，包括图像灰度变换、直方图处理、伪彩色处理等技术，而邻域处理是作用于像素邻域的处理方法，包括空域平滑和空域锐化等技术；基于变换域的图像增强算法可以分为频域的平滑增强算法、频域的锐化增强算法以及频域的彩色增强算法。基于空间域的图像增强算法因其处理的直接性，相对于频域增强复杂的空间变换，运算量相对较少，因此广泛应用于实际中。此处重点介绍基于图像灰度变换和直方图处理的基于空间域的图像增强算法。

1) 灰度变换

灰度变换可使图像动态范围增大，对比度得到扩展，使图像清晰、特征明显，是图像增强的重要手段之一[2]。它主要利用点运算来修正像素灰度，由输入像素点的灰度值确定相应输出点的灰度值，是一种基于图像变换的操作。灰度变换不改变图像内的空间关系，除了灰度级的改变是根据某种特定的灰度变换函数进行之外，可以看作“从像素到像素”的复制操作[14]。基于点运算的灰度变换可表示为

$$g(x,y)=T(f(x,y)) \tag{1.36}$$

式中，T 称为灰度变换函数，它描述了输入灰度值和输出灰度值之间的转换关系。

灰度变换是图像对比度增强的一种有效手段，它与图像的像素位置及被处理像素的邻域灰度无关。灰度变换处理的关键在于设计合适的映射函数(曲线)。映射函数的设计有两类方法：一类是根据图像特点和处理工作需求，人为设计映射函数，试探其处理效果；另一类是从改变图像整体的灰度分布出发，设计一种映射函数，使变换后图像灰度直方图达到或接近预定的形状。映射变换的类型取决于所需增强特性的选择。

灰度变换包含的方法很多，如逆反处理、阈值变换、灰度拉伸、灰度切分、灰度级修正、动态范围调整等。虽然它们对图像的处理效果不同，但处理过程中都运用了点运算，通常可分为线性变换、分段线性变换、非线性变换。

(1) 线性变换。线性变换如图 1.17 所示，其变换函数为

$$g(x,y)=T(f(x,y))=af(x,y)+b \tag{1.37}$$

式中，a 为直线的斜率；b 为 g 轴上的截距。

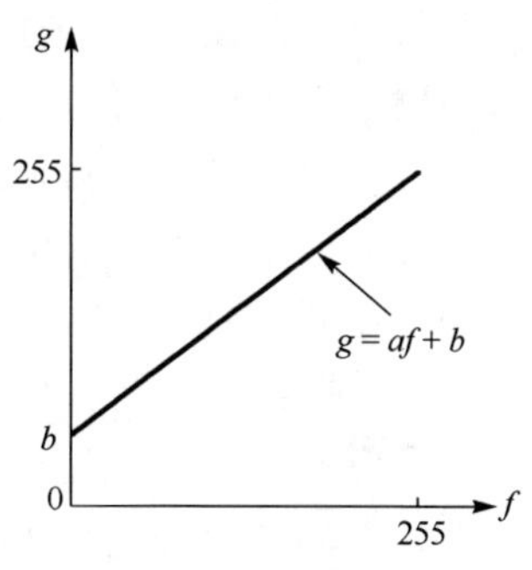

图 1.17　线性变换

显然，如果 $a=1$，$b=0$，则输出图像复制输入图像。

如果 $a>1$，$b=0$，则输入图像对比度被扩展。

如果 $a=1$，$b=0$，则输入图像对比度被压缩。

如果 $a<0$，$b=0$，则获得输入图像的求反。

如果 $a=1$，$b\neq 0$，则输出图像将会比输入图像偏亮或者偏暗。

(2) 分段线性变换。分段线性变换如图 1.18 所示，图中为三段线性变换函数。

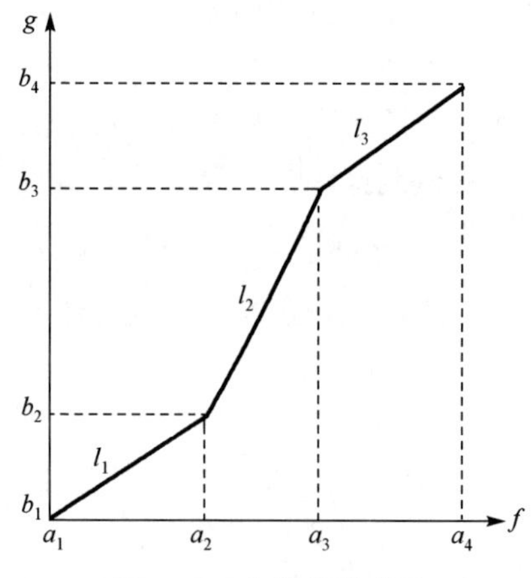

图 1.18　分段线性变换

其数学表达式为

$$\begin{cases} g_1(x,y)=r_1 f_1(x,y)+b_1, r_1=(b_2-b_1)/(a_2-a_1) \\ g_2(x,y)=r_2 f_2(x,y)+b_2, r_2=(b_3-b_2)/(a_3-a_2), \quad b_1=a_1=0 \\ g_3(x,y)=r_3 f_3(x,y)+b_3, r_3=(b_4-b_3)/(a_4-a_3) \end{cases} \tag{1.38}$$

式中，r_1、r_2、r_3 分别为三条线段 l_1、l_2、l_3 的斜率；b_1、b_2、b_3、b_4 分别为 l_1、l_2、l_3 在

g 轴上的截距；a_1、a_2、a_3、a_4 分别为 l_1、l_2、l_3 端点在 f 轴上的取值。

分段线性变换可以使图像上有用信息的灰度范围得以扩展，增大对比度，而相应噪声的灰度范围被压缩到端部较小的区域内。图 1.19 列举出了四种典型的分段线性变换函数，其中图 1.19(a)用于两端裁剪而中间扩展；图 1.19(b)用于显现图像的轮廓线，把不同的灰度范围变换成相同的灰度范围输出；图 1.19(c)用于图像的反转并裁剪高亮区部分；图 1.19(d)用于图像的二值化。

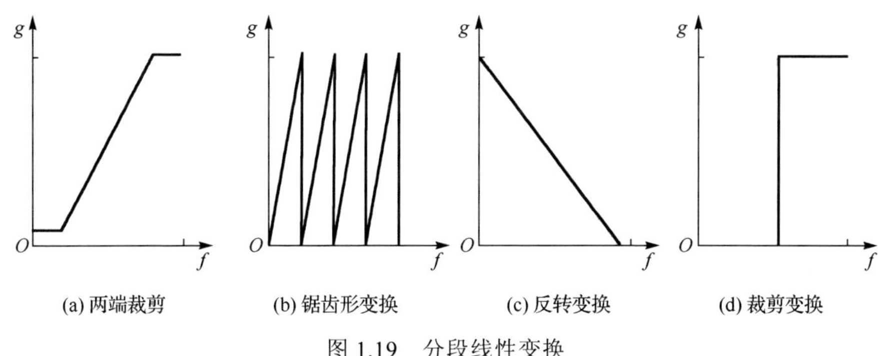

(a) 两端裁剪　(b) 锯齿形变换　(c) 反转变换　(d) 裁剪变换

图 1.19　分段线性变换

(3) 非线性变换。常用的非线性变换有指数变换、对数变换以及指数和对数的组合变换[15]。

①指数变换，输出图像 $g(x,y)$ 与输入图像 $f(x,y)$ 的灰度转换关系为指数形式，即

$$g(x,y)=b^{f(x,y)} \tag{1.39}$$

式中，b 为底数。该变换用于压缩输入图像中低灰度区的对比度，而扩展高灰度区，曲线形状如图 1.20(a)所示。为了增加变换的动态范围，修改曲线的起始位置或变化速率等，可加入一些调节参数，使之成为

$$g(x,y)=b^{c(f(x,y)-a)}-1 \tag{1.40}$$

式中，a、b 均为可调参数。

②对数变换，输出图像 $g(x,y)$ 与输入图像 $f(x,y)$ 的灰度关系为对数形式，即

$$g(x,y)=\lg(f(x,y)) \tag{1.41}$$

该变换用于压缩输入图像中高灰度区的对比度，而扩展低灰度值，曲线形状如图 1.20(b)所示。为了增加变换的动态范围和灵活性，修改曲线的起始位置或变化速率等，可加入一些调节参数，使之成为

$$g(x,y)=a+\ln(f(x,y)+1)/(b\ln c) \tag{1.42}$$

式中，a、b、c 均为可选参数。为避免对 0 求对数，对 $f(x,y)$ 取对数可改为对

$f(x,y)+1$取对数。

③指数和对数的组合变换，输出图像 $g(x,y)$ 的 $0\to m$ 灰度区与输入图像 $f(x,y)$ 的 $0\to n$ 灰度区之间的灰度关系为指数形式，而其余区域之间的灰度关系为对数形式，即

$$g(x,y)=\begin{cases}\exp(f(x,y)), & 0\leqslant f(x,y)\leqslant n\\ \lg(f(x,y)), & n<f(x,y)\leqslant 255\end{cases}\tag{1.43}$$

该变换用于压缩输入图像中高、低灰度区两端的对比度，而扩展中间灰度区。曲线形状如图 1.20(c)中的实线所示。图中虚线为对数、指数变换，适用于相反的情况。

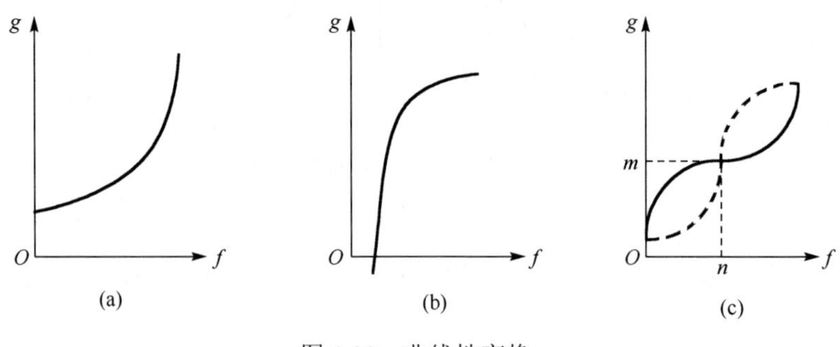

图 1.20　非线性变换

2) 直方图修正

直方图修正是以概率论为基础演绎出来的对图像灰度进行变换的又一种对比度增强处理。图像 $f(x,y)$ 中的某一灰度 f_i 的像素数目 n_i 所占总像素数目 N 的份额 n_i/N，称为该灰度像素在该图中出现的概率密度 $p_f(f_i)$，即

$$p_f(f_i)=n_i/N,\quad i=0,1,2,\cdots,L-1\tag{1.44}$$

式中，L 为灰度级总数目。它随灰度变化的函数称为该图像的概率密度函数，该函数是一簇梳状直线，被定义为直方图。如果 $f(x,y)$ 是连续的随机变量，则它的直方图为一条连接直线簇顶点的拟合曲线。直方图概括了图像中各灰度级的含量，一幅图像的明暗分配状态，可以通过直方图反映出来。改善某些目标的对比度，修改各部分灰度的比例关系，即可通过改造直方图的办法来实现。特别是把原图像直方图两端加以扩展，而中间峰值区加以压缩，使输出图像的概率密度 $p_g(g_i)$ 所构成的整个直方图呈现大体均匀分布，如图 1.21 所示，则输出图像的清晰度会明显提高。

直方图修正处理可认为是一种单调的点变换 $g_i=T(f_i)$ 处理，把输入灰度变量 $f_{\min}\leqslant f_i\leqslant f_L$ 映射到输出灰度变量 $g_{\min}\leqslant g_i\leqslant g_L$ 上，使输出概率分布 $p_g(g_i)$ 的累

积等于输入概率分布 $p_f(f_i)$ 的累积，即

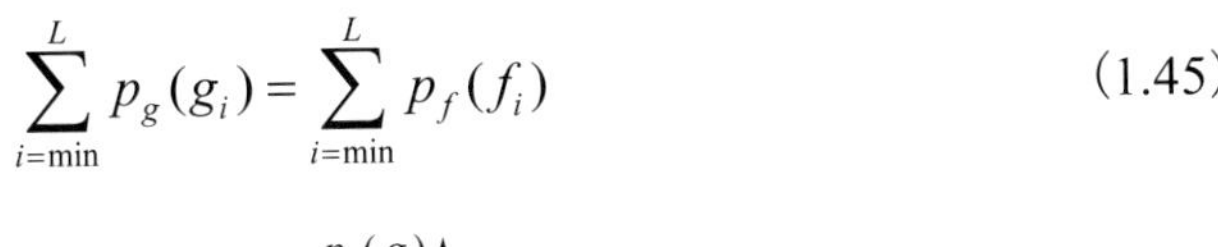

$$\sum_{i=\min}^{L} p_g(g_i) = \sum_{i=\min}^{L} p_f(f_i) \tag{1.45}$$

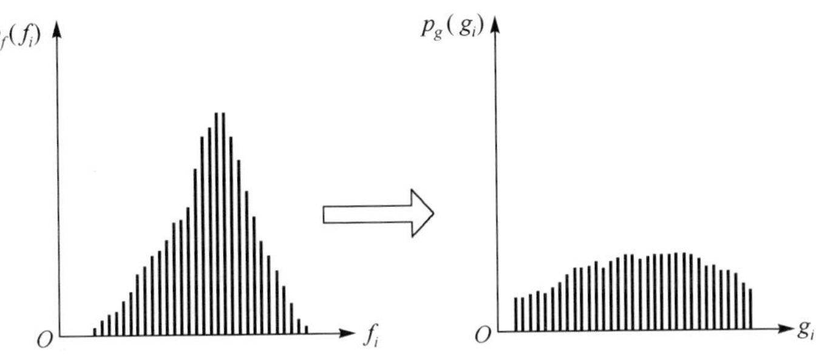

图 1.21　直方图均衡化

对于连续的情况，有

$$\int_{g_{\min}}^{g} p_g(g)\mathrm{d}g = \int_{f_{\min}}^{f} p_f(f)\mathrm{d}f \tag{1.46}$$

式(1.46)表明，落在输入图像灰度区间 $[f_{\min}, f]$ 的所有像素等于输出图像中落在灰度区间 $[g_{\min}, g]$ 的所有像素。图 1.22 表明了这种转换关系，其中，$p_f(f)$ 为原图像的概率密度函数，$p_g(g)$ 为经变换后的概率密度函数，$T(f)$ 为变换函数。

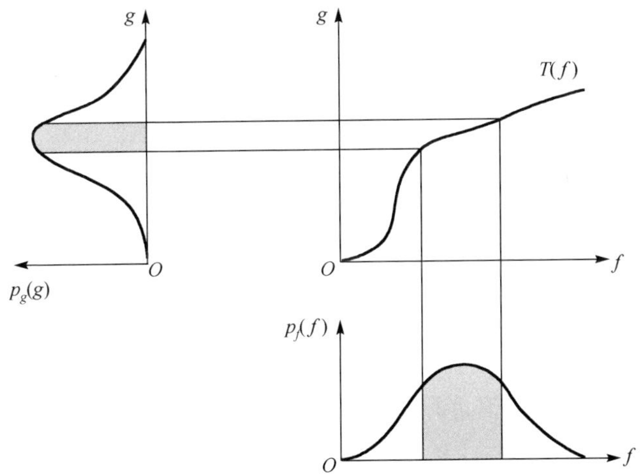

图 1.22　直方图变换中的概率密度函数变换

(1) 直方图均衡化。在某些特殊情况下，为使输出图像的概率密度保持均匀分布，即直方图均衡化，则

$$p_g(g)=1/(g_{\max}-g_{\min}),\quad g_{\min}\leqslant g\leqslant g_{\max} \tag{1.47}$$

代入式(1.46)中，得

$$\begin{aligned}\int_{g_{\min}}^{g}p_g(g)\mathrm{d}g&=\int_{g_{\min}}^{g}1/(g_{\max}-g_{\min})\mathrm{d}g=\int_{f_{\min}}^{f}p_f(f)\mathrm{d}f\\&=[1/(g_{\max}-g_{\min})](g-g_{\min})=p_f(f)\end{aligned} \tag{1.48}$$

此时直方图均衡转换函数为

$$T=(g_{\max}-g_{\min})p_f(f)+g_{\min} \tag{1.49}$$

(2)直方图规定化。变换原图像的直方图为规定的某种形态的直方图称为直方图调整，也称直方图匹配，它属于非线性反差增强的范畴。上述直方图均衡化只不过是直方图调整的一个特例。直方图调整方法如图 1.23 所示。把现有的直方图为 $p_a(a_k)$ 的图像 $a(x,y)$ 变换到具有某一指定直方图 $p_c(c_k)$ 的图像 $c(x,y)$，一般分两步进行：先把图像 $a(x,y)$ 变换为具有均衡化直方图的中间图像 $b(x,y)$，然后把 $b(x,y)$ 变换到 $c(x,y)$。

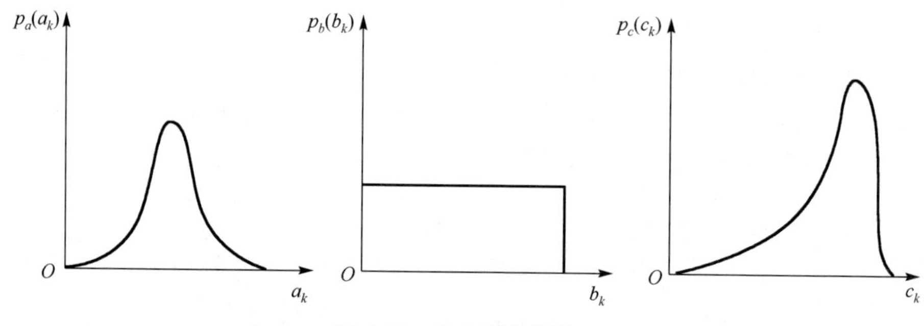

图 1.23　直方图的调整

由于对人为设计的某些直方图难以用数学模型来描述，要实现调整需用规定化处理，其过程概括如下。

①假定 a_k 和 c_k 的取值范围相同，则分别对 $p_a(a_k)$ 和 $p_c(c_k)$ 进行均衡化处理，使 a_k 映射成 g_m，c_k 映射成 y_n。此时，g_m 和 y_n 的直方图都应当是近似均匀分布的。然后查找 g_m 和 y_n 的对应关系，在 $g_m\approx y_n$ 的位置上找到分别对应于 g_m 和 y_n 的原来灰度级 a_k 和 c_k，然后把 a_k 映射成 c_k，即 $a_k\Rightarrow c_k$。

②把两次映射组合成一个函数，使得可由 a_k 直接映射成 c_k。若令

$$g_m=T(a_k),\quad y_n=G(c_k) \tag{1.50}$$

式中，$T(\cdot)$ 和 $G(\cdot)$ 分别是 $a_k\Rightarrow g_m$ 和 $c_k\Rightarrow y_n$ 的变换函数，则在 $g_m\approx y_n$ 处有

$$c_k=G^{-1}(y_n)=G^{-1}(g_m)=G^{-1}(T(a_k)) \tag{1.51}$$

式中，G^{-1} 是 $c_k \Rightarrow y_n$ 的逆变换函数。由此便可得到映射 $a_k \Rightarrow c_k$ 及其 $p_c(c_k)$。

3) 增强效果评价

图像增强质量的评价也是通过主观定性评价和客观定量评价两种方法进行的。其中，主观定性评价方法与去噪图像质量评价类似，通过人类肉眼观察增强后图像与原始未增强图像的清晰度、对比度、颜色等方面，给出质量评分，这里不再赘述。客观定量评价可以通过增强前后图像直方图的分布进行对比，来衡量图像增强的对比度、清晰度等，如图 1.24 所示。

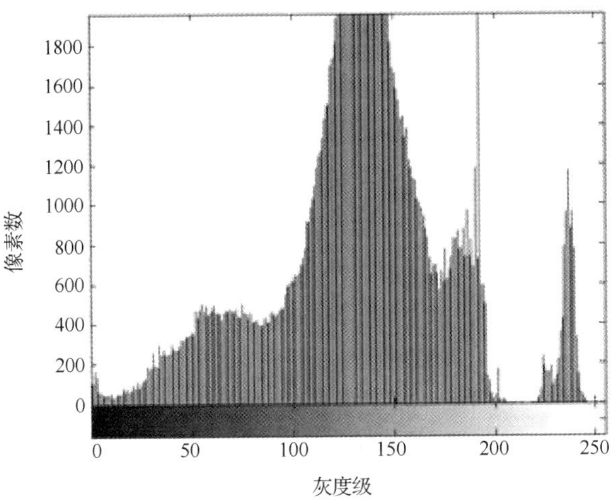

(a) 增强前图像直方图

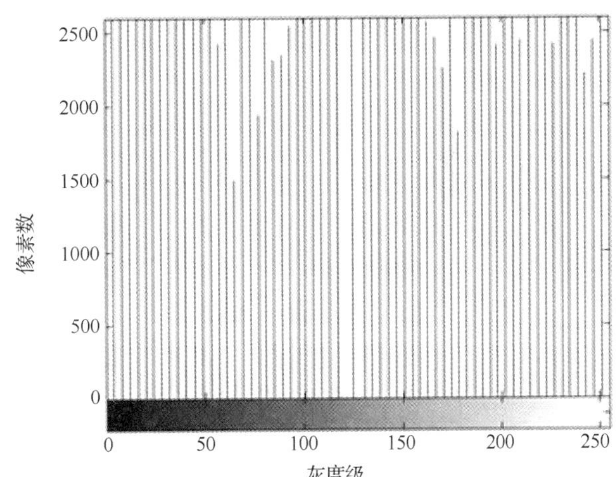

(b) 增强后图像直方图

图 1.24　增强前后图像直方图质量评价

3. 图像融合

图像融合是通过一个数学模型把来自不同传感器的多幅图像综合成一幅满足特定需求的图像的过程，从而可以有效地把不同图像传感器的优点结合起来，提高对图像信息分析和提取的能力。

一般情况下，图像融合由低到高分为三个层次：像素级融合[16]、特征级融合[17]、决策级融合[18]。像素级融合也称数据级融合，是指直接对传感器采集来的数据进行处理而获得融合图像的过程，它是高层次图像融合的基础，也是目前图像融合研究的重点之一。这种融合的优点是保持尽可能多的现场原始数据，提供其他融合层次所不能提供的细微信息。

像素级融合中有空间域算法和变换域算法，空间域算法中又有多种融合规则方法，如逻辑滤波法、灰度加权平均法、对比调制法等；变换域算法中又有金字塔分解融合法、小波变换法等。小波变换法是当前最重要、最常用的方法。

在特征级融合中，保证图像包含不同信息的特征，如红外线对于对象热量的表征、可见光对于对象亮度的表征等。

决策级融合主要在于主观的要求，同样有一些规则，如贝叶斯法，D-S 证据法和表决法等。

1) 一般小波变换图像融合方法

假设图像 A 和 B 是两幅已经过严格配准的图像，融合后的图像是图像 F。A、B 两幅图像融合的一般步骤如下(图 1.25)。

(1) 对 A、B 两幅图像分别进行小波变换，分离出高频信息和低频信息。

(2) 分别使用不同的融合策略，在各自的变换域进行特征信息抽取，对最高层的低频子图像以及各个分解层的不同高频子图像分别进行融合。

(3) 对处理后的小波系数进行逆变换重构图像，即可得到融合图像。

2) 融合效果评价

融合图像质量的主观评价方法与去噪图像质量评价类似，这里不再赘述。其客观评价可以从图像的偏差、熵和交叉熵来衡量。

(1) 偏差。偏差是指融合图像像素灰度平均值与原始图像像素灰度平均值的差，反映融合图像和原始图像在光谱信息上的差异大小和光谱特性变化的平均程度，值越小表明差异越小。

$$C = \frac{1}{M \times N}\sum_{x=1}^{M}\sum_{y=1}^{N}\left|V_F(x,y) - V(x,y)\right| \tag{1.52}$$

式中，$V_F(x,y)$ 和 $V(x,y)$ 分别表示融合图像和原始图像在 (x,y) 点处的像素值；$M \times N$ 表示图像的大小。对于包括左右聚焦的两幅原始图像，融合图像和原始图像的偏差用融合图像左右部分分别与左右聚焦原始部分图像求偏差再平均，作为最终的偏差值。

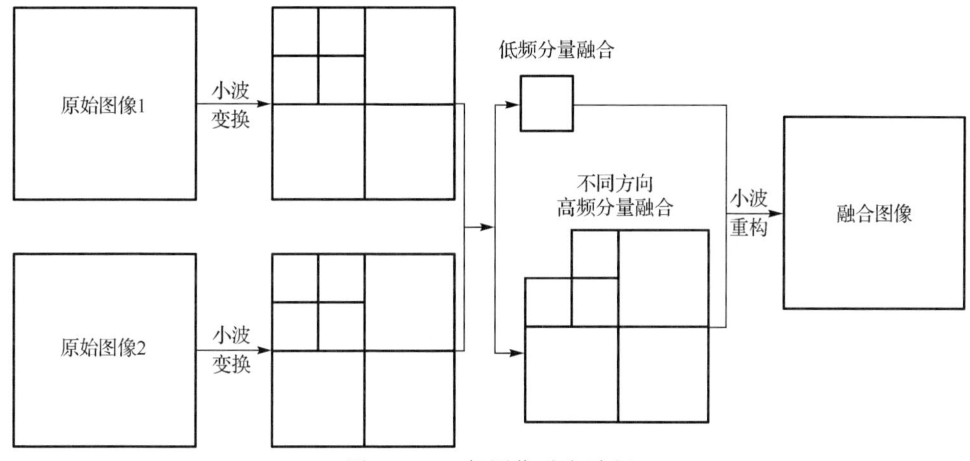

图 1.25　一般图像融合过程

(2) 熵。熵值的大小表示图像所包含的平均信息量的多少。融合图像的熵值越大，说明图像所含信息量较多，细节较丰富，融合效果越好。通过对图像信息熵的比较可以对比出图像的细节表现能力。其定义为

$$H=-\sum_{i=1}^{L-1} p_i \lg p_i \tag{1.53}$$

式中，H 表示图像的熵；L 表示图像的总的灰度级数；p_i 表示灰度值为 i 的像素数 N_i 与图像总像素数 N 之比。

(3) 交叉熵。交叉熵是评价两幅图像差异的关键指标，它直接反映了两幅图像对应像素的差异，差异越小，则融合方法从原始图像中提取的信息越多。定义原始图像 A 和融合图像 F 的交叉熵为

$$E(A,F)=\sum_{i=1}^{L-1} p_A(i)\left|\lg\frac{p_A(i)}{p_F(i)}\right| \tag{1.54}$$

式中，L 表示图像的总的灰度级数；$p_A(i)$ 和 $p_F(i)$ 分别表示原始图像 A 和融合图像 F 中灰度值为 i 的像素数 N_i 与图像总像素数 N 之比。

对于包括左右聚焦的两幅原始图像，融合图像和原始图像的交叉熵用融合图像左右部分分别与左右聚焦原始部分图像求交叉熵再平均，作为最终的交叉熵。即 F 与 A 和 B 的平均交叉熵为

$$E^*(A,B,F)=\frac{E(A,F)+E(B,F)}{2} \tag{1.55}$$

式中，$E(A,F)$ 和 $E(B,F)$ 分别为左聚焦图像 A 和融合图像 F 的交叉熵、右聚焦图像 B 和融合图像 F 的交叉熵。

4. 图像复原

图像退化的典型表现是图像出现模糊、失真以及出现附加噪声等。由于图像的退化，在图像接收端显示的图像已不再是传输的原始图像，图像的视觉效果明显变差。为此，必须对出现退化的图像进行处理，恢复出真实的原始图像，这一过程就称为图像复原。图像复原是利用图像退化现象的某种先验知识，建立退化现象的数学模型，再根据模型进行反向的推演运算，以恢复原来的景物图像。因而图像复原可以理解为图像降质过程的反向过程。

图像复原和图像增强都是以获取视觉质量改善为目的的。不同的是，图像复原过程是试图利用退化过程的先验知识使已退化的图像恢复本来面目，实际上是一个估计过程。即根据退化的原因，分析引起退化的因素，建立相应的数学模型，并沿着使图像降质的逆过程恢复图像。从图像质量评价的角度来看，图像复原就是提高图像的可理解性。简而言之，图像复原的处理过程就是对退化图像品质的提升，从而改善视觉效果。所以，图像复原本身往往需要一个质量标准，即衡量接近全真景物图像的程度，或者说对原始图像的估计是否达到最佳的程度。而图像增强基本上是一个探索的过程，它利用人的心理状态和视觉系统去控制图像质量，直到人们的视觉系统满意。

点扩散函数可以看作这些退化因素的统称。图像复原方法通常可以分为两大类：第一类是经典的图像复原方法，它是在确切知道退化过程的某些先验知识的前提下对退化图像进行复原的，包括逆滤波、维纳滤波、等功率谱滤波、约束最小平方滤波等；第二类是基于点扩散函数估计的图像复原方法，由于在实际情况中，通常退化过程是未知或不确定的，需要根据观测到的图像以某种方式提取退化的点扩散函数，进而估计出原始图像，这种方法也称为盲目图像复原。

1) 图像的模糊退化模型

输入图像 $f(x,y)$ 经过某个退化系统 $h(x,y)$（含噪声 $n(x,y)$）后输出的是一幅退化的图像 $g(x,y)$，如图 1.26 所示。在线性平移空间中，图像的模糊退化模型可以用如下二维卷积模型来表示：

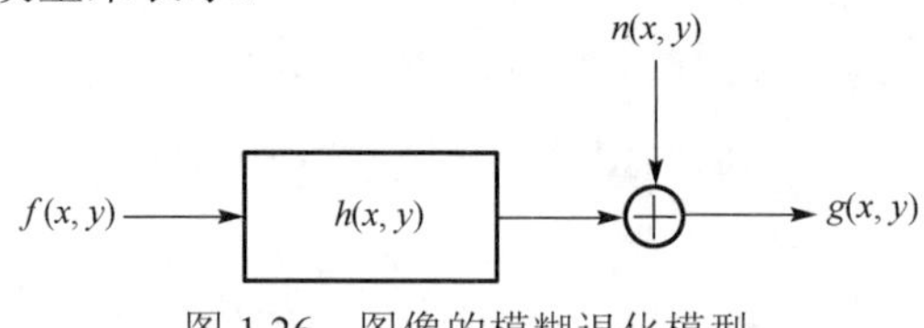

图 1.26　图像的模糊退化模型

$$g(x,y)=f(x,y)*h(x,y)+n(x,y) \tag{1.56}$$

式中，$n(x,y)$ 为随机噪声；$h(x,y)$ 为点扩散函数；将式(1.56)两边同时进行傅里叶变换，并用卷积定理得到图像模糊模型的频域表达式：

$$G(u,v)=F(u,v)\cdot H(u,v)+N(u,v) \tag{1.57}$$

式中，(u,v) 为频域坐标；$G(u,v)$、$F(u,v)$、$H(u,v)$ 和 $N(u,v)$ 分别是 $g(x,y)$、$f(x,y)$、$h(x,y)$ 和 $n(x,y)$ 的二维傅里叶变换；$H(u,v)$ 称为系统降质函数或调制传递函数(modulation transfer function，MTF)。

数字图像的复原问题就是根据退化图像 $g(x,y)$ 和退化算子(点扩散函数) $h(x,y)$，反向求解原始图像 $f(x,y)$，或已知 $G(u,v)$、$H(u,v)$ 反向求解 $F(u,v)$ 的问题。

点扩散函数描述了一个光学成像系统对点源或点状目标的响应情况，是光学成像系统对点源解析能力的函数。通常情况下，点扩散函数被认为是点源经过光学系统后由衍射形成的一个扩大的像点，点目标像点扩散(或模糊)的程度能够衡量一个成像系统的成像质量。复杂物体的成像过程可以看作真实物体与光学成像系统的点扩散函数的卷积结果，如图 1.27 所示。

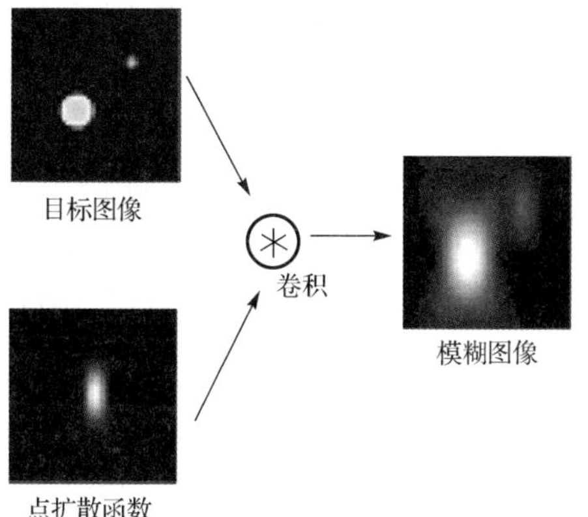

图 1.27 物体与点扩散函数卷积成像的过程

点扩散函数是表示点光源成像后的亮度分布函数，用 $h(x,y)$ 表示，是圆对称的。对其进行二维傅里叶变换，得到的函数称作光学传递函数(optical transfer function, OTF)，即系统降质函数，如图 1.28 所示。

实际应用中，造成图像退化或降质的原因很多，下面列出几种常见的图像退化模型。

(1)线性移动降质。摄像时相机和被摄景物之间有相对运动而造成的图像模糊称为运动模糊。所得到的图像中的景物往往会模糊不清，称为运动模糊图像。运动造成的图像退化是非常普遍的现象，例如，城市中的交通管理部门通常在重要的路口设置“电子眼”即交通监视系统，及时记录下违反交通规则的车辆的车牌号。由于汽车和相机之间的相对运动，摄像机摄取的画面有时是模糊不清的，这时就需要运用模糊图像复原技术进行图像复原，来得到违章车辆可辨认的车牌图像。

(a) 点扩散函数

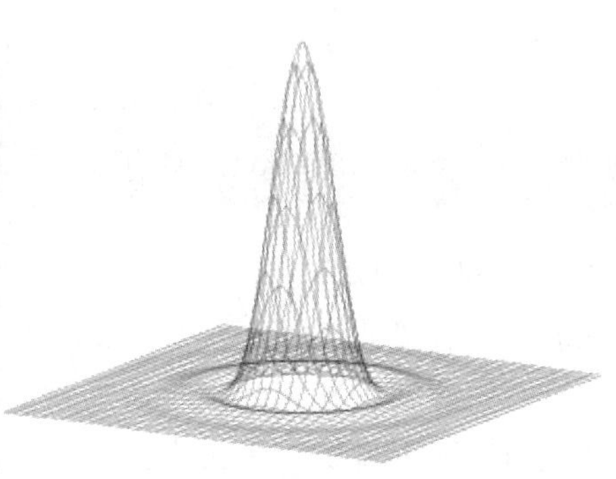

(b) 光学传递函数

图 1.28　点扩散函数和光学传递函数示意图

运动模糊的程度由运动模糊方向和运动模糊尺度两个要素来描述，其中，运动模糊方向是由运动设备运动的方向决定的；运动模糊尺度是图像上的运动模糊距离，其大小是由运动设备运动的速度和曝光时间决定的。通常运动设备的运动是不确定的，会随时发生改变，因此这两个要素也是变化的。但由于变速的、非直线的运动在成像瞬间可视为匀速直线运动，所以在相机短暂曝光时间内，造成图像模糊的运动可近似作为匀速直线运动来处理，这样运动模糊的两个因素也就可视为单一确定的因素了。且像素在途经每个位置时的曝光时间相等，则一幅原本清晰、经过水平匀速直线运动模糊后的图像，在没有噪声的情况下，可按式(1.58)计算得到：

$$g(x,y)=\frac{1}{L}\sum_{i=0}^{L-1}f(x,y-i) \tag{1.58}$$

式中，$f(x,y-i)$ 为清晰图像 $f(x,y)$ 平移 i 像素之后的图像；$g(x,y)$ 为模糊后的图像；L 为曝光时间内像素的位移变化量的整数近似值，即运动模糊尺度(单位：像素)，其大小由运动的速度 V 和运动时间及曝光时间 T 决定，$L=VT$。

对于任意方向的运动模糊，可以进行二维分解，得到水平和垂直方向上的运动分量，如图 1.29 所示。图中，MD 表示在曝光时间内图像在运动方向上的模糊；其模糊运动长度为 L，模糊角度即 MD 与水平方向之间的夹角记为 θ。P_{SFH} 和 P_{SFV} 为 MD 在 x 方向和 y 方向上分解得到的分量。

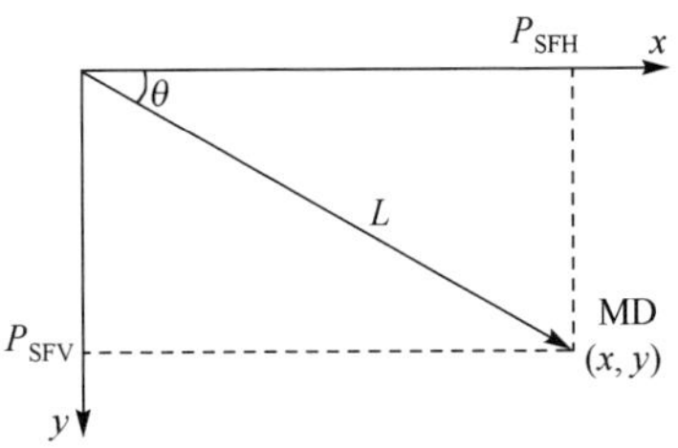

图 1.29　运动模糊方向示意图

由上述运动分解可知，任意模糊方向的模糊图像表达式为

$$g(x,y)=\frac{1}{L}\sum_{i=0}^{L-1}f(x-r(i\cos\theta),y-r(i\sin\theta)) \tag{1.59}$$

式中，$f(x-r(i\cos\theta),y-r(i\sin\theta))$ 为清晰图像 $f(x,y)$ 在 θ 方向上平移后的图像；$g(x,y)$ 为模糊后的图像；L 为运动模糊尺度；函数 $r(i\sin\theta)$ 和 $r(i\cos\theta)$ 表示对 $i\sin\theta$ 和 $i\cos\theta$ 取整；θ 为运动方向和水平方向的夹角。

对于沿 x 方向做匀速直线运动、运动模糊尺度为 L 的退化图像，其点扩散函数 $h(x,y)$ 可以近似表示为一个窗函数[19]，表达式为

$$h(x,y)=\begin{cases}1/L, & 0\leqslant x\leqslant L;\ y=0\\ 0, & 其他\end{cases} \tag{1.60}$$

对任意方向的模糊，通过二维分解(图 1.29)，得到点扩散函数为

$$h(x,y)=\begin{cases}1/L, & 0\leqslant x\leqslant r(L\cos\theta);\ 0\leqslant y\leqslant r(L\sin\theta)\\ 0, & 其他\end{cases} \tag{1.61}$$

点扩散函数 $h(x,y)$ 也可以用沿着水平轴旋转了 θ 角的窗函数表示[20]，即

$$h(x,y)=\begin{cases}1/L, & 0\leqslant\sqrt{x^2+y^2}\leqslant L;\ \dfrac{x}{y}=-\tan\theta\\ 0, & 其他\end{cases} \tag{1.62}$$

退化函数 $H(u,v)$ 由点扩散函数 $h(x,y)$ 进行傅里叶变换得到

$$H(u,v)=\frac{\sin(\pi Lw)}{\pi Lw} \tag{1.63}$$

式中，$w=u\cos\theta+v\sin\theta$；$H(u,v)$ 是个 sinc 函数，其零值发生在 $w=\pm\dfrac{1}{L},\pm\dfrac{2}{L},\cdots$ 时。

(2) 散焦降质。当镜头散焦时，光学系统造成的图像降质相应的点扩散函数是一个均匀分布的圆形光斑。此时，降质函数可表示为

$$h(x,y)=\begin{cases}\dfrac{1}{\pi R^2}, & x^2+y^2=R^2\\ 0, & 其他\end{cases} \tag{1.64}$$

式中，R 为散焦半径。

(3) 高斯降质。高斯(Gauss)降质函数是许多光学测量系统和成像系统(如光学相机、电荷耦合器件(charge-coupled device，CCD)摄像机、γ 射线成像仪、电子计算机断层扫描(computed tomography，CT)成像仪、成像雷达、显微光学系统等)中最常见的降质函数。对于这些系统，决定系统点扩散函数的因素比较多，但众多因素综合的结果使点扩散函数趋近于高斯型。高斯降质函数可以表达为

$$h(x,y)=\begin{cases}K\exp[-\alpha(x^2+y^2)], & (x,y)\in C\\ 0, & 其他\end{cases} \tag{1.65}$$

式中，K 为归一化常数；α 为正常数；C 为 $h(x,y)$ 的圆形支持域。

(4) 离焦模糊。由于焦距不当导致的图像模糊可以用如下函数表示：

$$H(u,v)=\frac{\mathrm{J}_1(u,v)}{ar} \tag{1.66}$$

式中，J_1 为一阶第一类 Bessel 函数；$r^2=u^2+v^2$；a 为位移。该模型不具有空间不变性。

(5) 大气扰动。在遥感和天文观测中，大气的扰动也会造成图像的模糊，它是由大气的不均匀性使穿过的光线偏离引起的。这种退化的点扩散函数为

$$H(u,v)=\mathrm{e}^{-c(u^2+v^2)^{5/6}} \tag{1.67}$$

式中，c 为一个依赖扰动类型的变量，通常由实验来确定。幂 5/6 有时用 1 来代替。

2) 模糊图像的复原

从图像的模糊退化过程可以看出，运动模糊图像的复原需要经过傅里叶变换、滤波和傅里叶逆变换等环节，流程如图 1.30 所示。目前，常用的复原方法有以下三种。

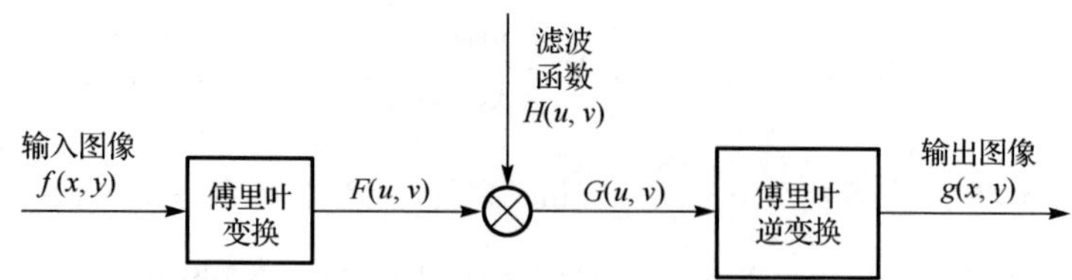

图 1.30　运动模糊图像复原流程图

(1)逆滤波复原。逆滤波是最直接、最经典的一种模糊图像复原方法。根据式(1.57)描述的频域图像模糊模型，利用退化函数$H(u,v)$和退化图像的傅里叶变换$G(u,v)$可以得到原始图像傅里叶变换的估计$\hat{F}(x,y)$：

$$\hat{F}(x,y)=\frac{G(u,v)-N(u,v)}{H(u,v)} \tag{1.68}$$

再对式(1.68)进行傅里叶逆变换，即可得到复原后的清晰图像$f(x,y)$：

$$f(x,y)=F^{-1}\left[\frac{G(u,v)-N(u,v)}{H(u,v)}\right] \tag{1.69}$$

从式(1.68)和式(1.69)可以看出，逆滤波是一种无约束复原，复原的关键是构建或模拟准确的退化函数$H(u,v)$或者点扩散函数。

逆滤波方法中，由于$H(u,v)$出现在分母中，当在$H(u,v)$空间的某些点或者区域上其$H(u,v)$很小或等于零时，就会导致式(1.69)存在不定解。因此，即使没有噪声，也不可能精确地复原出清晰图像$f(x,y)$。若考虑噪声项$N(u,v)$，当出现上述零点时，噪声项会被放大，零点的影响进一步增强，对复原的结果起主导作用，这种现象就是逆滤波复原方法存在的病态问题。因此，采用逆滤波方法进行复原时，要求模糊图像具有很高的信噪比，且当存在噪声时，这种复原方法变得不适用。对于运动模糊图像来说，由于其传输函数零点的存在，在运用逆滤波方法复原时，往往无法精确复原图像。

(2)维纳滤波复原。维纳滤波，又称最小均方误差滤波。它是由维纳首次提出的一个概念并应用于一维信号的处理中，取得了良好的效果。后来该算法又成功应用于二维信号的处理，也取得了令人比较满意的效果。特别是在图像复原领域，由于维纳滤波效果良好，算法计算量较低，并且抗噪性能优良，因而在图像复原领域得到了广泛的应用。

维纳滤波法使用的滤波公式为

$$\hat{F}(u,v)=\frac{1}{H(u,v)}\frac{|H(u,v)|^2}{|H(u,v)|^2+\gamma\dfrac{S_n(u,v)}{S_g(u,v)}}G(u,v) \tag{1.70}$$

式中，$|H(u,v)|^2=H^*(u,v)H(u,v)$，$H^*(u,v)$是$H(u,v)$的共轭复数；$S_n(u,v)$和$S_g(u,v)$分别表示噪声和信号功率谱的傅里叶变换函数。

当$\gamma=1$时，式(1.70)为标准维纳滤波器；当$\gamma\neq1$时，式(1.70)为含参维纳滤波器。

若没有噪声，即$S_n(u,v)=0$，维纳滤波器则退化为理想逆滤波器。

实际应用中必须调节γ，因为$S_n(u,v)$、$S_g(u,v)$实际很难求得，同时为解决$H(u,v)$零点的噪声放大问题，采用一个比值k代替两者之比，其值为0.0001～0.01时，复原效果最好，从而得到简化的维纳滤波公式：

$$\hat{F}(u,v)=\frac{1}{H(u,v)}\frac{|H(u,v)|}{|H(u,v)|^2+k}G(u,v) \tag{1.71}$$

维纳滤波是一种综合考虑了退化函数和噪声统计特征两个方面进行恢复处理的方法，它建立在认为图像和噪声是随机过程的基础上，而目标是找一个未污染图像$f(x,y)$的估计值$\hat{f}(x,y)$，使它们的均方误差$E\{[f(x,y)-\hat{f}(x,y)]^2\}$最小。维纳滤波复原法不存在极点，即当$H(u,v)$很小或变为零时，分母至少为$k$，而且$H(u,v)$的零点也转换成了维纳滤波器的零点，抑制了噪声，所以它在一定程度上克服了逆滤波复原方法的缺点。但是采用维纳滤波时，会产生边缘误差，降低图像恢复精度，所以在运动方向上，边缘附近恢复误差较大。

(3) Richardson-Lucy (RL) 复原。Richardson-Lucy 算法是目前应用较广泛的迭代方法中的一种，是 Richardson 和 Lucy 独立开发的技术。在符合泊松统计的前提下，推导如下：

$$I(i)=\sum_J P(i|j)O(j) \tag{1.72}$$

式中，$O(j)$为原图像；$P(i|j)$为点扩散函数；$I(i)$为不含噪声的模糊图像。

令$\ln\psi=\sum_i D(i)\ln I(i)-I(i)-\ln D(i)$，当式(1.73)成立时，最大似然解存在：

$$\frac{\partial\ln\psi}{\partial O(i)}=\sum_i\left[\frac{D(i)}{I(i)}-1\right]P(i|j)=0 \tag{1.73}$$

则可利用式(1.74)作为 Richardson-Lucy 迭代公式：

$$O_{\text{new}}(j)=O(j)\sum_i P(i|j)\frac{D(i)}{I(i)}\Big/\sum_i P(i|j) \tag{1.74}$$

也可利用式(1.75)作为 Richardson-Lucy 迭代公式：

$$\hat{f}_{k+1}(x,y)=\hat{f}_k(x,y)\left[h(-x,-y)*\frac{g(x,y)}{h(x,y)*\hat{f}_k(x,y)}\right] \tag{1.75}$$

式中，*表示卷积运算。

随着迭代次数的增加，式(1.74)、式(1.75)最终将会收敛于具有最大似然性的解处。Richardson-Lucy 复原方法就是利用 Richardson-Lucy 算法进行指定次数迭代而得到复原图像。

3) 复原图像质量评价

复原图像质量的主观评价方法与去噪图像质量评价类似，这里不再赘述。复原图像质量的客观评价指标有灰度平均梯度 (gray mean grads, GMG)、PSNR、信噪比改善因子 (improvement signal-to-noise rate, ISNR) 和均方根误差 (root mean square error, RMSE) 等。

(1) GMG。平均梯度是指一幅图像的梯度图上所有点的均值，它反映了图像中的微小细节反差和纹理变化特征，同时能反映出图像的清晰度。一般来说，平均梯度越大，图像层次也就越丰富，变化就越多，图像也就越清晰。计算公式为

$$\text{GMG}=\frac{1}{(M-1)(N-1)}\sum_{i=1}^{M-1}\sum_{j=1}^{N-1}\sqrt{\frac{(f(i,j)-f(i+1,j))^2+(f(i,j)-f(i,j+1))^2}{2}} \tag{1.76}$$

式中，$f(i,j)$ 为图像在点 (i,j) 的像素灰度值；M 和 N 分别为图像的总行数和总列数。

(2) ISNR。ISNR 对于图像复原算法而言是一个重要的衡量指标，用来表征复原图像相对于退化图像的改善程度。ISNR 越大，表明相对于退化图像，复原图像的改善程度越大，算法的复原能力越好。其定义为

$$\text{ISNR}=10\lg\left[\frac{\sum_{i=1}^{M}\sum_{j=1}^{N}[g(i,j)-f(i,j)^2]}{\sum_{i=1}^{M}\sum_{j=1}^{N}[\hat{f}(i,j)-f(i,j)^2]}\right]=\text{PSNR}_{\hat{f}}-\text{PSNR}_{g} \tag{1.77}$$

式中，$f(i,j)$ 和 $\hat{f}(i,j)$ 分别为原始图像和复原图像在点 (i,j) 的像素灰度值；$g(i,j)$ 为退化图像在点 (i,j) 的像素灰度值；M 和 N 分别为图像的总行数和总列数。

(3) RMSE。RMSE 是评价图像逼真度最常用的指标之一，用来表征复原图像和原始图像之间的偏离程度。RMSE 值越小，表示复原图像的质量越好，计算表达式为

$$\text{RMSE}=\sqrt{\frac{\sum_{i=1}^{M}\sum_{j=1}^{N}(f(i,j)-\hat{f}(i,j))^2}{MN}} \tag{1.78}$$

式中，$f(i,j)$ 和 $\hat{f}(i,j)$ 分别为原始图像和复原图像在点 (i,j) 的像素灰度值；M 和 N 分别为图像的总行数和总列数。

1.3　国内外研究现状

数字图像处理最早出现于 20 世纪 50 年代，当时的电子计算机已经发展到一定水平，人们开始利用计算机来处理图形和图像信息。数字图像处理作为一门学科大约形成于 20 世纪 60 年代初期。从 70 年代中期开始，随着计算机技术和人工智能、思维科学研究的迅速发展，数字图像处理向更高、更深的层次发展。人们已开始研究如何用计算机系统解释数字图像，实现类似人类视觉系统理解外部世界，这称为数字图像理解或计算机视觉。很多国家，特别是发达国家投入更多的人力、物力到这项研究中，取得了不少重要的研究成果。

1.3.1　图像去噪技术

一般的图像去噪技术采用的方法可以分为三类：空间域去噪方法、变换域去噪方法和混合方法[21,22]。图像空间域去噪方法较多，如线性滤波法、中值滤波法、维纳滤波法等。图像变换域去噪方法有傅里叶变换和小波变换等。

小波变换采用了多分辨率的方法，具有低熵性、去相关性和选择小波基的灵活性，而图像的噪声信息主要集中在其小波域的高频部分，因此可以利用小波理论将信号与噪声分开[23]，主要有基于模极大值的图像去噪法、阈值萎缩法、多小波去噪法、基于小波系数模型的去噪法、脊波及曲波去噪法。其中以小波阈值萎缩法应用最为广泛。其基本思想是[24]：图像经多尺度分解得到的小波系数具有不同的分布特性，噪声和细节信息主要在高频段，对应绝对值较小的小波系数，并且噪声具有相同的幅度；而图像的有用信息集中在低频段，对应绝对值较大的小波系数。因此选择一个合适的阈值，对小波系数进行阈值处理，就可以达到去除噪声而保留有用信号的目的。小波变换图像去噪方法多年来经久不衰，大多学者致力于研究小波阈值的选取方法以及小波变换与其他方法的结合。查宇飞和毕笃彦[25]提出了一种自适应多阈值小波变换图像去噪方法，这种阈值选取方法基于贝叶斯理论，在不同子带和不同方向上选择不同的最佳阈值。田沛等[26]提出了一种基于小波变换的图像去噪新方法，通过分析噪声的小波系数在不同尺度上都服从高斯分布但大小不同的问题，进而对各尺度各方向上的小波系数进行维纳滤波来估计原始图像的小波系数。李庆武和陈小刚[27]在传统小波软、硬阈值去噪方法的基础上，提出了一种新的阈值函数。陈晓曦等[28]对小波阈值选取方式和阈值函数进行了改进，使阈值能随着分解尺度的变化而改变，减少了小波系数和原系数之间的偏差。周昌顺等[29]提出了一种逐层变化的阈值和改进的小波阈值去噪算法，该算法对各个分解层能自适应改变阈值，且在保留原始信号与消除噪声之间取得了较好的平衡。龚昌来[30]将小波变换和均值滤波相结合，提出了一种有效的图像去噪方法，降低了图像噪声的同时又尽可能地保留图像的细节，其去噪效果优于单一小波阈值法和均值滤波法。吴亚东和孙世新[31]分析了非线性扩散和二维 Haar 小波收缩去噪方法之间的关系，提出了一种基于图像全变分(total variant，TV)模型的非线性扩散与二维 Haar 小波收缩相结合的混合图像去噪算法。周先春等[32]通过构建集 PM(Perona-Malik)和 MCD(mean curvature diffusion)模型优点的权重函数，提出了一种基于小波包与偏微分方程的图像去噪算法。

奇异值分解是一种非线性滤波，具有良好的数值稳健性[33]。由于奇异值分解具有很好的稳定性，且给定矩阵的奇异值是唯一的[34]，所以奇异值分解在图像处理中应用得非常广泛。图像矩阵的奇异值及其特征空间反映了图像中的不同成分和特征，一般认为较大的奇异值及其对应的特征向量表示图像信号，而噪声反映在较小的奇异值及其对应的特征向量上。根据一定的选择门限，将低于该门限的奇异值置零(截断)，然后通过这些奇异值及其对应的特征向量重构图像进行去噪，不但可以处理不同类型的图像和噪声，且无须有关噪声的先验知识[35,36]。Konstantinides 等[37,38]提出了基于分块奇异值分解(block-singular value decomposition，BSVD)滤波的噪声估计和滤波方法。该方法中，为了节省计算时间，含噪图像被划分成 8×8 像素的子块，这种方法已被证明优于软阈值。然而，这种方法虽然可以很好地保持图像边缘，但不能在边缘区域平滑[39]。Guo 等[40]提出了一种基于聚合的奇异值分解方法。Aharon 等[41]提出了一种利用 K-均值和奇异值分解(K-means singular value decomposition，K-SVD)的自适应表示方法，利用一种贪婪算法去学习表示图像和去噪的过完备字典。假设每个图像块可以用字典表示，Elad 和 Aharon[42]提出了一种 K-SVD 去噪算法，其中每个图像块可以表示为字典中的几个原子的线性组合。虽然基于字典的方法对噪声更具鲁棒性，但计算量却很大。Dabov 等[43]提出了一种基于稀疏 3D 变换域协调滤波的图像去噪算法。Yang 等[44]提出了一种利用空间适应主成分分析的分块匹配三维(block matching 3D，BM3D)图像去噪方法。Zhang 等[45]提出了一种基于主成分分析和局部像素成组的二阶图像去噪方法。He 等[46]提出了一种称为自适应奇异值分解(adaptive singular value decomposition，ASVD)的混合方法，采用奇异值分解去学习表示图像块的局部基础。另一种基于奇异值分解的去噪方法称为空间自适应迭代奇异值阈值(spatially adaptive iterative singular-value thresholding，SAIST)[47]，该方法采用奇异值分解作为图像块的稀疏表示，通过迭代收缩的奇异值减少图像中的噪声。由于 SVD 提供了最小二乘意义最佳的能量压缩，所以 SVD 非常适合估计每个组[48]。

近年来，随着压缩感知、变分、非局部均值、非下采样轮廓波变换、深度学习等理论和技术的发展，基于这些理论的图像去噪方法已成为图像处理领域的重要发展方向和技术途径。周先春等[49]提出了一种基于曲率变分正则化的小波变换图像去噪模型，在缺乏图像梯度信息的情况下，克服了 Rudin-Osher-Fatemi (ROF) 提出的基于全变分的图像去噪模型错误扩散的问题。沈晨和张旻[50]提出了一种基于压缩感知理论去除脉冲噪声的图像混合去噪方法，先利用移动窗口平滑处理噪声，并对粗去噪图像进行稀疏表示，再利用高斯观测矩阵对其测量，进而通过正交匹配追踪算法重构得到去噪图像。王志明和张丽[51]对非局部均值 (non-local-means) 图像去噪算法进行了改进，提出了一种定量估计滤波参数最优值的方法。王倩等[52]针对非局部均值图像去噪存在的计算量大、去噪图像过于平滑等问题，提出了一种基于非下采样轮廓波变换 (non-subsampled contourlet transform，NSCT) 域系数分类预处理的改进型非局部均值去噪算法，不仅提高了计算速度，而且具有更好的边缘和结构保持能力。针对传统的 TV 模型去噪后图像易出现阶梯效应的问题，栾宁丽和金聪[53]提出了一种改进的基于加权函数的 TV 模型。利用图像不同区域具有不同的梯度和方差特性构造加权函数，在 TV 模型的正则项中引入加权函数来控制扩散强度，不仅减少了阶梯效应，还有效保护了边缘等细节信息。李传朋等[54]提出了一种深度卷积神经网络的图像去噪方法，利用卷积子网学习图像特征，反卷积子网根据特征图恢复原始图像，获取更多的纹理细节。

1.3.2 图像增强技术

1964 年，研究人员在美国喷气推进实验室 (Jet Propulsion Laboratory，JPL) 里使用计算机以及其他硬件设备，采用几何校正、灰度变换、去噪声、傅里叶变换以及二维线性滤波等增强方法对航天探测器“徘徊者 7 号”发回的几千张月球照片进行处理，同时他们考虑太阳位置和月球环境的影响，最终成功地绘制出了月球表面地图。随后他们又对 1965 年“徘徊者 8 号”发回地球的几万张照片进行了较为复杂的数字图像处理，使图像质量进一步提高。20 世纪 60 年代末和 20 世纪 70 年代初有学者开始将图像增强技术用于医学图像、地球遥感监测和天文学等领域。1895 年由伦琴发现的 X 射线是最早用于成像的电磁辐射源之一。20 世纪 70 年代，Hounsfield 和 Cormack 共同发明了计算机轴向断层技术。进入 20 世纪 90 年代，图像增强技术已经逐步涉及人类生活和社会发展的各个方面。计算机程序用于增强对比度或将亮度编码为彩色，以便解释 X 射线和用于工业、医学及生物科学等领域的其他图像。地理学用相同或相似的技术从航空和卫星图像中研究污染模式。在考古学领域中使用图像处理方法已成功地复原模糊图片。在物理学和相关领域中计算机技术能增强高能等离子和电子显微镜等领域的实验图片。

直方图均衡处理是图像增强技术常用的方法之一。1997 年，Kim 提出如果要将图像增强技术运用到数码相机等电子产品中，那么算法一定要保持图像的亮度特性。在文章中 Kim 提出了保持亮度特性的直方图均衡(brightness preserving bi-histogram equalization，BBHE)算法。Kim 的改进算法提出后，引起了许多学者的关注。1999 年，Wan 等提出二维子图直方图均衡(dualistic sub-image histogram equalization，DSIHE)算法。接着 Chen 和 Ramli 提出最小均方误差双直方图均衡(minimum mean brightness error bi-histogram equalization，MMBEBHE)算法。为了保持图像亮度特性，许多学者转而研究局部增强处理技术，提出了许多新的算法：递归均值分层均衡(recursive mean-separate histogram equalization，RMSHE)算法、递归子图均衡(recursive sub-image histogram equalization，RSIHE)算法、动态直方图均衡(dynamic histogram equalization，DHE)算法、保持亮度特性动态直方图均衡(brightness preserving dynamic histogram equalization，BPDHE)算法、多层直方图均衡(multilayer histogram equalization，MHE)算法等。还有一些学者将其他学科与图像处理相结合，研究了基于神经网络的脉冲噪声滤波技术[55]、基于纹理分析的保细节平滑技术[56]等图像增强算法。

小波分析在时域或频域上都具有良好的局部特性，而且由于对高频信号采取逐步精细的时域或空域步长，从而可以聚焦到分析对象的任意细节。将小波变换应用至数字图像增强技术中，也取得了许多研究成果，如 Sattar 等[57]提出了一种非线性的多尺度增强方法。该方法基于数学形态学的滤波器可借助先验图像的几何信息，利用数学形态学算子有效地去除噪声，同时可以保留图像中的原有信息[58]。

近年来，不少学者致力于把模糊集理论引入图像处理和识别技术的研究中。由于图像本身的复杂性，多灰度分布所带来的不确定性和不精确性(即模糊性)，用模糊集合理论进行图像处理成为可能。自 Pal 和 King[59]率先将模糊集合理论应用到图像增强处理上，模糊增强技术受到了人们的重视。Action[60]基于模糊非线性回归给出了一种图像增强方法，并且用于遥感图像的去噪和边缘增强。Russo[61]充分利用模糊集理论解决不确定性问题的优势，较好地解决了受到冲击噪声干扰的彩色图像的边缘检测问题。刘兴淼等[62]提出了一种基于方向信息的多尺度边缘检测和图像去噪增强的方法。

图像去雾处理作为一类特殊的图像增强技术，是因为这一类利用图像处理技术进行去除雾霾的处理方法并非研究雾霾本身对图像质量影响的原理，而是应用各种图像增强方法提升图像质量的清晰化或是对比度，达到突出主要目标物特征的目的。多年来，国内外许多学者对去除雾霾影响的图像增强处理方法也进行了大量研究，包括直方图均衡化、对数变换、幂律变换、锐化、Retinex 理论、小波变换、同态滤波等[63]。

直方图均衡化是一种常用的图像去雾增强方法，王萍等[64]和祝培等[65]分别利用直方图方法对低对比度雾天图像进行增强和清晰化的算法，Oakley 等[66]用全局直方图均衡化处理达到了增强图像对比度的目的，但由于该方法对图像进行的是全局变换并不能达到原期望的局部增强，会使图像某些细节信息丢失。因此，Kim 等[67]和 Stark[68]通过局部直方图均衡算法进行改进，利用均衡化子块的直方图进行增强处理。为了减少块效应的产生，Kim 等[69]又提出了子块部分重叠局部直方图均衡算法，减少块效应的同时，运算效率也有效提高。

同态滤波通过高通滤波器在抑制低频分量的同时提升高频分量，进而达到增强图像对比度的目的。Seow 等[70]利用同态滤波方法对彩色图像进行了去雾增强处理获得了较理想的效果，但该方法需要进行傅里叶正反变换，运算量较大无法进行实时去雾。

小波变换可以得到图像不同频率的特征，通过对高频分量进行增强可以提高图像的对比度。Dippel 等[71] 将拉普拉斯金字塔变换和小波变换两种方法进行了对比，认为小波变换在去除雾霾的同时还能消除图像中的噪声，从而达到突出细节和增强对比度的目的。Russo[72]对降质图像进行了多个尺度小波变换域的均衡化，在图像细节方面获得了较好的锐化效果。

Land[73,74]在色彩恒常理论的基础上提出了 Retinex 理论(视网膜皮层理论)，指出人眼感受到的物体色彩主要由物体表面的光反射特性决定，而与实际到达人眼的光谱信息无关。Jobson 等[75]在 Retinex 理论基础上提出了单尺度 Retinex 算法(Single Scale Retinex，SSR)，通过对雾霾天气导致降质图像照射分量对应的低频分量进行估计，消除低频分量进而得到反射分量对应的高频分量，实现图像去雾清晰化的目的。Rahman 等[76]针对 SSR 算法图像色彩宜失真的问题提出了多尺度 Retinex 算法（Multi-Scale Retinex，MSR），能够对雾气分布均匀的图像获得优秀的效果。

1.3.3 图像融合技术

图像融合处理主要在三个层次上进行：像素级融合、特征级融合和决策级融合。像素级图像融合较基础且比较直观，应用也最广泛，因此在图像融合领域最受关注。目前比较常用的像素级融合方法主要有亮度-色调-饱和度(intensity-hue-saturation，IHS)变换法、小波变换法、主成分分析(principal component analysis, PCA)法和 Brovey 变换法等。近年来基于小波变换的融合算法成为人们研究的热点[77-79]。1995 年，Li 等[80]提出了一种基于小波变换的多传感器图像融合方法，采用区域取极大融合规则。2002 年，Wang 等[81]提出了一种基于离散多小波变换的多传感器图像像素级融合方法，可用于不同传感器获得图像通过融合得到一幅带扩展信息的图像。2002 年，Li 等[82]提出了一种利用离散小波框架变换对美国陆地探测卫星专题绘图仪(Landsat TM)和法国地球观测系统全色图像进行融合的方法。2006 年，Pradhan 等[83]提出了一种小波多分辨率多传感器图像融合的分解层数确定方法。2010 年，Wei 和 Blum[84]对加权平均图像融合规则中的相关性进行了理论分析。2015 年，Chen 和 Qin[85]针对不同的应用场景，采用压缩感知的图像稀疏表示方法和脉冲耦合神经网络的融合规则，提出了一种新的图像融合方法。2015 年，Xu 和 Lu[86]提出了一种基于自适应加权融合的图像分类方法。

目前，小波域融合算法[87]主要包括两种形式：基于加权平均[88]和基于小波系数相关性(局域窗口内的统计特征如方差、梯度、能量等)[89]的图像融合方法。加权平均法简单直观，适合实时处理，但只是将待融合系数进行孤立的加权处理，忽略了相邻小波系数间的区域相关性，导致融合精度降低；系数相关性法通过计算待融合系数的区域相关系数，自适应地确定融合系数，但不足在于参与融合的系数为待融合系数的八邻域系数，忽略了各个高频子带的系数分布呈现出的方向特征。

1.3.4 图像复原技术

针对不同原因引起的像移有不同的补偿方法，分为硬件补偿和软件补偿两大类[90,91]。软件补偿是根据图像退化的机制，用软件对退化的图像进行恢复，该方法利用点扩散函数和维纳滤波等对 CCD 相机的数字图像进行像移补偿，与硬件补偿方法相比，具有操作简单、更精确、更灵活、体积小以及成本低、功耗小等特点，是当前像移补偿研究发展的趋势，但缺点是实时性较差且只能用在事后图像复原和分析中。但相信随着数字信号处理(digital signal processing，DSP)等快速高效器件的推广使用，这种方法有望很快用于准实时的像移补偿。

经典的图像复原方法包括 Richardson-Lucy、维纳滤波、逆滤波算法等[92,93]。由于大部分图像中邻近的像素是高度相关的，同时为了减少噪声的干扰，Wiener[94]首次提出了最佳滤波器的概念，并提出经过滤波处理后的信号与理想信号间的均方差值最小达到最好复原效果的评价理论。Harris[95]提出了一种应用点扩散函数的解析模型对遥感图像进行逆滤波处理以复原图像。Helstrom[96]利用最小均方误差估计提出了维纳滤波器，该方法利用相邻像素间的相似性，有效地降低了噪声的影响，并且在信噪比较高时，复原效果相当于逆滤波方法。Slepian[97]利用维纳滤波处理随机点扩散函数(如大气扰动引起)的复原情况。Pratt[98]和 Habibi[99]提出了一种提高维纳滤波计算性能的图像复原方法，但在最小均方意义下最优的维纳滤波针对某个具体图像，图像恢复效果不一定最好。Yamada 和 Azini-Sadjadi[100]将降质图像的几何特征作为先验知识，然后应用快速维纳滤波进行图像复原，该算法首次应用了多行扫描定位二维条码位置，并加入了局部降噪技术。Canon[101]

提出了一种基于功率谱均衡滤波器图像复原的算法，在一定程度上改善了维纳滤波只在均方差最小时最优的缺陷。Andrews 和 Hunt[102]提出了一种基于线性计算的图像复原算法，适用于各类退化类型的降质图像，但图像尺寸越大，算法计算量越大。Blanco 和 Mugnier[103]提出了一种改进的盲卷积复原方法，有效提高了图像复原效果。Li 等[104]利用增量维纳滤波进行图像复原，其迭代功能使复原效果大大提高。Hunt[105]对逆滤波器、维纳滤波器的复原质量进行了对比研究，在轻微模糊和一定噪声条件下，采用逆滤波效果较差，而维纳滤波会产生严重的低通滤波效应，从而提出了一种基于线性代数的图像复原方法。Lim 等[106]提出了一种基于最优窗维纳滤波的图像复原方法，通过加最优窗来抑制边缘误差，但图像边缘处 L-形条带却恢复不出。Christou 等[107]提出了一种视网膜图像的自适应校正复原方法，该算法通过使用反褶积去除残余波前像差，并采用改进的维纳滤波进行图像复原。Gazzola 和 Karapiperi[108]提出了一种基于简化拓扑量子算法的图像复原方法。Aghazadeh 等[109]提出了一种基于广义 Hermitian 和 Skew-Hermitian 分裂(generalized Hermitian Skew-Hermitian split，GHSS)迭代的图像复原算法。Ruiza 等[110]提出了一种基于全变分和泊松奇异积分(Poisson singular integral，PSI)模型的贝叶斯图像复原方法。Bouhamidia 等[111]提出了一种基于条件梯度和吉洪诺夫正则化的图像复原方法。Tebini 等[112]提出了一种基于自适应扩散函数的图像复原方法。Dobeš 等[113]提出了一种基于快速自动寻找模糊方向和尺度的图像复原方法。Ullah 等[114]提出了一种基于广义全变分滤波和剪切波变换的去模糊变分模型。Xu 等[115]提出了一种基于重叠区域分解技术和粗网格校正的两级区域分解图像复原方法。Shen 等[116]提出了一种基于自适应复原模型的图像复原方法，其复原模型中保真项和正则项的最优范数能自适应确定。Yang 和 Wang[117]提出了一种快速半二次正则化的图像复原与重建算法。Zhang 等[118]提出了一种基于非凸非光滑广义全变分(total generalized variation，TGV)的图像复原算法，该算法建立了利用凸 L1 范数度量图像变化的 TGV 模型。Bioucasdias 和 Figueiredo[119]提出了一种基于两步迭代收缩/阈值的图像复原方法，收敛速度比存在病态问题的传统方法快。Papyan 和 Elad[120]提出了一种基于多尺度补丁的图像复原方法，该算法对不同尺度的图像块施加相同的先验点。Tu 等[121]提出了一种基于光流估计和边缘感知的变分图像复原方法。Laghrib 等[122]提出了一种基于扩散配准和非局部变分的多帧超分辨率图像复原方法。Bar 等[123]提出了一种将图像边缘信息融入正则化项中的复原模型。Skariah 和 Arigovindan[124]提出了一种新的基于二次数据拟合和光滑非二次正则化联合的图像复原新方法。Huang 等[125]提出了一种基于拉普拉斯算子的模糊场景复原方法，对霾厚度估计不足、缓解色投射问题等非常有效。Dong 等[126,127]提出了基于监督稀疏编码(supervised sparse coding，SSC)的图像复原方法和非局域集中联合的稀疏表示方法。Matakos 等[128]提出了一种利用掩蔽操作防止重叠伪影边缘保留的图像复原方法。

1.4 数字图像预处理技术应用领域

图像是人类获取和交换信息的主要来源，因此，图像处理的应用领域必然涉及人类生活和工作的方方面面。随着人类活动范围的不断扩大，图像处理的应用领域也将不断扩大。

1.4.1 航天和航空方面

数字图像处理技术在航天和航空技术方面的应用，除了 JPL 对月球、火星照片的处理之外，另一方面的应用是在飞机遥感和卫星遥感技术中。许多国家每天派出很多侦察飞机对地球上有兴趣的地区进行大量的空中摄影，对由此得来的照片进行处理分析，以前需要雇用几千人，而现在改用配备有高级计算机的图像处理系统来判读分析，既节省人力，又加快了速度，还可以从照片中提取人工所不能发现的大量有用情报。从 20 世纪 60 年代末以来，美国及一些国际组织发射了资源遥感卫星(如 Landsat 系列)和天空实验室(如 SKYLAB)，由于成像条件受飞行器位置、姿态、环境条件等影响，图像质量不是很高。因此，以如此昂贵的代价进行简单直观的判读来获取图像是不合算的，必须采用数字图像处理技术。例如，Landsat 系列陆地卫星，采用多波段扫描器(multispectral scanner，MSS)，在 900km 高空对地球每一个地区以 18 天为一周期进行扫描成像，其图像分辨率大致相当于地面上十几米或 100m 左右(如 1983 年发射的 Landsat-4，分辨率为 30m)。这些图像在空中先处理(数字化、编码)成数字信号存入磁带中，在卫星经过地面站上空时，再高速传送下来，然后由处理中心分析判读。这些图像无论在成像、存储、传输过程中，还是在判读分析中，都必须采用很多数字图像处理方法。现在世界各国都在利用陆地卫星所获取的图像进行资源调查(如森林调查、海洋泥沙和渔业调查、水资源调查等)、灾害检测(如病虫害检测、水火检测、环境污染检测等)、资源勘察(如石油勘查、矿产量探测、大型工程地理位置勘探分析等)、农业规划(如土壤营养、水分和农作物生长、产量的估算等)、城市规划(如地质结构、水源及环境分析等)。中国也陆续开展了以上诸方面的一些实际应用，并获得了良好的效果。在气象预报和对太空其他星球的研究方面，数字图像处理技术也发挥了相当大的作用。

1.4.2 生物医学工程方面

数字图像处理在生物医学工程方面的应用十分广泛，而且很有成效。除了 CT 技术，还有一类是对医用显微图像的处理分析，如红细胞、白细胞分类，染色体分析，癌细胞识别等。此外，在 X 射线肺部图像增晰、超声波图像处理、心电图分析、立体定向放射治疗等医学诊断方面都广泛地应用了数字图像处理技术。

1.4.3 工业和工程方面

在工业和工程领域中数字图像处理技术有着广泛的应用，如自动装配线中检测零件的质量并对零件进行分类，印刷电路板疵病检查，弹性力学照片的应力分析，流体力学图片的阻力和升力分析，邮政信件的自动分拣，在一些有毒、放射性环境内识别工件及物体的形状和排列状态，先进的设计和制造技术中采用工业视觉等。其中值得一提的是研制具备视觉、听觉和触觉功能的智能机器人，将会给工农业生产带来新的激励，目前已在工业生产中的喷漆、焊接、装配中得到有效的利用。

1.4.4 军事公安方面

在军事方面图像处理和识别主要用于导弹的精确末制导，各种侦察照片的判读，具有图像传输、存储和显示的军事自动化指挥系统，飞机、坦克和军舰模拟训练系统等；公安业务图片的判读分析、指纹识别、人脸鉴别、不完整图片的复原，以及交通监控、事故分析等。目前已投入运行的高速公路不停车自动收费系统中的车辆和车牌的自动识别都是数字图像处理技术成功应用的例子。

1.4.5 文化艺术方面

目前这类应用有电视画面的数字编辑、动画的制作、电子图像游戏的制作、纺织工艺品设计、服装设计与制作、发型设计、文物资料照片的复制和修复、运动员动作分析和评分等，现在已逐渐形成一门新的艺术——计算机美术。

1.4.6 机器视觉

机器视觉作为智能机器人的重要感觉器官，主要进行三维景物理解和识别，是目前处于研究中的开放课题。机器视觉主要用于军事侦察、危险环境的自主机器人，邮政、医院和家庭服务的智能机器人，装配线工件识别、定位，太空机器人的自动操作等。

1.4.7 视频和多媒体系统

目前，电视和视频制作系统已广泛使用数字图像处理、变换及合成等技术，多媒体系统中也使用了对静止图像和动态图像的采集、压缩、处理、存储和传输等相关的数字图像处理技术手段。

1.4.8 电子商务

在当前呼声甚高的电子商务中，数字图像处理技术也大有可为，如身份认证、产品防伪、水印技术等。

总之，数字图像处理技术应用领域相当广泛，已在国家安全、经济发展、日常生活中充当越来越重要的角色，对国计民生的作用不可低估。

1.5 本书的课题来源及组织结构

1.5.1 本书的课题来源

本书的研究内容主要来自以下科研课题(出于保密性要求，个别关键词用×号代替)。

(1)无人机实时全景遥感成像技术研究(国家自然科学基金项目，项目编号：41301370)。

(2)基于深度学习的地基云图自动识别技术研究(国家自然科学基金项目，项目编号：41775165)。

(3)箭载中层大气三维流场探测理论问题研究（国家自然科学基金项目，项目编号：41775039)。

(4)长三角城市细颗粒物和臭氧的垂直分布、理化耦合及其天气效应（国家自然科学基金重大研究计划项目，项目编号：91544230)。

(5)×××卫星图像质量技术要求(中央军委装备发展部军内科研项目)。

这些课题均属于光学成像或图像处理的基础性研究项目，为成像探测技术以及模式识别技术的发展提供关键技术支持。

1.5.2 本书主要内容

与众多科学发展轨迹一致，数字图像处理基础仍然存在诸多技术难题亟待解决。研究快速且有效的图像预处理算法成为推动图像分析和图像理解领域发展的关键内容之一。本书针对数字图像在获取和传输过程中会出现噪声、对比度下降、单传感器图像信息不全和质量退化等现象的问题，在第 2 章～第 10 章，分别提出若干种数字图像去噪、增强、融合与复原预处理算法，即基于小波域旋转奇异值分解的图像去噪算法、基于小波域奇异值差值的图像去噪算法、基于分块旋转奇异值分解的图像去噪算法、基于人工鱼群与粒子群优化的图像增强算法、基于突变粒子群优化的图像增强算法、基于亮度小波变换和颜色改善的图像增强算法、基于小波变换方向区域特征的图像融合算法、基于刃边函数和维纳滤波的模糊图像复原算法、基于分块奇异值的图像复原算法，以获取高清晰度、高质量的图像。第 11 章介绍了数字图像预处理技术的若干应用，包括人脸识别、边缘提取、物体分割和遥感图像几何校正等四个应用案例，提出了多个包含预处理在内的图像处理完整算法，以冀得到高效的模式识别结果，从而展现图像预处理技术在模式识别领域中的重要作用。本书共分为 12 章，具体研究内容如下。

第 1 章首先阐明本书的研究背景和研究意义，回顾并分析了数字图像去噪、增强、融合与复原处理技术的国内外研究情况和应用领域，概括介绍了数字图像的概念、特点和数字图像预处理技术的研究内容。随后，分别介绍了数字图像去噪、增强、融合与复原处理技术的主要方法及质量评价方法。最后概括了本书的主要研究内容以及本书的结构安排。

第 2 章提出基于小波域旋转奇异值分解的图像去噪算法，算法针对普通奇异值分解滤波去噪过程中未考虑图像的方向性特征而引起的去噪效果不佳和边缘信息丢失的问题，采用小波变换和边缘检测对图像进行去噪，使图像边缘细节信息得到了有效保留，同时图像的非水平(非竖直)方向细节信息也得到了有效保留，进而提高了算法的处理时效和去噪效果。

第 3 章提出基于小波域奇异值差值的图像去噪算法，通过对高频方向上随噪声方差和图像尺寸变化的噪声奇异值进行建模，利用奇异值差分计算获取近似表达原图像的奇异值，进而实现对图像中噪声的去除。该算法适用于任意图像的噪声去除，适用面广、去噪精度高。

第 4 章提出基于分块旋转奇异值分解的图像去噪算法，利用图像上局部位置具有不同的方向特性，通过方向角度检测实现图像的自适应分块，进而利用旋转奇异值分解实现图像噪声的去除。该去噪算法不但考虑了图像的局部平稳性，而且更加细致地注重到图像的实际方向性信息，可以去除各种类型的噪声。

第 5 章提出基于人工鱼群与粒子群优化的图像增强算法，将人工鱼群与粒子群优化算法有机地结合起来应用到图像非线性增强算法中。先利用人工鱼群的全局收敛性快速寻找到满意的解域，再利用粒子群优化算法进行快速的局部搜索，使混合后的算法不仅具有快的局部搜索速度，而且保证具有全局收敛性能，并利用新的适应度函数增进个体寻优进化的动力达到在提高增强时效的同时提高增强效果。

第 6 章提出基于突变粒子群优化的图像增强算法，将突变机制引入常规粒子群优化算法的改进型粒子群优化算法中，扩大了寻找的空间，更有利于找到全局最优解，还可以得到图像非线性增强 Beta 函数的最优变换参数。该算法在提高算法的搜索效率、收敛精度以及图像增强效果等方面有显著效果。

第 7 章提出基于亮度小波变换和颜色改善的图像增强算法，在小波变换域对图像亮度分量低频信息即含雾部分采用反锐化掩蔽加以抑制，通过非线性变换适当增强高频景物信息来获得初级去雾图像，并采用单尺度 SSR 算法等一系列处理改善图像颜色。该算法在有效去除图像中的薄雾的同时能有效改善图像的颜色信息。

第 8 章提出基于小波变换方向区域特征的图像融合算法，根据小波变换域低频子带空间频率和高频子带方向特性，低频子带采用基于循环移位子块空间频率相关系数确定的像素点融合规则，各高频子带采用基于方向特性的区域能量及梯度的归一化相关系数差，自适应地选择不同的融合规则。该融合算法在确定高频融合系数的过程中，参与的系数更符合实际、更重要、更显著，进而提高了融合的精度，而且由于参与的相邻系数减少，降低了融合的复杂度。

第 9 章提出基于刃边函数和维纳滤波的模糊图像复原算法，通过刃边函数来构造点扩散函数和估计系统降质函数，采用加最优窗的维纳滤波方法可有效地去除噪声和减小边缘误差。

第 10 章提出基于分块奇异值的图像复原去噪算法，从离散退化模型出发，通过理想图像奇异值向量的平均能谱理论，采用奇异值分解估计点扩散函数，其中的奇异值重构阶数采用奇异值导数来确定。该方法可有效复原大多数图像模糊问题。

第 11 章针对人脸识别、边缘提取以及物体分割等常用的数字图像热门研究领域，研究适用的数字图像预处理技术以及完整的应用处理方法，具体内容包括基于小波变换和改进的奇异值分解的人脸识别技术、基于小波变换及形态学重构的 SAR 图像边缘检测算法、基于饱和度和区域一致性的静态水上物体分割算法、基于灰度共生矩阵和小波纹理的 SAR 水面图像分割算法，以及基于城市地面控制点(ground control point，GCP)模板的遥感图像几何校正算法，为高性能的目标识别及解译提供技术支撑。

第 12 章对本书的研究和创新点进行总结，并对今后研究工作的展望进行讨论。

1.6 本章小结

本章是以后各章讨论的基础内容，主要介绍了如下内容。

(1) 数字图像预处理技术的研究背景及意义。

(2) 数字图像预处理技术的内涵及其基础知识。

(3) 数字图像预处理技术的研究现状与进展。

(4) 数字图像预处理技术的应用情况。

(5) 本书的课题来源及组织结构。

第 2 章　基于小波域旋转奇异值分解的图像去噪算法

2.1　概　　述

图像在生成或传输过程中不可避免地会受到各种噪声的干扰和影响，图像会出现降质现象，严重影响了图像的清晰度和分辨率，对后续图像的处理(如分割、压缩和图像理解等)会产生不利的影响。因此对图像进行去噪处理、提高图像质量是图像处理中的一项基础而重要的工作。小波变换和奇异值分解是图像去噪处理中常用的经典手段。

小波变换采用了多分辨率的方法，具有低熵性、去相关性和选择小波基的灵活性，而图像的噪声信息主要集中在其小波域的高频部分，因此可以利用小波理论将信号与噪声分开[129]。应用最为广泛的小波阈值萎缩去噪法的基本思想是：图像经多尺度分解得到的小波系数具有不同的分布特性，噪声和细节信息主要在高频段，对应绝对值较小的小波系数，并且噪声具有相同的幅度；而图像的有用信息集中在低频段，对应绝对值较大的小波系数。因此选择一个合适的阈值，对小波系数进行阈值处理，就可以达到去除噪声而保留有用信号的目的。然而去噪的同时丢失了一些有用的边缘细节信息，而边缘特性是图像中最有用的细节信息，是图像对视觉最重要的特征，因此，在进行图像去噪的同时应该尽量保留图像的边缘特征。

奇异值分解是一种非线性滤波，具有良好的数值稳健性。图像矩阵的奇异值及其特征空间反映了图像中的不同成分和特征，一般认为较大的奇异值及其对应的特征向量表示图像信号，而噪声反映在较小的奇异值及其对应的特征向量上。根据一定的选择门限，低于该门限的奇异值置零(截断)，然后通过这些奇异值及其对应的特征向量重构图像进行去噪，不但可以处理不同类型的图像和噪声，且无须有关噪声的先验知识。考虑到图像的局部平稳性，可以采用图像分块奇异值分解去噪算法。但是一般简单的奇异值滤波方法没有考虑到奇异值滤波的方向性特点，而图像的噪声仅分布在小波变换频率域的高频部分，又由于这些高频部分具有水平、垂直、对角线(45°/135°)方向特性，所以可以考虑对小波变换后的三个方向高频部分进行奇异值分解来达到滤波去噪的目的。传统的奇异值去噪后重构去噪图像时所需的奇异值个数或截止的奇异值阈值依赖于传统经验公式进行确定，未考虑到对实际去噪效果的影响。

本章提出一种基于小波变换高频子图像不同的方向特性奇异值分解及边缘保留的图像去噪算法。图像经过小波变换后，低频子图像集中了原图像的大部分能量信息；由于图像噪声主要集中在三个不同方向的小波高频子图部分，其系数较小，可以利用奇异值分解进行去噪处理，即用较大的奇异值和对应的特征向量重构出去噪图像，然而由于奇异值分解固有的行列方向性，对于高频对角线子图重构出的图像去噪效果不理想，故旋转至行列方向后再进行常规的奇异值滤波，其中重构所需的奇异值个数由图像峰值信噪比自适应确定。为避免丢失边缘细节信息，同时对高频子图进行边缘提取和保留，最后将去噪后的低频和高频子图进行小波逆变换重构出最终的去噪图像[130]。

本章的组织结构如下：2.2 节分别介绍小波变换和奇异值分解的方向特性，包括 2.2.1 节介绍小波变换基本原理及其方向特性，2.2.2 节介绍奇异值分解基本原理及其方向特性；2.3 节给出基于小波域旋转奇异值分解与边缘保留的图像去噪算法，其中包括 2.3.1 节介绍高频子图 SVD 滤波方法，2.3.2 节介绍去噪重构奇异值个数的确定方法，2.3.3 节介绍高频子图像多方向边缘提取方法，2.3.4 节给出完整方法的流程，2.3.5 节是算法的实验仿真部分，对本章提出的基于小波域旋转奇异值分解与边缘保留的图像去噪方法与同类算法相比较；2.4 节对本章进行总结。

2.2 小波变换和奇异值分解的方向特性

2.2.1 小波变换及其方向特性

如 1.2.3 节所述，利用 Mallat 小波分解可以将二维图像信号 C_{j-1} 在尺度 $j-1$ 上分解为 C_j 、 D_j^1 、 D_j^2 、 D_j^3 四个子图，分别对应于图像 C_{j-1} 的低频子图、垂直高频子图、水平高频子图、对角线高频子图。反之，利用 Mallat 重构算法，通过上述四个子图可重构得到近似的二维图像 C_{j-1}。

图像经上述小波变换分解后，得到的低频子图和高频子图中，低频子图像是原始图像的近似分量，集中了原始图像的主要能量。高频子图像反映原始图像的亮度突变特性，即原始图像的边缘、区域边界特性，噪声和细节边缘大部分都存在于此高频部分，因此，对高频部分的去噪尤为关键。如图 2.1 所示，图像经过 3 层小波变换后，LL_3 表示图像中的低频分量。HL_1、HL_2、HL_3 表示在不同的分辨率下，图像中竖直方向的边缘和细节分量；LH_1、LH_2、LH_3 和 HH_1、HH_2、HH_3 分别表示在不同分辨率下，图像中水平方向和对角线方向的边缘和细节分量，图 2.2(b) 为对图 2.2(a) Clock 图像进行三层小波分解的实例图。

由图 2.2 可以看出，图像经小波分解后，低频子带基本维持了原始图像的整体形状，而各个高频子带呈现出明显的方向特征。例如，HL_1、HL_2、HL_3 分别表示竖直方向的各边缘和细节子带，在这些子带中，系数的分布均呈现出明显的竖直方向特性。以其中颜色接近白色的大系数为例，若某一个系数为大系数，竖直方向上与其直接相邻的两个系数也为大系数的概率较大，且大于其八邻域内其他系数均为大系数的概率，因此，可以得出 HL_1、HL_2、HL_3 三个子带内的系数分布呈现出一定的竖直方向特征。同样，LH_1、LH_2、LH_3 和 HH_1、HH_2、HH_3 各子带，其系数沿水平方向的分布和对角线方向的分布也具有类似的方向性。

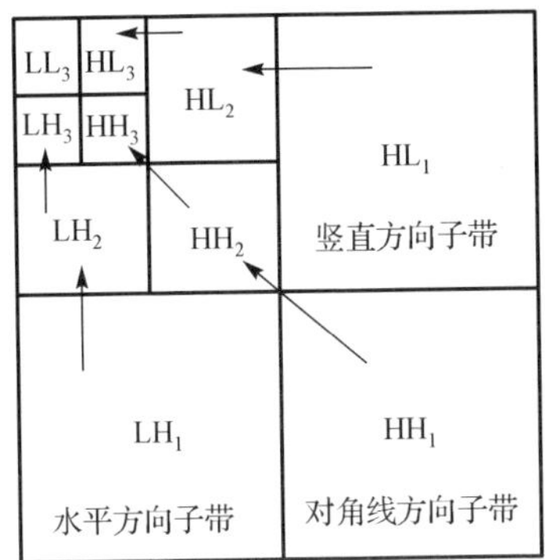

图 2.1　高频子带方向特性

(a) Clock图像　(b) Clock小波分解图

图 2.2　图像三层小波分解示意图及实例

为了验证上述特性，我们对图 2.3 所示的大小为 256×256 像素的 Baboon、Women、Fishing Boat 和大小为 512×512 像素的 Clock 四幅标准测试图像进行了提升小波变换，并以方差为区域相关性的衡量标准。即若方向区域方差大于八邻域方差，表明方向区域相关性较弱，反之，方向区域相关性较强。对小波变换后的每个高频系数都比较其区域相关性，其中，方向区域相关性强的系数总和为 a，八邻域相关性强的系数总和为 b，具体实验结果参见表 2.1。

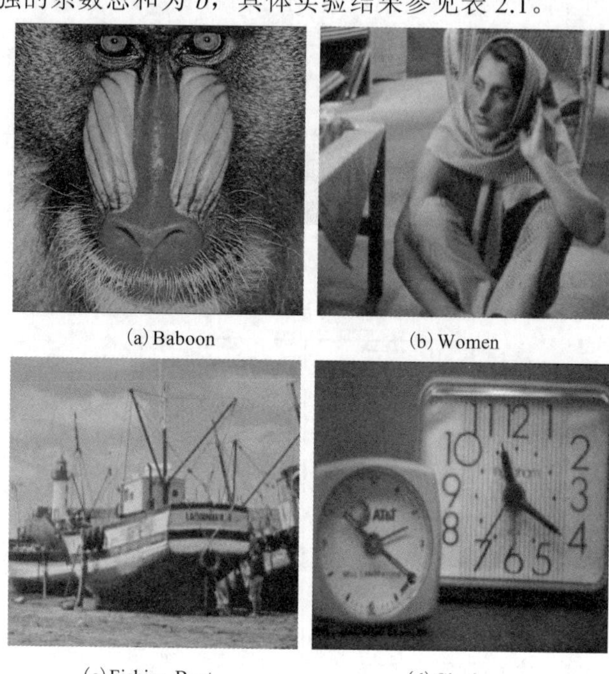

(a) Baboon　(b) Women　(c) Fishing Boat　(d) Clock

图 2.3　图像数据库

表 2.1　图像提升小波变换高频系数方向相关性统计

图像	a	b	比值	
			$a/(a+b)$	$b/(a+b)$
Baboon	44021	5807	88.3%	11.7%
Women	38888	10696	78.4%	21.6%
Fishing Boat	40191	9507	80.9%	19.1%
Clock	118110	50447	70.1%	29.9%

统计结果显示，图像经小波变换后，不同方向高频子带系数对应方向区域相关性强的系数比重维持在 70.1%～88.3%，而八邻域系数相关性强的系数比重只维持在 11.7%～29.9%。可见图像经提升小波变换后，高频子带系数方向区域相关性明显要强于其八邻域的区域相关性。

2.2.2　奇异值分解及其方向特性

如 1.2.3 节所述，含噪声的图像 $\boldsymbol{A}$ 经奇异值分解后，得到 $\boldsymbol{A}$ 的左奇异矩阵 $\boldsymbol{U}$、

右奇异矩阵 $\boldsymbol{V}$ 和对角奇异值阵 $\boldsymbol{S}$，其中，奇异值阵 $\boldsymbol{S}$ 中前 r 个奇异值非零(r 为矩阵 $\boldsymbol{A}$ 的秩)。选取奇异值阵 $\boldsymbol{S}$ 中 k（$k \leqslant r$）个或者奇异值阈值 λ 对应的非零奇异值，结合 $\boldsymbol{A}$ 的左奇异矩阵 $\boldsymbol{U}$、右奇异矩阵 $\boldsymbol{V}$，可重构出近似的去噪图像。可以看出，如何确定最优的 k 或 λ 值，成为图像去噪处理的关键。

研究发现 $\boldsymbol{A}$ 在奇异值分解后得到的 $\boldsymbol{U}$ 为 $\boldsymbol{A}\boldsymbol{A}^{\mathrm{T}}$ 的特征矢量($\boldsymbol{V}$ 为 $\boldsymbol{A}^{\mathrm{T}}\boldsymbol{A}$ 的特征矢量)，即 $\boldsymbol{A}\boldsymbol{A}^{\mathrm{T}}$ 的列向量集的主成分矢量($\boldsymbol{A}^{\mathrm{T}}\boldsymbol{A}$ 的行向量集的主成分矢量)。这样可建立起图像奇异值分解与主成分之间的关系，即矩阵的奇异值分解等价于行列向量同步主成分分析。如果图像中仅有水平(竖直)线，奇异值分解后的图像信号能量基本集中在少数较大奇异值与其对应的特征向量上，代表着行列信息的前几个奇异值远远大于后面较小的奇异值；反之，对于非水平(非竖直)线条，奇异值分解后，前面较大的奇异值比后面较小的奇异值没有明显的优势，图像信号能量散布在多个奇异值及对应的特征向量上，仅用少数较大奇异值及对应的特征向量重构原始图像不能取得良好的效果[131]。此为奇异值分解的方向性特征。也就是说，奇异值和奇异矩阵仅体现了图像矩阵的行列信息，行或列之间具有较大的冗余信息。图 2.4～图 2.6 所示为水平线、竖直线和非竖直(水平)线的图像，分别比较了它们的奇异值大小和相应的重构效果。

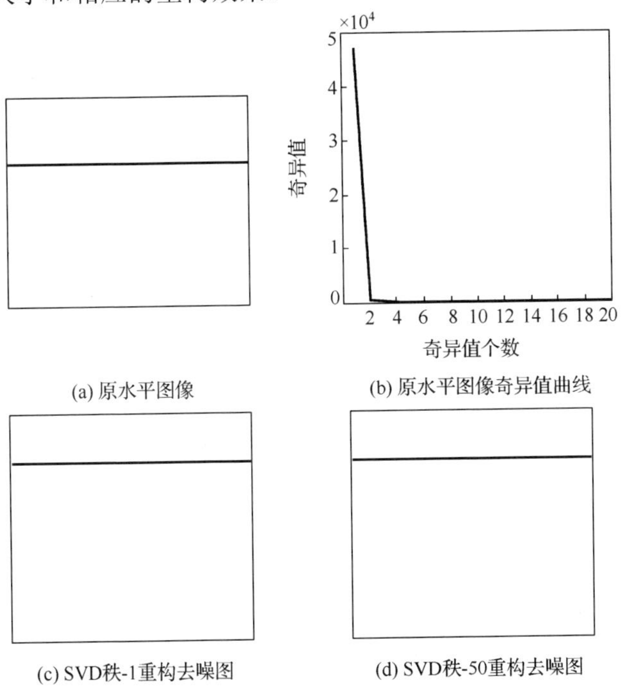

(a) 原水平图像　(b) 原水平图像奇异值曲线

(c) SVD秩-1重构去噪图　(d) SVD秩-50重构去噪图

图 2.4　水平方向图像 SVD 重构图

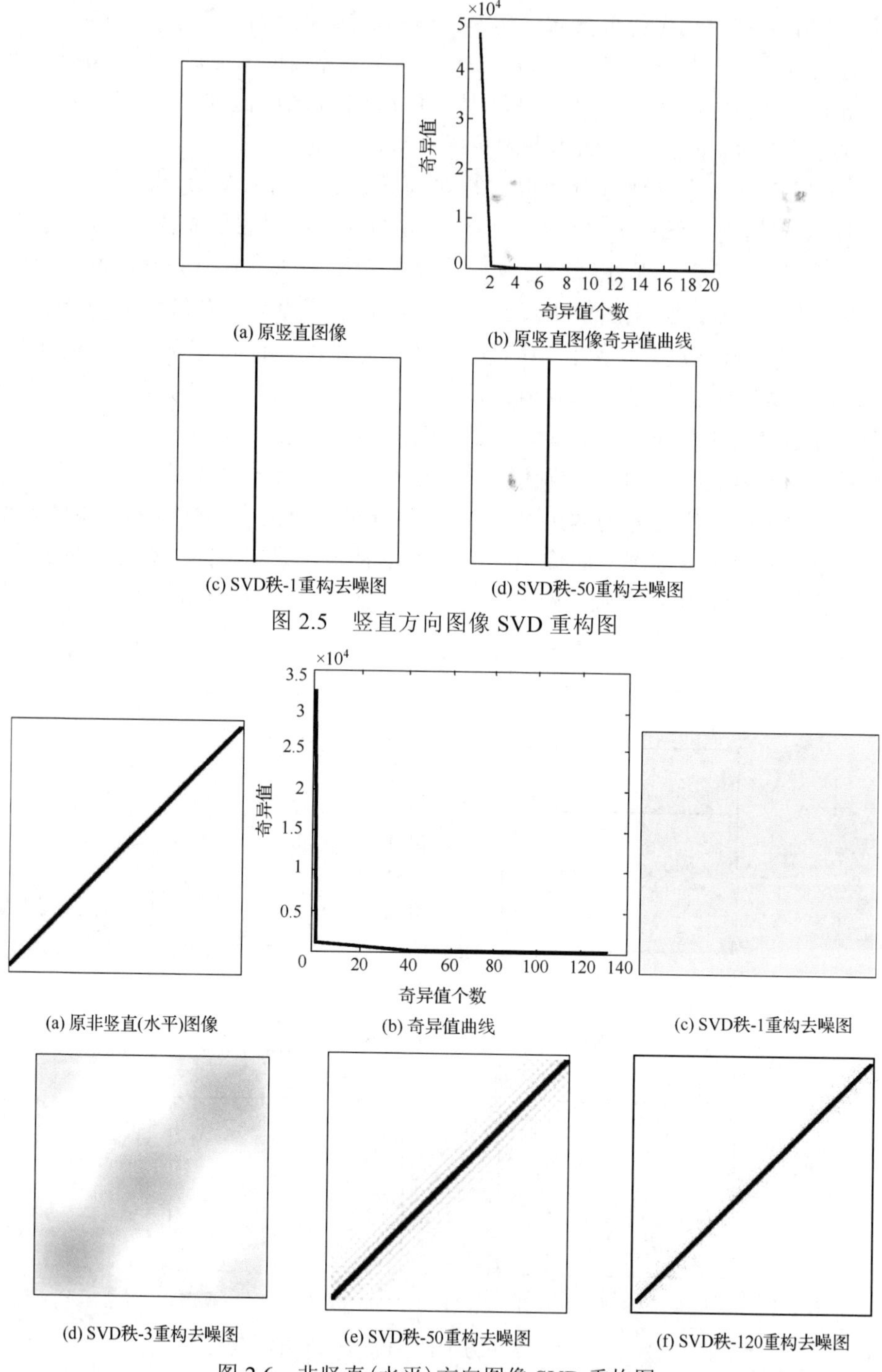

(a) 原竖直图像　(b) 原竖直图像奇异值曲线

(c) SVD秩-1重构去噪图　(d) SVD秩-50重构去噪图

图 2.5　竖直方向图像 SVD 重构图

(a) 原非竖直(水平)图像　(b) 奇异值曲线　(c) SVD秩-1重构去噪图

(d) SVD秩-3重构去噪图　(e) SVD秩-50重构去噪图　(f) SVD秩-120重构去噪图

图 2.6　非竖直(水平)方向图像 SVD 重构图

从图 2.4 和图 2.5 可以看出对于竖直线和水平线图像，前面较大的奇异值远远大于后面较小的奇异值，可以认为较大的奇异值及对应的奇异矩阵包含了该竖直线和水平线图像的绝大部分信息，如图 2.4(c)和图 2.5(c)所示的秩-1 重构图像与图 2.4(d)和图 2.5(d)所示的秩-50 重构图像相比，视觉效果差别不大，基本反映了原始图像，且计算量大幅下降。而对于非竖直(水平)图像，如图 2.6 所示，前面较大的奇异值比后面较小的奇异值没有显现明显的优势，仅用少数较大奇异值及对应的奇异矩阵重构原图像不能取得良好的结果，如图 2.6(c)和图 2.6(d)所示的秩-1、秩-3 重构不出原图像，要得到良好的重构图像必须使用更多的奇异值及奇异矩阵，如图 2.6(e)和图 2.6(f)所示的秩-50、秩-120 重构图像，但同时在原图像边缘附近引入了阶梯效应，这也是不希望的。

对于含噪声图像，我们分别给图 2.4(a)、图 2.5(a)和图 2.6(a)所示的水平、竖直和非竖直(水平)图像添加均值为 0、方差为 0.01 的高斯白噪声，如图 2.7(b)、图 2.8(b)和图 2.9(b)所示。如果该图像的信息主要方向为水平或竖直，可采用少数较大奇异值及对应的奇异矩阵重构无噪图像信号，这样重构的图像几乎不损失原始图像信息。如果该图像的信息主要方向为非竖直(水平)方向，仅用少数较大奇异值及对应的奇异矩阵重构无噪图像信号，在很大程度上将会损失图像信息；若使用更多的奇异值及奇异矩阵，虽然重构图像保留了图像更多的信息，但同时在重构图像中也增大了噪声，不能取得良好的去噪效果，算法不仅更复杂，且会引入阶梯效应。这时一个自然的想法是将非竖直(水平)方向的图像通过一定角度的旋转将信息主要方向变为水平或竖直，得到一个包含了原图像的更大图像，其中的非原图像部分我们采用原图像镜像对称的部分图像进行填充，如图 2.9(c)所示，用原图像的相邻的图像镜像对称含噪图像进行填充可以较好地保持原图像经过旋转去噪和截取后的周边信息。对图 2.9(c)所示图像进行奇异值分解，然后采用秩-1 重构，再截取重构图像的原图像部分，逆旋转得到原图像的秩-1 重构图像如图 2.9(f)所示。将图 2.9(f)与不旋转秩-1、秩-2、秩-3 和秩-50 重构结果相比，即图 2.9(g)～图 2.9(j)，可以看出，利用旋转奇异值分解(rotation-SVD，RSVD)方法可以仅使用较少的秩重构出满意的去噪图像。

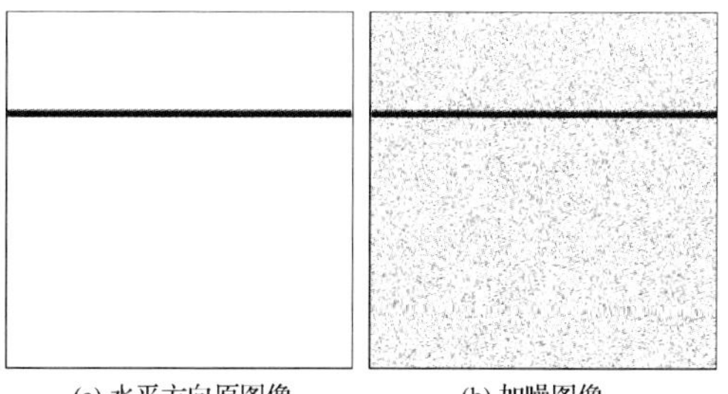

(a) 水平方向原图像　　(b) 加噪图像

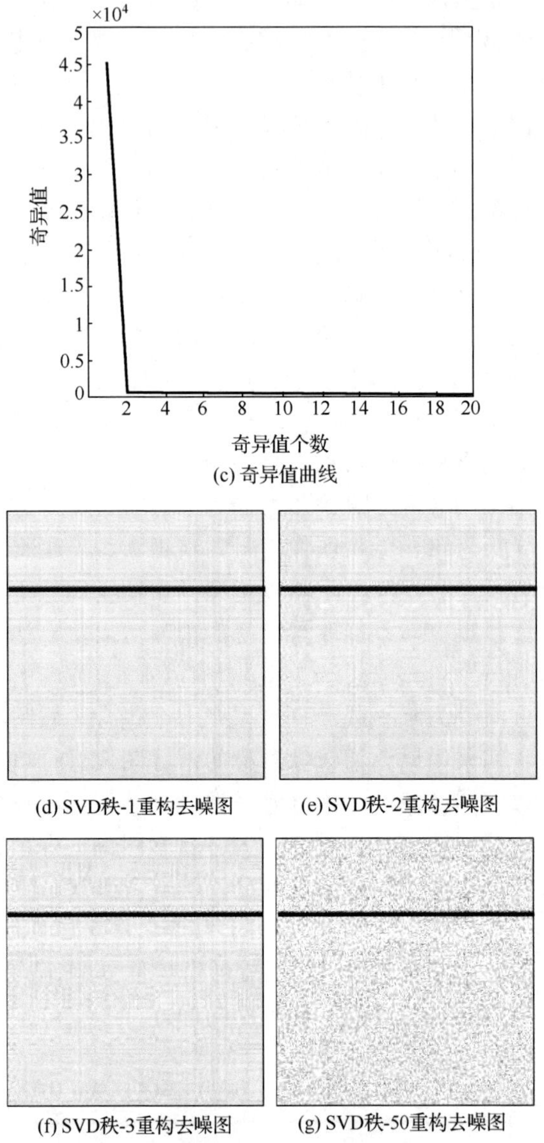

(c) 奇异值曲线

(d) SVD秩-1重构去噪图　(e) SVD秩-2重构去噪图

(f) SVD秩-3重构去噪图　(g) SVD秩-50重构去噪图

图 2.7　水平方向图像 SVD 去噪效果

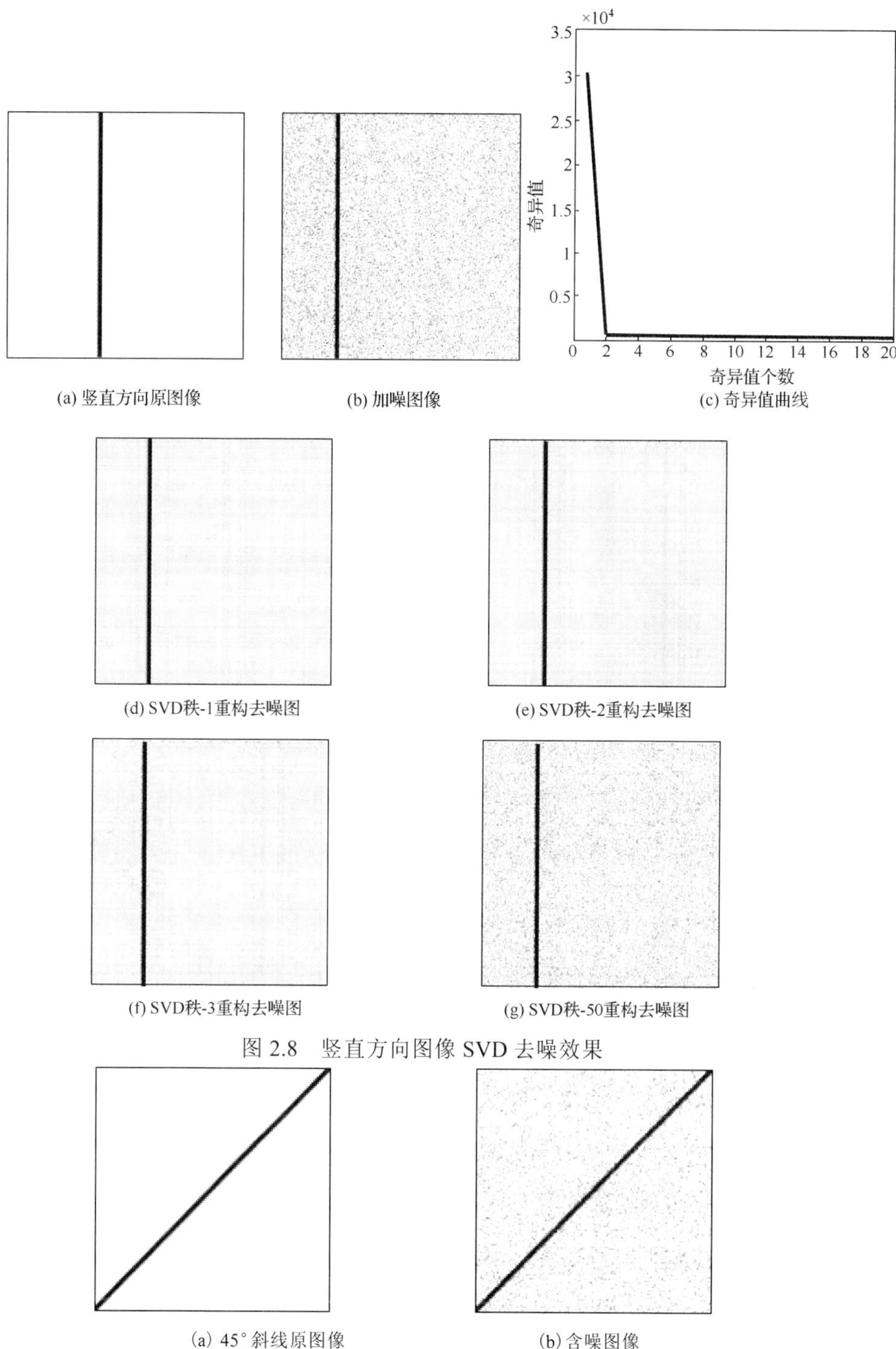

(a) 竖直方向原图像　(b) 加噪图像　(c) 奇异值曲线

(d) SVD秩-1重构去噪图　(e) SVD秩-2重构去噪图

(f) SVD秩-3重构去噪图　(g) SVD秩-50重构去噪图

图 2.8　竖直方向图像 SVD 去噪效果

(a) 45°斜线原图像　(b) 含噪图像

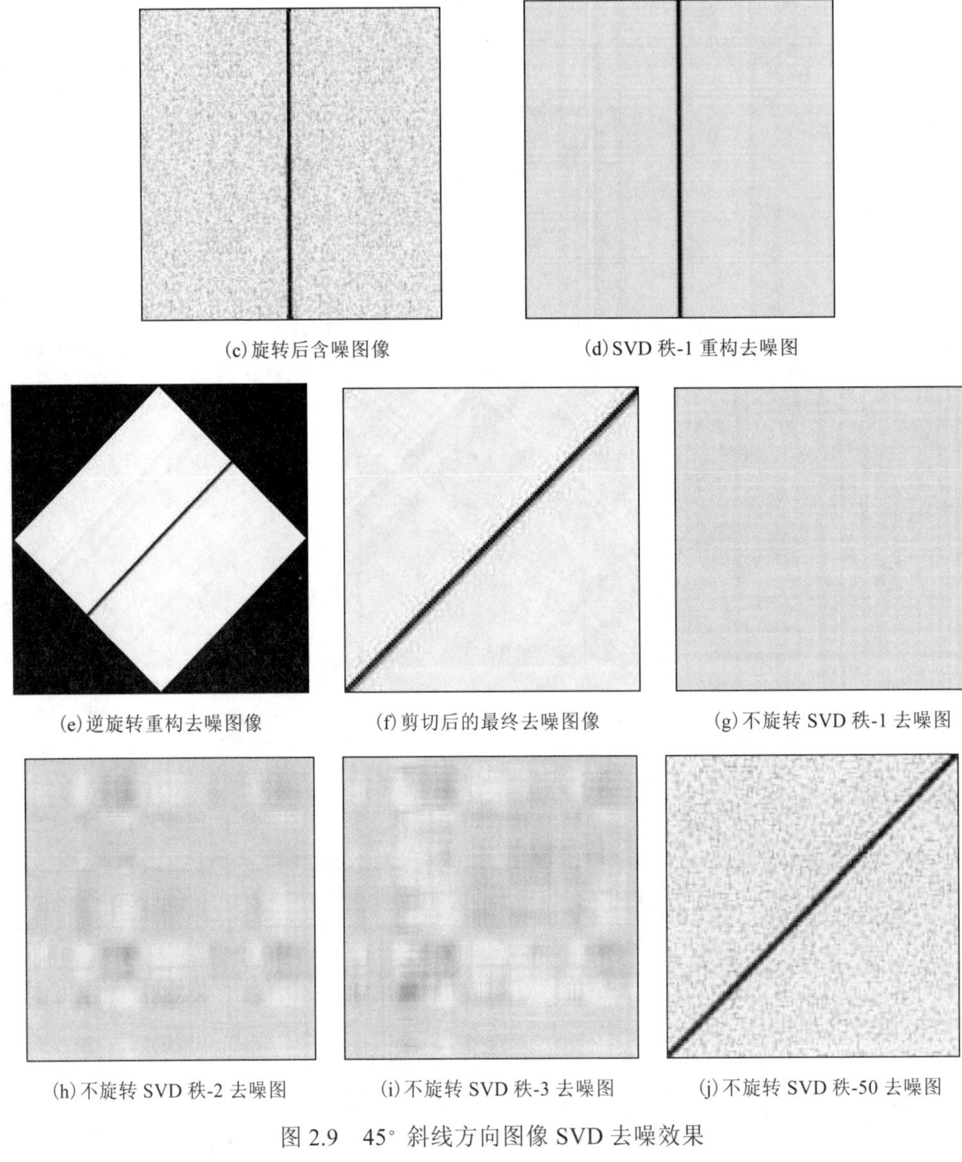

(c) 旋转后含噪图像　(d) SVD 秩-1 重构去噪图

(e) 逆旋转重构去噪图像　(f) 剪切后的最终去噪图像　(g) 不旋转 SVD 秩-1 去噪图

(h) 不旋转 SVD 秩-2 去噪图　(i) 不旋转 SVD 秩-3 去噪图　(j) 不旋转 SVD 秩-50 去噪图

图 2.9　45° 斜线方向图像 SVD 去噪效果

为了验证 RSVD 算法的通用性，本书另采用一幅与水平方向呈 26° 夹角的直线图像以及一幅实际图像，如图 2.10(a) 和图 2.11(a) 所示，分别添加均值为 0、方差为 0.01 的高斯白噪声，如图 2.10(b) 和图 2.11(b) 所示。图 2.10(c)～图 2.10(f) 显示了基于 RSVD 图像去噪的过程及结果，图 2.11(c)～图 2.11(j) 显示出了使用 SVD 和 RSVD 方法对图 2.11(b) 进行去噪的结果。

(a) 26°斜线原图像　(b) 含噪图像　(c) 旋转后含噪图像

(d) SVD 秩-1 重构去噪图　(e) 逆旋转重构去噪图　(f) 剪切后的最终去噪图

图 2.10　26°斜线方向图像 SVD 去噪效果

(a) 原图像(尺寸 128)　(b) 含噪图像($\sigma^2=0.1$)　(c) SVD 秩-1 近似去噪图

(d) SVD 秩-10 近似去噪图　(e) SVD 秩-50 近似去噪图　(f) SVD 秩-126 近似去噪图

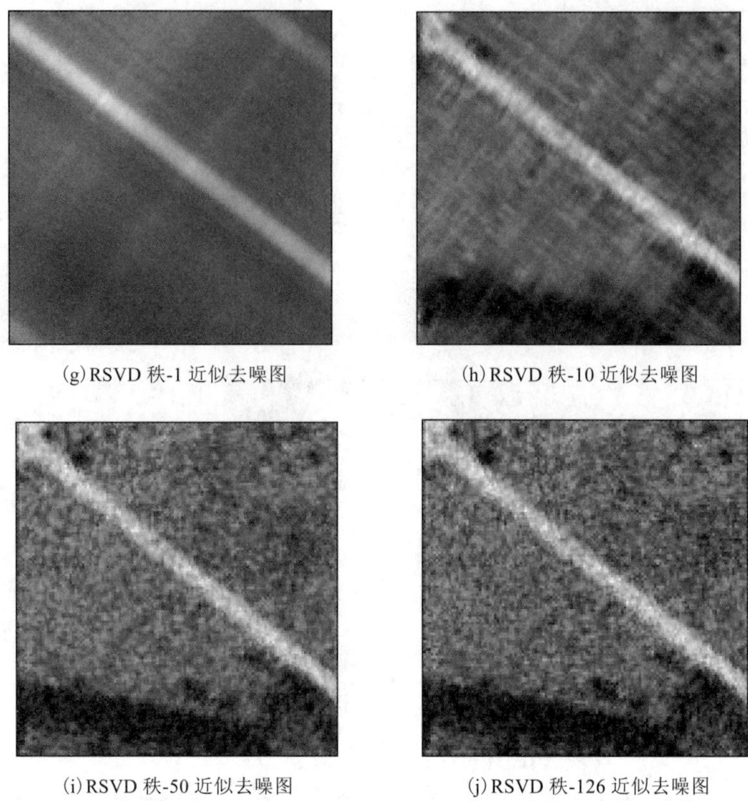

(g) RSVD 秩-1 近似去噪图　(h) RSVD 秩-10 近似去噪图

(i) RSVD 秩-50 近似去噪图　(j) RSVD 秩-126 近似去噪图

图 2.11　SVD 和 RSVD 去噪效果比较

2.3　基于小波域旋转奇异值分解与边缘保留的图像去噪算法

2.3.1　高频子图奇异值分解滤波

基于上述奇异值分解滤波和小波变换的方向性特点，可以考虑对于水平(竖直)方向高频子图采用基本奇异值滤波法去噪，而对角线方向高频子图则可以采取旋转至水平方向后再进行基本奇异值滤波即可。具体做法为：将对角线方向高频子图旋转 45° /135° 至水平方向，得到一个包含原图像的更大图像，对于其中的非原图像部分用原图像的平均灰度值进行填充以便较好地保持原图像经过旋转、去噪和截取后的周边信息；然后进行奇异值分解、重构、截取重构图像的原图像部分；最后逆旋转得到去噪后的原图像，如图 2.12 所示。

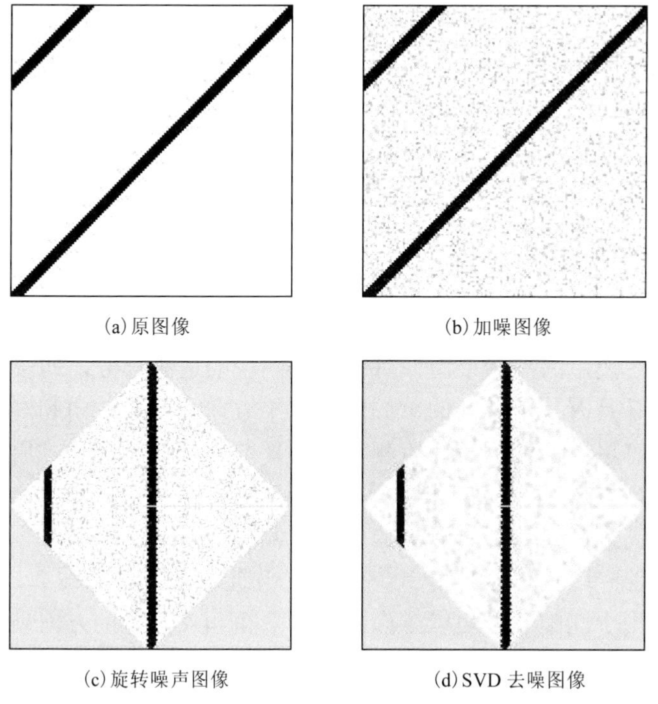

(a) 原图像　(b) 加噪图像

(c) 旋转噪声图像　(d) SVD 去噪图像

图 2.12　高频对角线子图去噪算法

2.3.2　去噪重构奇异值个数的确定

重构去噪图像所需的奇异值个数 k 或奇异值阈值 λ 决定着最终的去噪效果，共有 1～r 种选择。传统做法是对于噪声方差为 σ^2 的高斯白噪声，重构奇异值的阈值 λ 上界应满足 $\lambda \leqslant \sqrt{MN}\sigma$。该传统经验公式仅给出了重构所需的奇异值的上限值，无法选取到最佳的奇异值阈值，从而对最终的去噪效果产生不利影响。

采用图像 PSNR 的斜率作为衡量标准：

$$w(u) = \frac{\text{PSNR}(u+1) - \text{PSNR}(u)}{k(u+1) - k(u)} \tag{2.1}$$

式中，$k(u)$ 为第 u 个奇异值总个数；$\text{PSNR}(u)$ 为第 u 个奇异值总个数重构的图像峰值信噪比。

在以 PSNR 斜率作为衡量去噪效果标准的基础上，可以对图像进行 1～i 次(r 为图像矩阵的秩)重构。在传统经验公式奇异值阈值 $\lambda \leqslant \sqrt{MN}\sigma$ 对应的奇异值个数范围内，每次重构使用前 i 个奇异值，最后在所有重构的图像中，最大 PSNR 斜率对应的奇异值数就为所需的重构奇异值数。也就是说对所有选用不同的奇异值数重构后的图像进行对比，去噪效果变化最大的那一幅对应的重构奇异值数目就是最终需要的奇异值数，即该最大变化之前的所有奇异值对图像的重构结果起主要作用，忽略后续对重构图像效果变化影响较小的奇异值，采用这种方法可以自适应地确定奇异值个数。该算法将传统经验公式与实际需求效果有机结合，并限定了搜寻极限范围，考虑到了实际图像去噪质量，所以时效性好，有利于最终图像去噪效果的快速提高。

2.3.3 高频子图像多方向边缘提取

经过小波变换后的高频子图像对应着原图像的边缘部分，即灰度值变化比较陡峭的地方，且具有三个分开的单方向：水平方向、竖直方向和对角线方向。因此可以采用具有单方向性的边缘检测算子来提取边缘细节信息：用 Sobel 边缘检测算子检测水平方向高频信息和竖直方向高频信息；用 Roberts 边缘检测算子检测对角线方向高频信息。基于算子的边缘检测是通过一系列具有方向的窗口对图像做卷积实现的。这些算子均用 3×3 的网格来定义窗口，如图 2.13 所示。可见，每个算子都可用于匹配不同边缘方向需要的两个相互垂直的方向。

$$\boldsymbol{s}=\begin{bmatrix}-1 & -2 & -1\\ 1 & 0 & 0\\ 1 & 2 & 1\end{bmatrix}\qquad \boldsymbol{t}=\begin{bmatrix}-1 & 0 & 1\\ -2 & 0 & 2\\ -1 & 0 & 1\end{bmatrix}$$

(a) 水平和垂直方向的 Sobel 边缘检测算子

$$\boldsymbol{s}=\begin{bmatrix}0 & 0 & 0\\ 0 & 1 & 0\\ 0 & 0 & -1\end{bmatrix}\qquad \boldsymbol{t}=\begin{bmatrix}0 & 0 & 0\\ 0 & 1 & 0\\ -1 & 0 & 0\end{bmatrix}$$

(b) 45° 和 135° 对角线方向的 Roberts 边缘检测算子

图 2.13　经典边缘检测算子

经过边缘检测算子检测得到的图像都是二值图像，需要恢复成与原图像灰度一致的新边缘图，其处理为

$$m(x,y)=\begin{cases}f(x,y), & m(x,y)=1\\ 0, & m(x,y)=0\end{cases}\tag{2.2}$$

式中，m 和 f 分别为边缘图像和原始图像；x 和 y 为像素坐标。当边缘图像 m 像素值为 1 时，其相应坐标 (x,y) 处恢复为原始图像 f 的灰度值，否则置零。

2.3.4 算法流程

利用小波方向特性和边缘保留的图像去噪算法步骤可归纳如下（流程图如图 2.14 所示）。

(1) 对带有高斯白噪声的图像进行小波分解。

(2) 高频子图像一方面进行利用方向特性的奇异值分解去噪处理，其中重构奇异值个数采用基于峰值信噪比的自适应选取方法；另一方面采用方向边缘检测算子提取边缘。

(3) 将步骤(2)中得到的对应高频子图像一一对应取极大，即去噪图像与边缘灰度图像中对应的像素点用边缘灰度图像的像素值代替。

(4) 将步骤(3)得到的新的高频小波系数与步骤(1)分解得到的低频小波系数进行逆变换，重构出去噪图像。

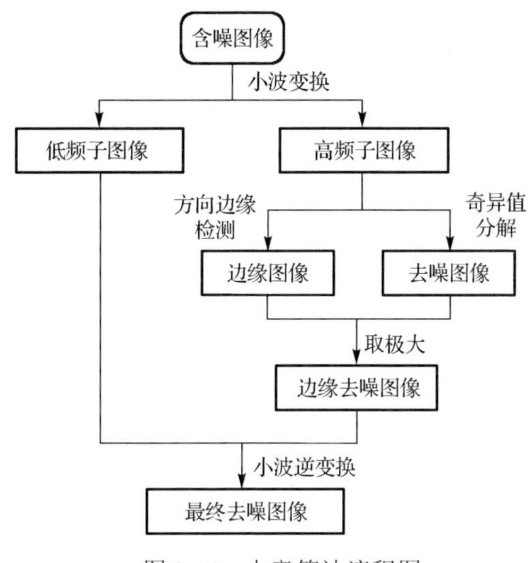

图 2.14　本章算法流程图

2.3.5　实验仿真

为验证本章算法的有效性，选取两组机载航拍图像进行仿真实验，大小均为 512×512 像素，如图 2.15(a)和图 2.16(a)所示。对原彩色图像灰度化后图像添加均值为 0，方差分别为 0.0001、0.001、0.005、0.01 和 0.1 的高斯白噪声，其中，添加 0.01 方差的含噪图像如图 2.15(b)和图 2.16(b)所示。对第一组图像图 2.15(a)采用提出的一层小波分解算法（小波基为 db3, $\sigma^2 = 0.01$）进行图像去噪的过程图如图 2.15(c)～图 2.15(e-11)所示，将本章提出的该一层小波分解算法(小波基分别为 db3 和 sym3)与传统的小波硬阈值(小波基分别为 db3 和 sym3)、传统的小波软阈值(小波基分别为 db3 和 sym3)、传统的 SVD 等七种算法去噪结果进行比较，得到的结果如图 2.15(f-1)～图 2.15(k)所示，并采用小波基为 db3 的算法对含噪图像分别进行二层小波分解和三层小波分解去噪，得到的结果如图 2.15(l)～图 2.15(m)所示。为更好地比较去噪后的效果，从数学角度分析，采用 PSNR 来衡量上述算法的去噪质量。一般情况下，PSNR 值越大，去噪效果也相应越好。采用本章算法、传统的小波硬阈值、软阈值算法与文献[132]提出的改进的小波硬阈值、软阈值算法进行比较，结果如图 2.15(o)～图 2.15(r-2)所示。同样对图 2.16(a)也采用与图 2.15(a)相同的算法进行去噪，得到的结果如图 2.16(c)～图 2.16(q)所示。

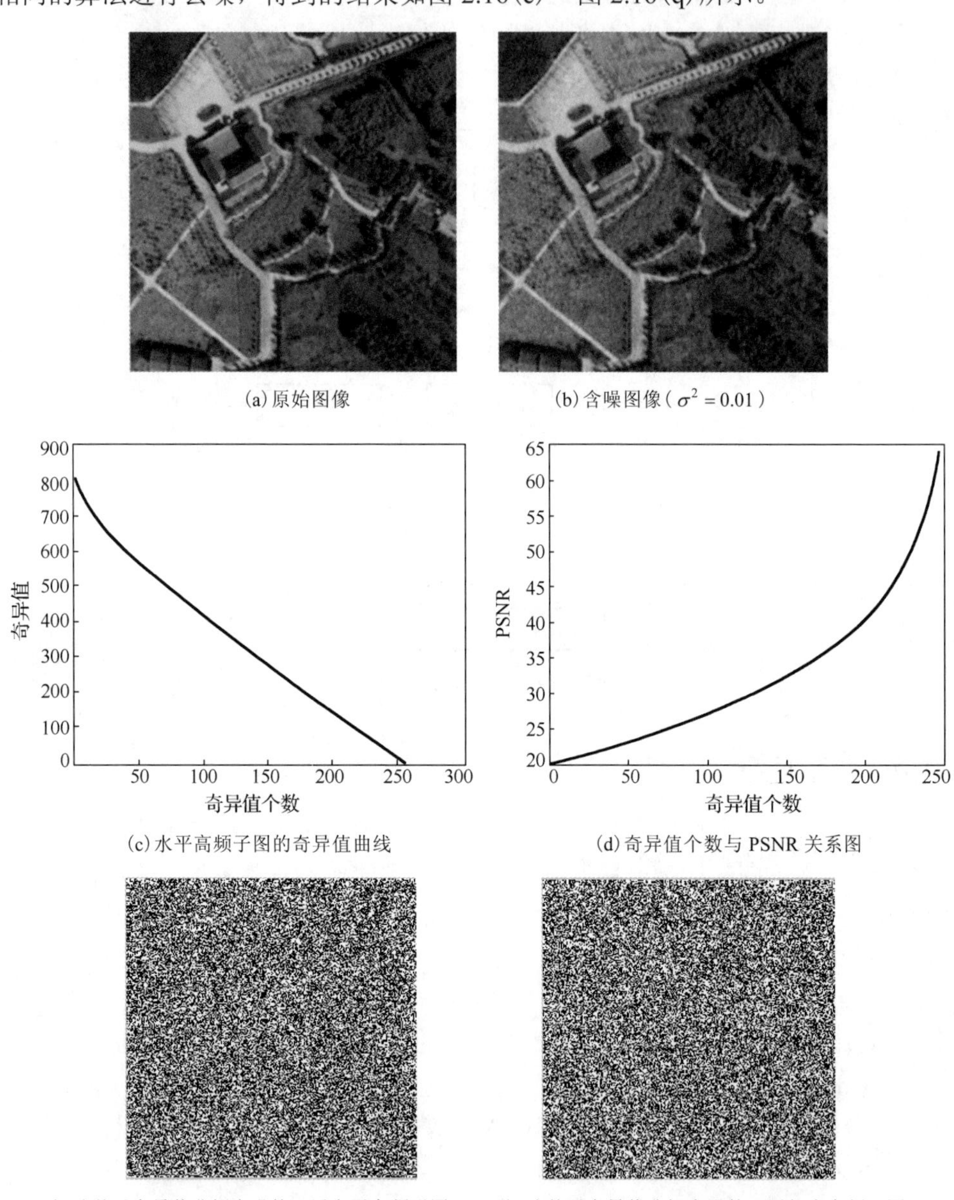

(a)原始图像　(b)含噪图像($\sigma^2=0.01$)

(c)水平高频子图的奇异值曲线　(d)奇异值个数与 PSNR 关系图

(e-1)基于奇异值分解去噪的 1 层水平高频子图　(e-2)基于奇异值分解去噪的 1 层竖直高频子图

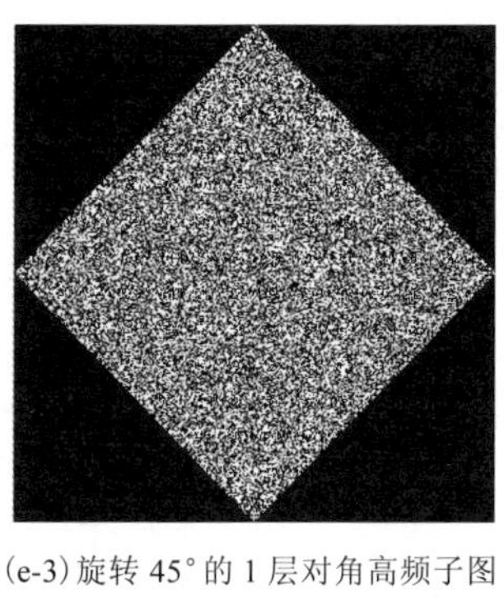

(e-3) 旋转 45° 的 1 层对角高频子图

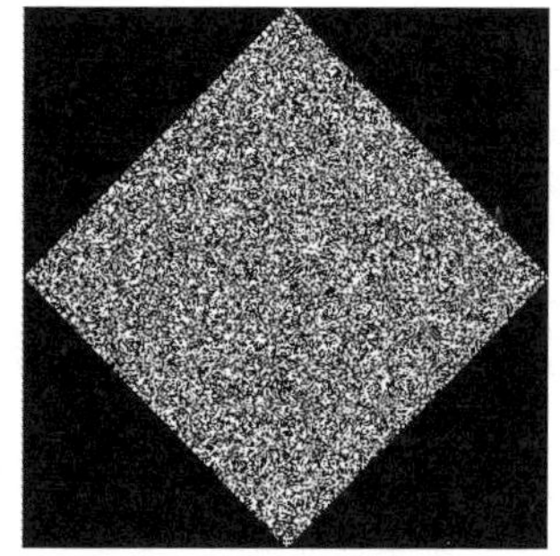

(e-4) 基于奇异值分解去噪的图 (e-3) 去噪图

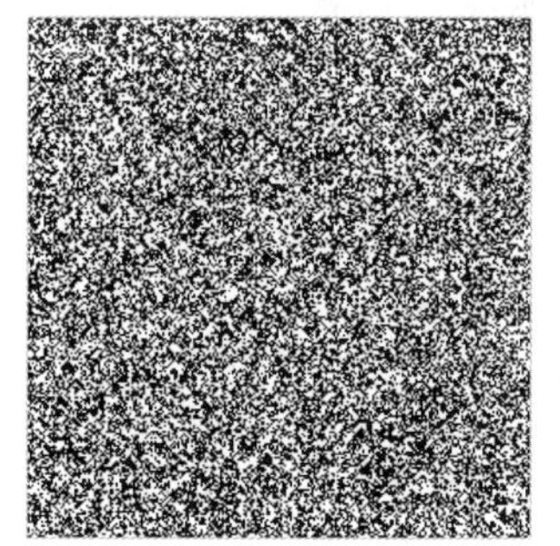

(e-5) 图 (e-4) 旋转复原图

(e-6) 1 层水平高频子图边缘图

(e-7) 1 层竖直高频子图边缘图

(e-8) 1 层对角高频子图边缘图

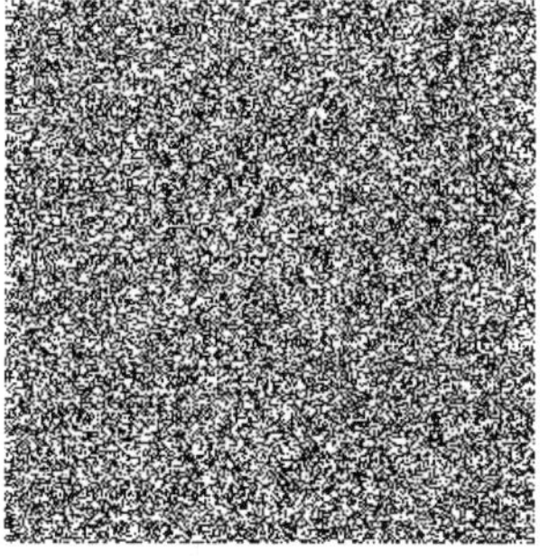

(e-9) 1 层水平高频子图融合图

(e-10) 1 层竖直高频子图融合图

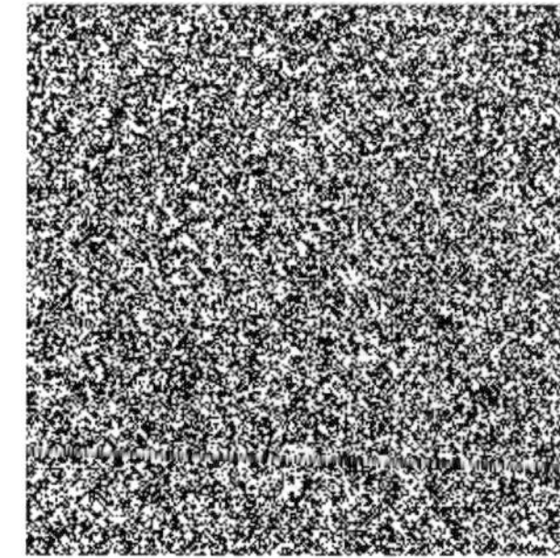

(e-11) 1 层对角高频子图融合图

(f-1) 基于本章算法的去噪图 (db3 小波)

(f-2) 基于本章算法的去噪图 (sym3 小波)

(g-1)基于传统小波硬阈值算法的去噪图(db3 小波)

(g-2)基于传统小波硬阈值算法的去噪图(sym3 小波)

(h-1)基于传统小波软阈值算法的去噪图(db3 小波)

(h-2)基于传统小波软阈值算法的去噪图(sym3 小波)

(i-1)基于文献[132]的硬阈值去噪图(db3 小波)

(i-2)基于文献[132]的硬阈值去噪图(sym3 小波)

(j-1)基于文献[132]的软阈值去噪图(db3 小波)

(j-2)基于文献[132]的软阈值去噪图(sym3 小波)

(k)基于传统奇异值分解的去噪图

(l)基于本章算法 2 层小波分解的去噪图(db3 小波)

(m)基于本章算法 3 层小波分解的去噪图(db3 小波)

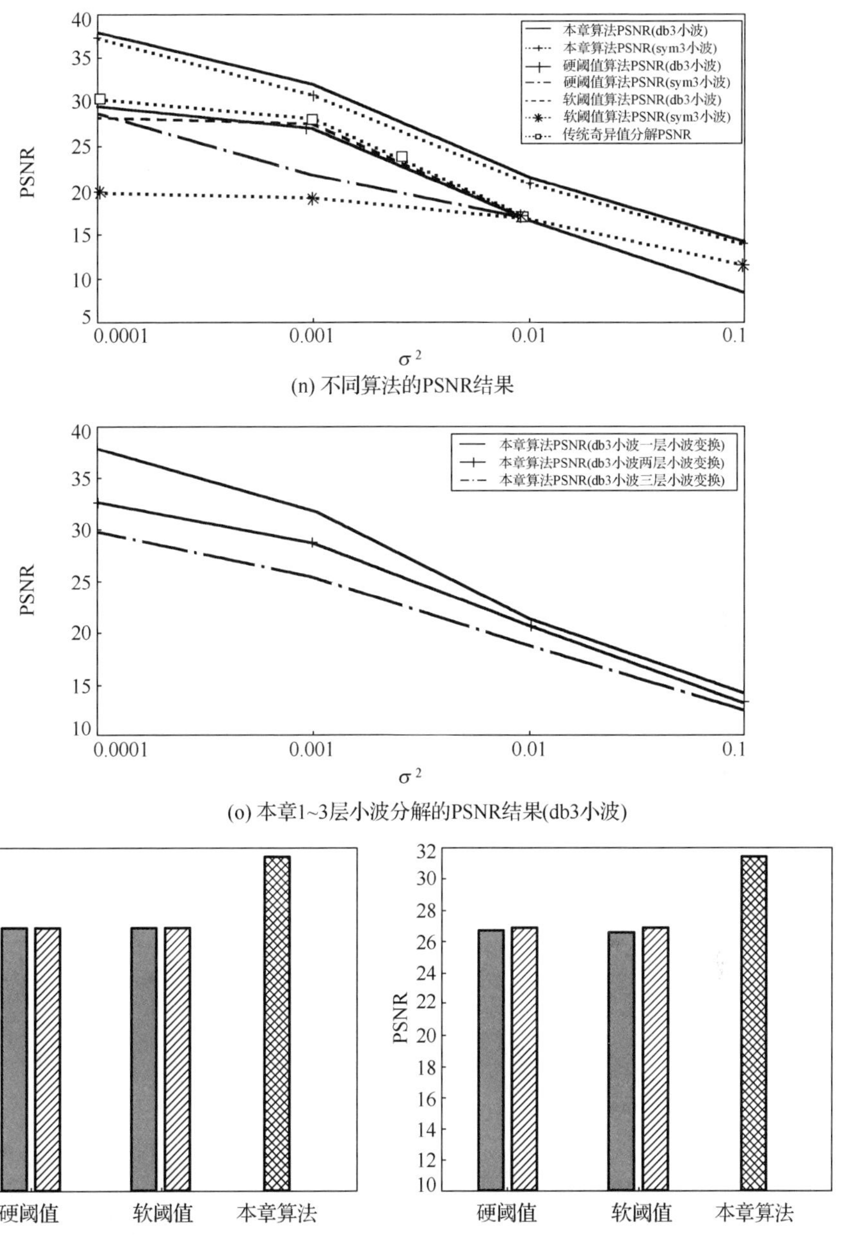

(n) 不同算法的PSNR结果

(o) 本章1~3层小波分解的PSNR结果(db3小波)

(p-1) 三种去噪算法的 PSNR
（$\sigma^2 = 0.001$,db3 小波）

(p-2) 三种去噪算法的 PSNR
（$\sigma^2 = 0.001$,sym3 小波）

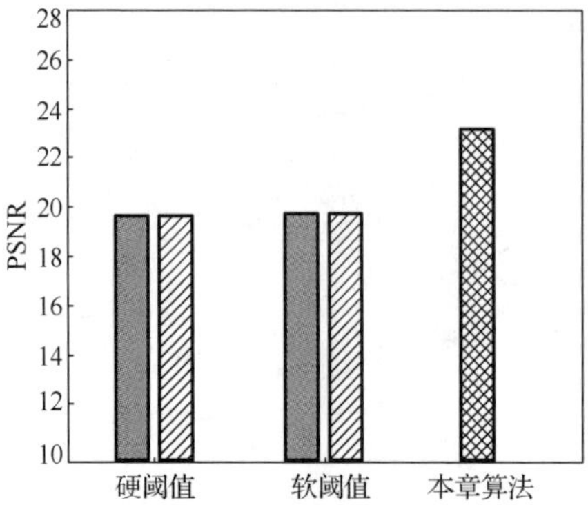

硬阈值　软阈值　本章算法

(q-1) 三种去噪算法的 PSNR（$\sigma^2 = 0.005$,db3 小波）

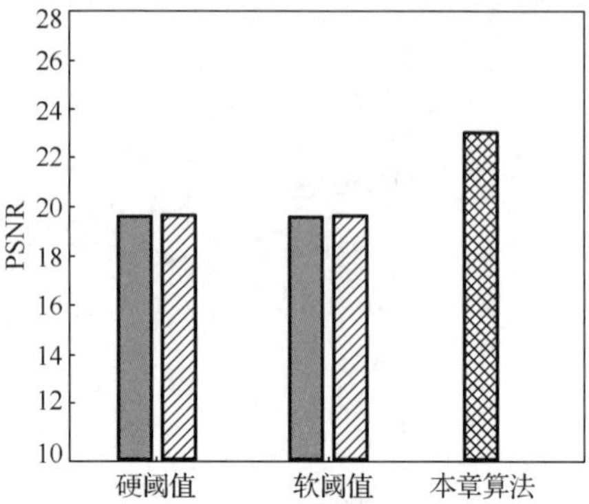

硬阈值　软阈值　本章算法

(q-2) 三种去噪算法的 PSNR（$\sigma^2 = 0.005$,sym3 小波）

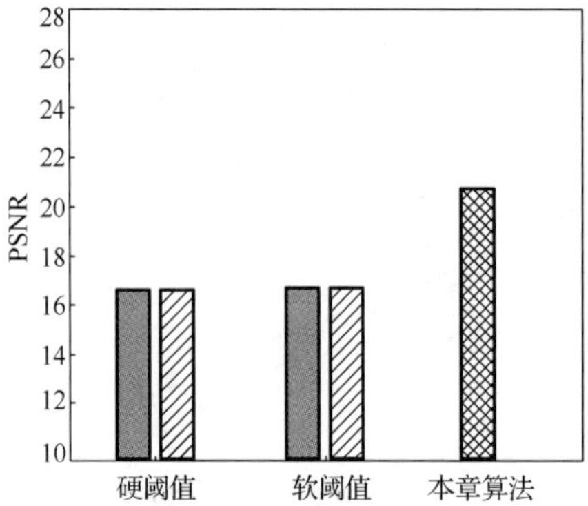

硬阈值　软阈值　本章算法

(r-1) 三种去噪算法的 PSNR（$\sigma^2 = 0.01$, db3 小波）

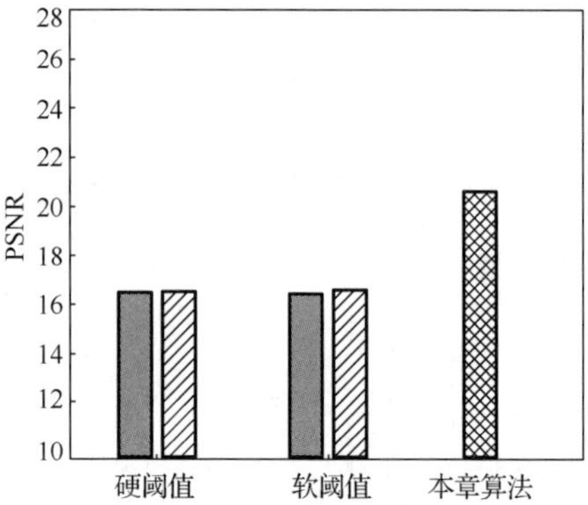

硬阈值　软阈值　本章算法

(r-2) 三种去噪算法的 PSNR（$\sigma^2 = 0.01$, sym3 小波）

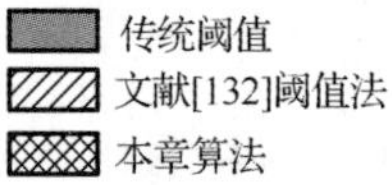

传统阈值
文献[132]阈值法
本章算法

图 2.15　第 1 组图像仿真实验结果

(a) 原始图像

(b) 含噪图像（$\sigma^2 = 0.01$）

(c) 基于本章算法 1 层小波分解的去噪图(db3 小波)

(d)基于传统小波硬阈值算法的去噪图(db3 小波)

(e)基于传统小波软阈值算法的去噪图(db3 小波)

(f)基于本章算法 1 层小波分解的去噪图(sym3 小波)

(g)基于传统小波硬阈值算法的去噪图(sym3 小波)

(h)基于传统小波软阈值算法的去噪图(sym3 小波)

(i)基于传统奇异值分解的去噪图

(j)基于文献[132]的硬阈值去噪图(db3 小波)

(k)基于文献[132]的软阈值去噪图(db3 小波)

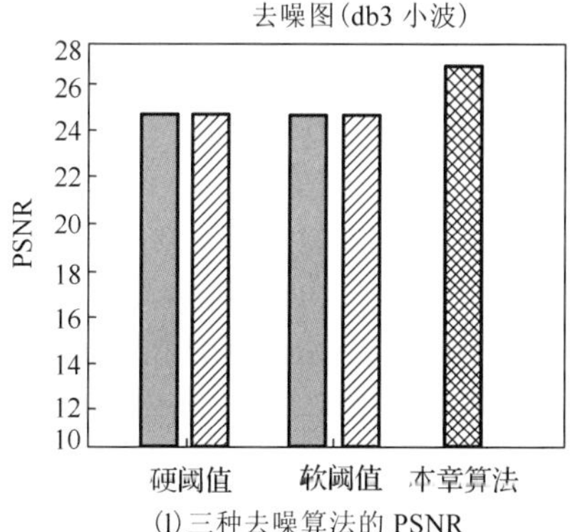

(l)三种去噪算法的 PSNR ($\sigma^2=0.001$, db3 小波)

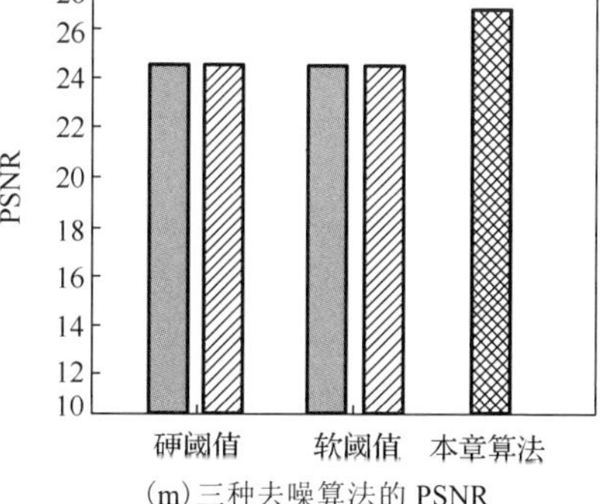

(m)三种去噪算法的 PSNR ($\sigma^2=0.001$, sym3 小波)

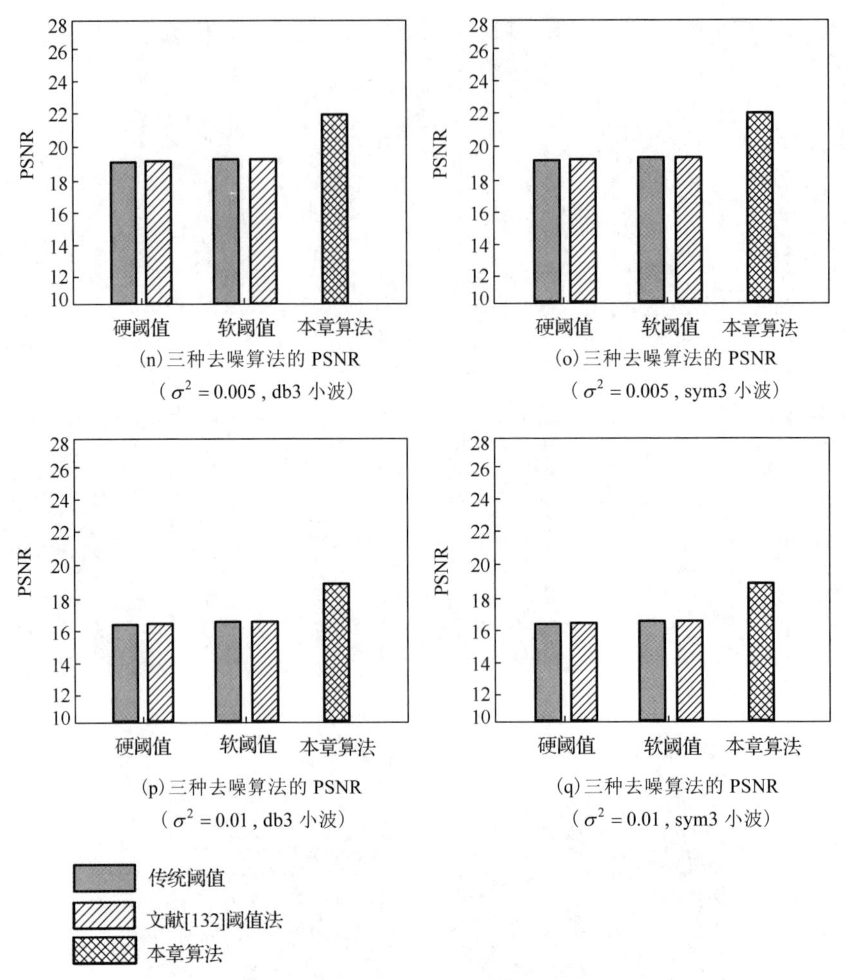

(n) 三种去噪算法的 PSNR（$\sigma^2=0.005$, db3 小波）

(o) 三种去噪算法的 PSNR（$\sigma^2=0.005$, sym3 小波）

(p) 三种去噪算法的 PSNR（$\sigma^2=0.01$, db3 小波）

(q) 三种去噪算法的 PSNR（$\sigma^2=0.01$, sym3 小波）

图 2.16 第 2 组图像仿真实验结果

通过图 2.15 和图 2.16 两组实验的仿真结果可以看出，本章算法的去噪效果优于传统小波硬阈值去噪算法、传统小波软阈值去噪算法、传统奇异值分解去噪算法、文献[132]硬阈值去噪算法以及文献[132]软阈值去噪算法等相关算法，视觉效果上也体现了明显的优越性，本章算法的最大优势在于有效地保留了图像边缘细节。

2.4 本章小结

本章针对普通奇异值分解滤波去噪过程中未考虑图像的方向性特征而引起

的去噪效果不佳和边缘信息丢失的问题，提出了一种基于小波方向特性和边缘保留的图像去噪算法，其中，奇异值重构所需的奇异值个数由图像的峰值信噪比自适应确定。经过实验仿真证明该方法去噪效果优越，图像边缘细节信息得到了有效保留，图像非水平(非竖直)方向细节信息也得到了有效保留，且重构奇异值个数根据图像峰值信噪比自适应确定，提高了算法的处理时效，还提高了最终的去噪效果。为进一步的图像特征提取、目标检测和模式识别等方面奠定了一定基础。

第 3 章　基于小波域奇异值差值的图像去噪算法

3.1　概　　述

奇异值分解是一种具有优良性质的完全正交分解，它已经被广泛地应用于信号处理、系统辨识、信息安全等领域中，同时它也是一种非线性滤波，是一种非常重要的数学去噪方法。

传统的奇异值分解图像去噪方法主要是通过对有效秩的确定来去除一部分小的奇异值，再重构图像矩阵作为原始图像的近似，进而去除噪声。没有考虑到以下两个问题：一是噪声加在图像上，不仅仅是对图像矩阵的一部分奇异值产生影响，而是对所有的奇异值都产生了扰动；二是并非所有的图像矩阵都是降秩的。如果原始图像矩阵是满秩的，那么传统的去噪方法虽然会去除一部分噪声，但是也会去除一部分图像信息。这种去噪过程也不能达到很好的去噪效果。所以，应该寻找一种从整体域上对奇异值进行处理以达到去噪目的的方法。

噪声对图像而言是一种干扰或扰动，是有界的且与噪声本身的特征有关，即含噪图像与清晰原始图像之间的特征差值随噪声而变化，如含噪图像与清晰原始图像之间的奇异值差值。因此，可以考虑应用奇异值差值对图像进行去噪处理。

奇异值差值是噪声图像与原始图像之间奇异值的差异值，随图像的大小和噪声强度有规律地变化。本章提出一种基于小波域奇异值差值的图像去噪方法。首先，针对小波变换后的三个高频子图建立不同噪声方差的奇异值差值模型，并利用高频对角部分估计新图像的噪声方差。接着，利用单层离散二维小波变换将每个噪声图像分解为低频部分和高频部分。然后，利用奇异值分解获得该图像三个高频部分的奇异值。最后，利用奇异值差值对三个去噪高频部分进行 SVD 重构，再利用小波逆变换得到最终的去噪图像[133]。

本章的组织结构如下：3.2 节给出基于小波域奇异值差值建模的图像去噪算法，其中包括 3.2.1 节介绍奇异值差值特点，3.2.2 节给出完整方法的流程，3.2.3 节介绍奇异值差值建模方法，3.2.4 节介绍确定去噪奇异值的方法，3.2.5 节是算法的实验仿真部分，对本章提出的小波域奇异值差值建模的图像去噪算法与同类算法相比较；3.3 节对本章进行总结。

3.2　基于小波域奇异值差值建模的图像去噪算法

3.2.1　奇异值差值特点

对于二维图像 $\boldsymbol{A}$，噪声图像 $\boldsymbol{B}$ 可以表示为

$$\boldsymbol{B}=\boldsymbol{A}+\boldsymbol{N} \tag{3.1}$$

式中，$\boldsymbol{N}$ 为随机噪声。

图像 $\boldsymbol{B}$ 的奇异值分解表达式为

$$\boldsymbol{B}=\boldsymbol{USV}^{\mathrm{T}} \tag{3.2}$$

式中，$\boldsymbol{U}=(u_1,u_2,\cdots,u_{l_1})\in\mathbb{R}^{l_1\times l_2}$ 和 $\boldsymbol{V}=(v_1,v_2,\cdots,v_{l_2})\in\mathbb{R}^{l_1\times l_2}$ 分别称为 $\boldsymbol{B}$ 的左奇异矩阵和右奇异矩阵；$\boldsymbol{U}$ 和 $\boldsymbol{V}$ 的前 l_2 列向量分别为 $\boldsymbol{B}$ 的左奇异向量和右奇异向量；$\boldsymbol{S}\in\mathbb{R}^{l_1\times l_2}$ 称为奇异值阵，其对角线元素 $\lambda_1\geqslant\lambda_2\geqslant\cdots\geqslant\lambda_r>0$ 称为矩阵的非零奇异值，并称 λ_i 为矩阵 $\boldsymbol{B}$ 的第 i 个奇异值。因为 r 为矩阵 $\boldsymbol{B}$ 的秩，从式(3.2)中除去 $\boldsymbol{B}$ 的零奇异值，则 $\boldsymbol{B}$ 可以精简表示为

$$\boldsymbol{B}=\sum_{i=1}^{r}\lambda_i\boldsymbol{u}_i\boldsymbol{v}_i^{\mathrm{T}} \tag{3.3}$$

选取合适的奇异值数目 $k(k\leqslant r)$ 或者奇异值阈值 λ，将接近于零以及等于零的奇异值忽略，利用携带其信息的非零奇异值进行重构，得到去噪图像 $\hat{\boldsymbol{B}}$ 可近似为

$$\hat{\boldsymbol{B}}=\sum_{i=1}^{r}\lambda_i\boldsymbol{u}_i\boldsymbol{v}_i^{\mathrm{T}},\quad \lambda_i\geqslant\lambda \tag{3.4}$$

奇异值差值表示含噪图像和原始图像之间的奇异值差值，定义为

$$g=s^{\boldsymbol{B}}-s^{\boldsymbol{A}} \tag{3.5}$$

式中，$s^{\boldsymbol{B}}$ 和 $s^{\boldsymbol{A}}$ 分别表示含噪图像和去噪图像的奇异值。

当噪声被添加到清晰的图像中时，它被视为一种扰动。这种干扰是有界的，并且只与噪声的特征相关，与原始图像无关。因此，上述奇异值差值会随高斯白噪声方差而变化。也就是说，如果我们知道奇异值差值与噪声方差之间的规律，就可以建立任意方差的奇异值差值模型。此外，对于去噪，我们可以利用含噪图像的奇异值减去奇异值差值来表示去噪图像的奇异值。然而，这种基于奇异值差值的去噪方法适用于整个平面图像，但对细节特征不敏感。因此，我们可以考虑将奇异值差值方法应用于小波变换的细节保留图像中来去除噪声。

对于原始图像，如图 3.1(a)和图 3.1(e)所示，我们添加了各种强度的高斯白

噪声，生成三个高频方向的一系列奇异值差值。图 3.1 显示了随噪声强度规律变化的奇异值差值曲线形状。

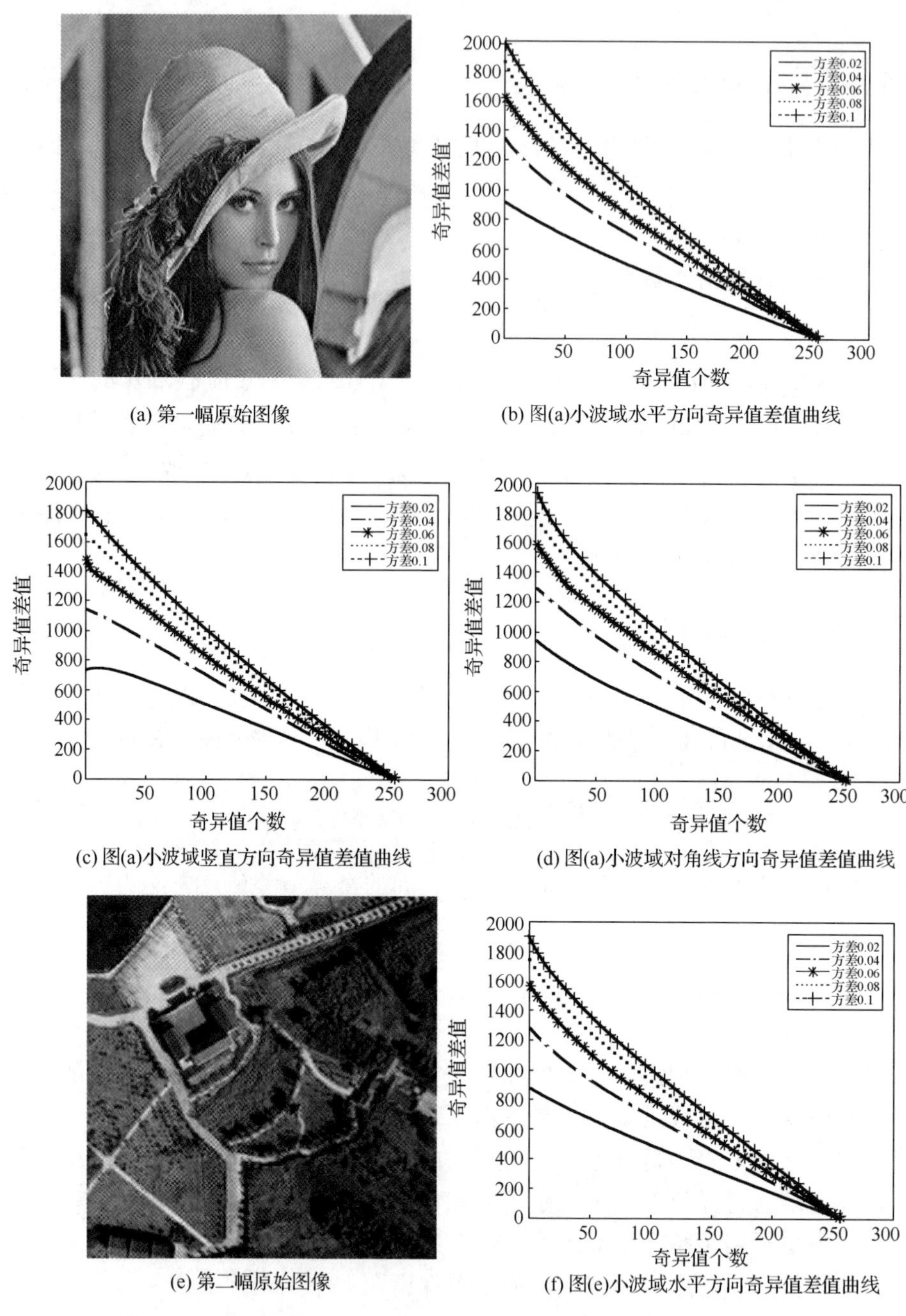

(a) 第一幅原始图像　　(b) 图(a)小波域水平方向奇异值差值曲线

(c) 图(a)小波域竖直方向奇异值差值曲线　　(d) 图(a)小波域对角线方向奇异值差值曲线

(e) 第二幅原始图像　　(f) 图(e)小波域水平方向奇异值差值曲线

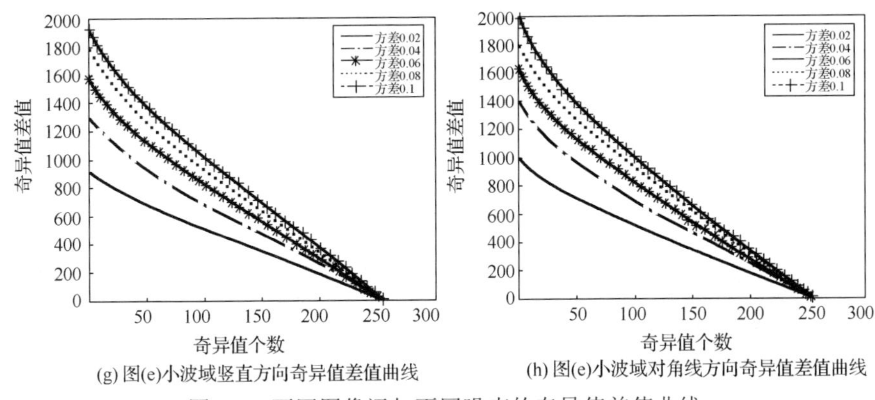

(g) 图(e)小波域竖直方向奇异值差值曲线　(h) 图(e)小波域对角线方向奇异值差值曲线

图 3.1　不同图像添加不同噪声的奇异值差值曲线

从图 3.1(e)的左上角开始，我们提取第一幅图像(大小为 200×200 像素，为方便，图中简写为尺寸 200)，然后将长度和宽度同时增加 40 像素，一次提取出 6 幅图像作为原始图像；然后在这 6 幅图像上分别添加方差为 0.02 的高斯白噪声。图 3.2 显示出奇异值差值曲线形状仅随图像大小而有规律地变化。

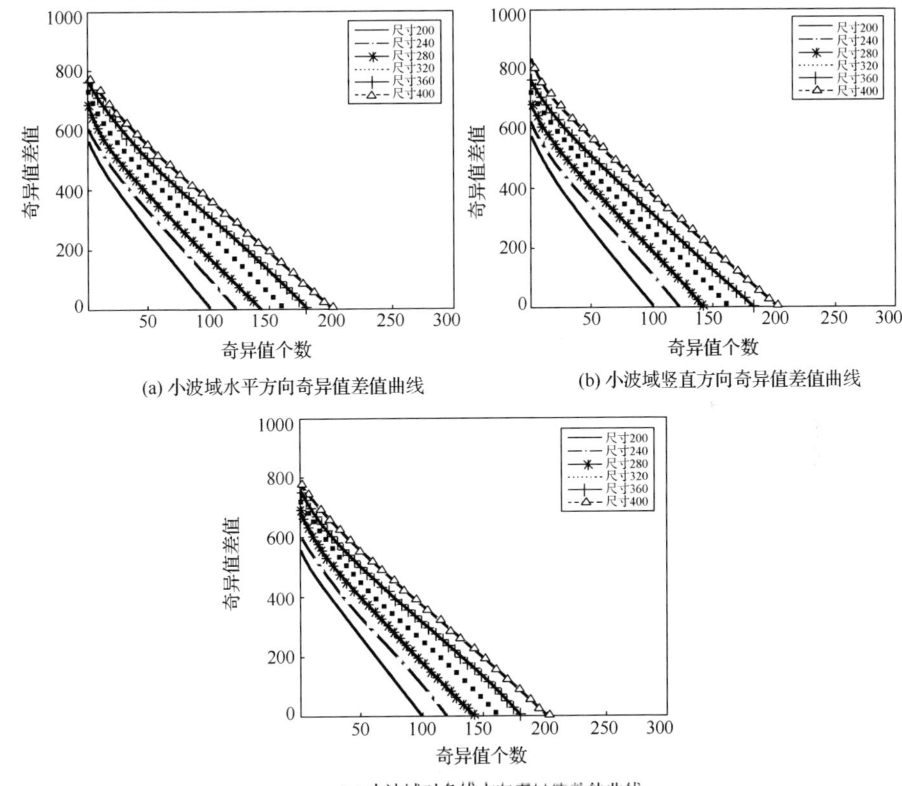

(a) 小波域水平方向奇异值差值曲线　(b) 小波域竖直方向奇异值差值曲线

(c) 小波域对角线方向奇异值差值曲线

图 3.2　不同尺寸图像的奇异值差值曲线

图 3.3 包含 7 条奇异值差值曲线，其中，含噪图像(方差 0.04)源自图 3.1(e)，从左上角到右下角依次移位 50 像素，从而提取出 7 幅图像(大小为 200×200 像素)。图 3.3 显示了奇异值差值曲线形状不随图像位置而变化。

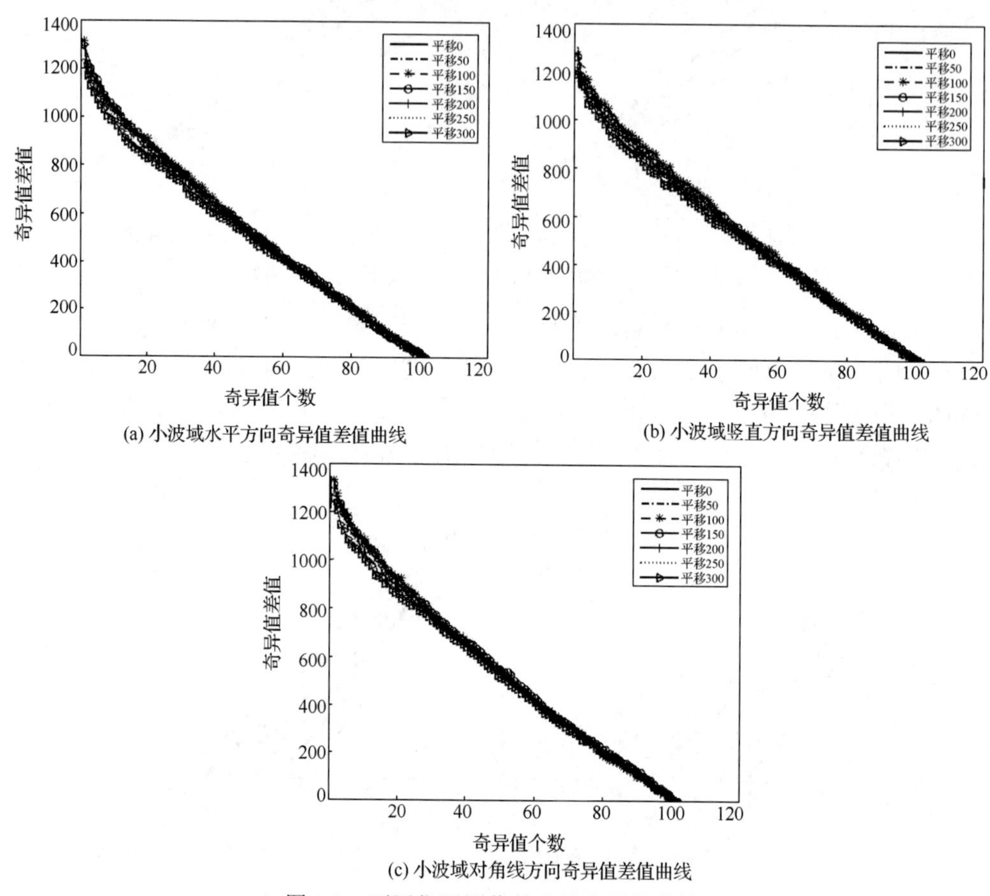

(a) 小波域水平方向奇异值差值曲线

(b) 小波域竖直方向奇异值差值曲线

(c) 小波域对角线方向奇异值差值曲线

图 3.3　不同位置图像的奇异值差值曲线

3.2.2　算法流程

小波域中使用奇异值差值的图像去噪方法步骤如下(图 3.4)。

(1) 小波变换后的三个高频部分中生成具有不同噪声方差的奇异值差值模型(3.4.3 节)。

(2) 利用单层离散二维小波变换将一幅新含噪图像分解为低频部分和三个高频部分，然后计算图像大小和估计噪声方差，从而得到新含噪图像的奇异值差值。

(3) 利用奇异值分解得到高频部分的含噪奇异值，并减去上述奇异值差值，得到去噪奇异值(详见 3.2.3 节)。

(4) 利用奇异值分解从估计的去噪奇异值以及相应的特征向量中重构出去噪的高频部分。

(5) 利用小波逆变换得到最终的去噪图像。

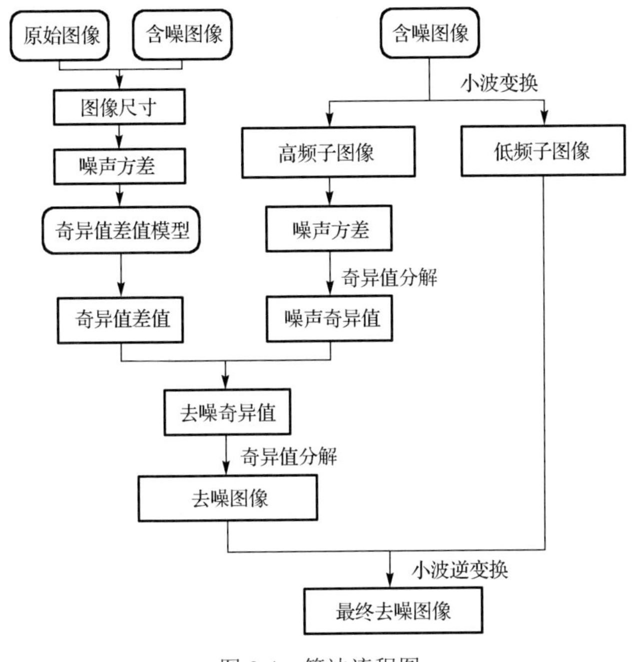

图 3.4　算法流程图

3.2.3　奇异值差值建模

图 3.1 和图 3.2 表明，奇异值差值曲线对图像大小和附加的噪声敏感，因此，我们引入两个与图像大小和噪声强度相关的参数来调节奇异值差值函数：

$$g_n(x) = p_n(m)q_n(\sigma)f_n\left(\frac{l}{m}x\right) \tag{3.6}$$

式中，$n=\{H,V,D\}$ 表示水平、竖直或对角线方向；l 和 m 分别为标准图像和待处理图像的大小；$p_n(m)$ 和 $q_n(\sigma)$ 分别表示不同大小和方差的纵向收缩系数；$f_n(x)$ 表示标准图像的三个方向高频分量奇异值差值函数，通过分别提取含噪图像和原始图像的中间 200×200 像素（$\sigma^2=0.02$）计算获得。

使用图 3.1(a) 作为测试图像，如图 3.5 所示，在三个高频方向上通过 5 次多项式拟合的函数 $f_n(x)$ 为

$$
\begin{aligned}
f_H(x) &= -1.5524\times10^{-7}x^5 + 4.5650\times10^{-5}x^4 - 4.9961\times10^{-3}x^3 \\
&\quad + 2.5727\times10^{-1}x^2 - 11.6241x + 587.4337 \\
f_V(x) &= -1.5199\times10^{-7}x^5 + 4.3501\times10^{-5}x^4 - 4.6762\times10^{-3}x^3 \\
&\quad + 2.4151\times10^{-1}x^2 - 11.5083x + 594.6933 \\
f_D(x) &= -1.6062\times10^{-7}x^5 + 5.3118\times10^{-5}x^4 - 6.5353\times10^{-3}x^3 \\
&\quad + 3.7854\times10^{-1}x^2 - 16.2181x + 676.9813
\end{aligned}
\tag{3.7}
$$

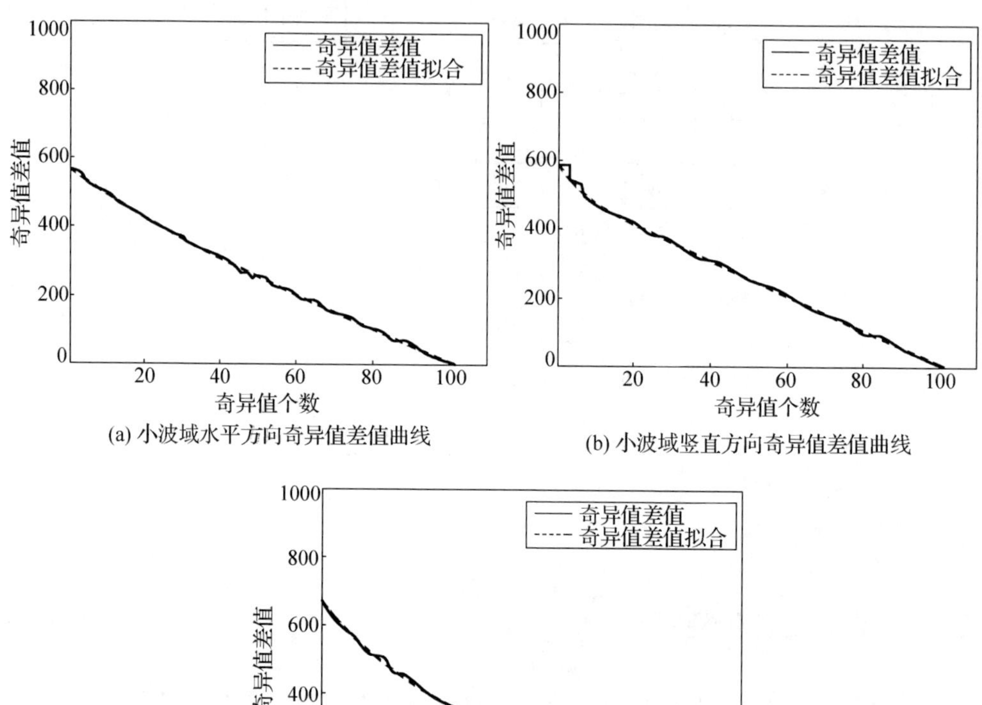

(a) 小波域水平方向奇异值差值曲线

(b) 小波域竖直方向奇异值差值曲线

(c) 小波域对角线方向奇异值差值曲线

图 3.5　小波域三方向标准奇异值差值曲线

与方差相关的纵向收缩系数 $q_n(\sigma)$，通过图 3.1 中的最大值来拟合，如图 3.6 所示。由图 3.1(b)～图 3.1(d) 可以看出，不同噪声方差奇异值差值曲线形状是有规律地变化的，因此，三个方向上的纵向收缩系数 $q_n(\sigma)$ 可由 3 次多项式对最大值的拟合函数除以标准方差拟合函数（$\sigma^2 = 0.02$）来计算：

$$
\begin{aligned}
q_H(\sigma) &= \frac{1513505\sigma^3 - 377364\sigma^2 + 39621\sigma + 238}{1513505 \times 0.02^3 - 377364 \times 0.02^2 + 39621 \times 0.02 + 238} \\
q_V(\sigma) &= \frac{939474\sigma^3 - 268453\sigma^2 + 34042\sigma + 325}{939474 \times 0.02^3 - 268453 \times 0.02^2 + 34042 \times 0.02 + 325} \\
q_D(\sigma) &= \frac{419329\sigma^3 - 158053\sigma^2 + 26564\sigma + 592}{419329 \times 0.02^3 - 158053 \times 0.02^2 + 26564 \times 0.02 + 592}
\end{aligned} \tag{3.8}
$$

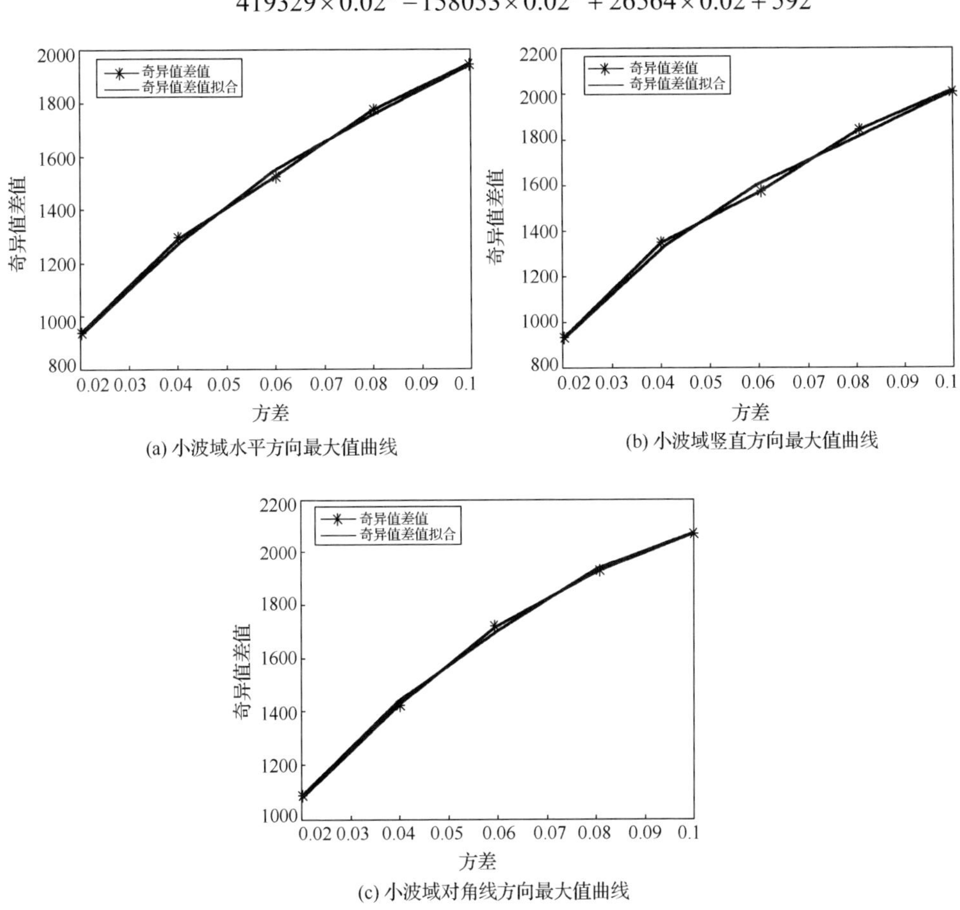

(a) 小波域水平方向最大值曲线

(b) 小波域竖直方向最大值曲线

(c) 小波域对角线方向最大值曲线

图 3.6　小波域三方向的 $q_n(\sigma)$ 函数

如图 3.7 所示，与尺寸相关的纵向收缩系数 $p_n(m)$ 通过图 3.2 中的最大值进行拟合。由图 3.2(a)～图 3.2(c) 可以看出，奇异值差值曲线形状随图像的大小是有规则变化的。因此，三个方向上的纵向收缩系数 $p_n(m)$ 可由 3 次多项式对最大值的拟合函数除以标准尺寸的拟合函数(l=200)计算：

$$
\begin{aligned}
p_H(m) &= \frac{2.1047\times10^{-7}\times m^3-1.0926\times10^{-3}\times m^2+1.8138\times m+232.6568}{2.1047\times10^{-7}\times200^3-1.0926\times10^{-3}\times200^2+1.8138\times200+232.6568} \\
p_V(m) &= \frac{-4.7204\times10^{-6}\times m^3+3.2063\times10^{-3}\times m^2+0.6879\times m+355.8800}{-4.7204\times10^{-6}\times200^3+3.2063\times10^{-3}\times200^2+0.6879\times200+355.8800} \\
p_D(m) &= \frac{4.4546\times10^{-6}\times m^3-6.1128\times10^{-3}\times m^2+3.8470\times m+92.7521}{4.4546\times10^{-6}\times200^3-6.1128\times10^{-3}\times200^2+3.8470\times200+92.7521}
\end{aligned}
\tag{3.9}
$$

式(3.7)～式(3.9)是从测试图像即图 3.1(e)中计算出来的。由于噪声是随机的，这些系数也是微变的。因此，根据上述步骤，我们可以选择一个随机的清晰图像作为新的测试标准图像来确定上述拟合函数的系数，或者可以通过多个图像系数的平均值来获得。

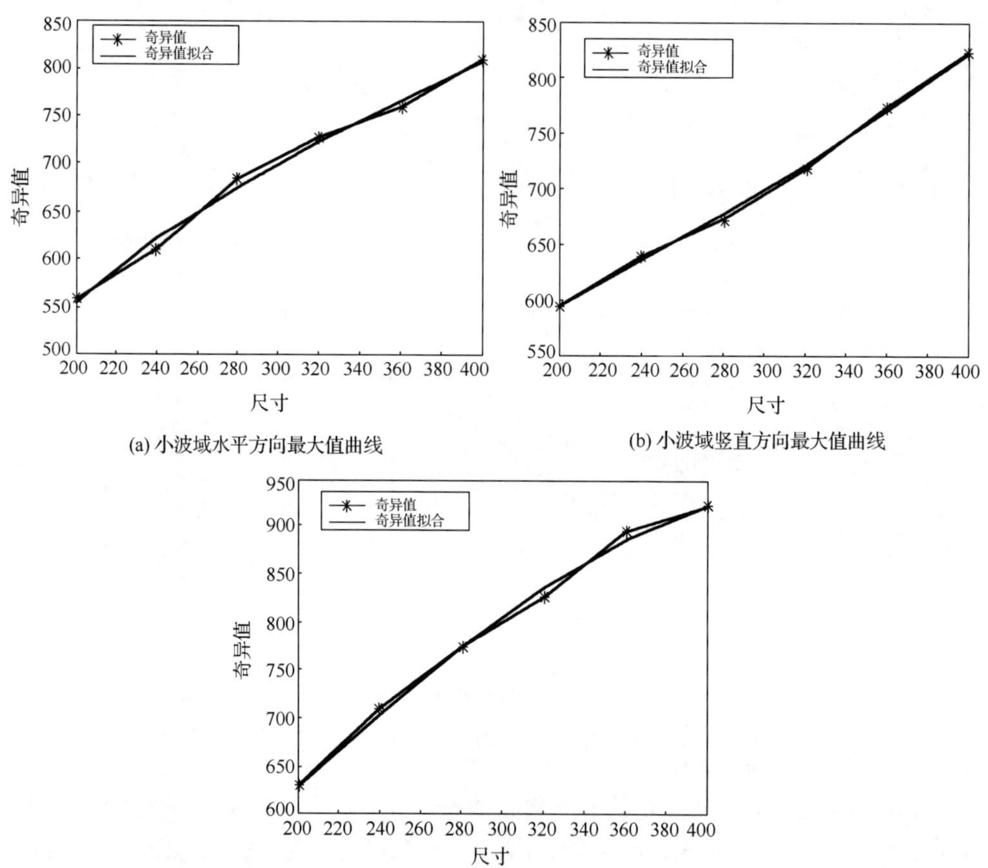

图 3.7　小波域三方向的 $p_n(m)$ 函数

3.2.4　确定去噪奇异值

通过从含噪图像的奇异值减去奇异值差值，可以得到去噪或原始图像的近似奇异值：

$$s_n^{\boldsymbol{A}} = s_n^{\boldsymbol{B}} - g_n \tag{3.10}$$

式中，$s_n^{\boldsymbol{A}}$ 和 $s_n^{\boldsymbol{B}}$ 分别表示去噪和含噪图像的奇异值；g_n 表示奇异值差值；$n \in \{H,V,D\}$，表示水平、竖直或对角线方向。最后，通过奇异值分解重构去噪图像。

3.2.5　实验仿真

为了验证本章提出算法的有效性，采用两幅图像添加不同的高斯白噪声作为测试图像，并进行了多次实验。这里添加噪声的平均值为 0，归一化方差为 0.001～0.1。两幅测试图像的大小均为 512×512 像素。图 3.8(a)、图 3.9(a)、图 3.11(a)、图 3.12(a)和图 3.13(a)为添加不同噪声方差的含噪图像。

采用 db3 小波进行单层小波分解，图 3.8(r)～图 3.8(x)、图 3.9(r)～图 3.9(x)、图 3.11(e)～图 3.11(k)、图 3.12(b)～图 3.12(h)和图 3.13(b)～图 3.13(h)，分别表示下述算法的实验结果。

(1) 本章提出的去噪算法。

(2) 传统小波硬阈值算法。

(3) 传统小波软阈值算法。

(4) 传统的奇异值分解滤波算法。

(5) 文献[130]中提出的去噪算法。

(6) 文献[132]中提出的硬阈值和软阈值去噪算法。

采用 PSNR 和 SSIM 来评价去噪效果。

图 3.8～图 3.11 表明，相较于其他算法，本章提出的去噪算法具有明显优秀的 PSNR 和 SSIM，并具有更好的去噪效果。

(a) 含噪图像（$\sigma^2 = 0.001$）

(b) 图(a)小波域近似分量

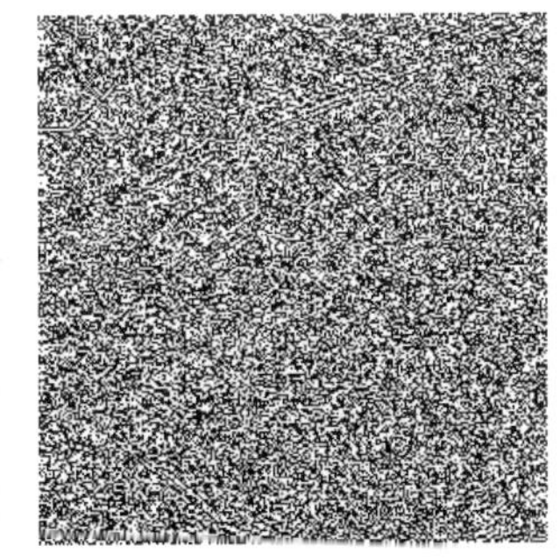

(c) 图(a)小波域水平分量

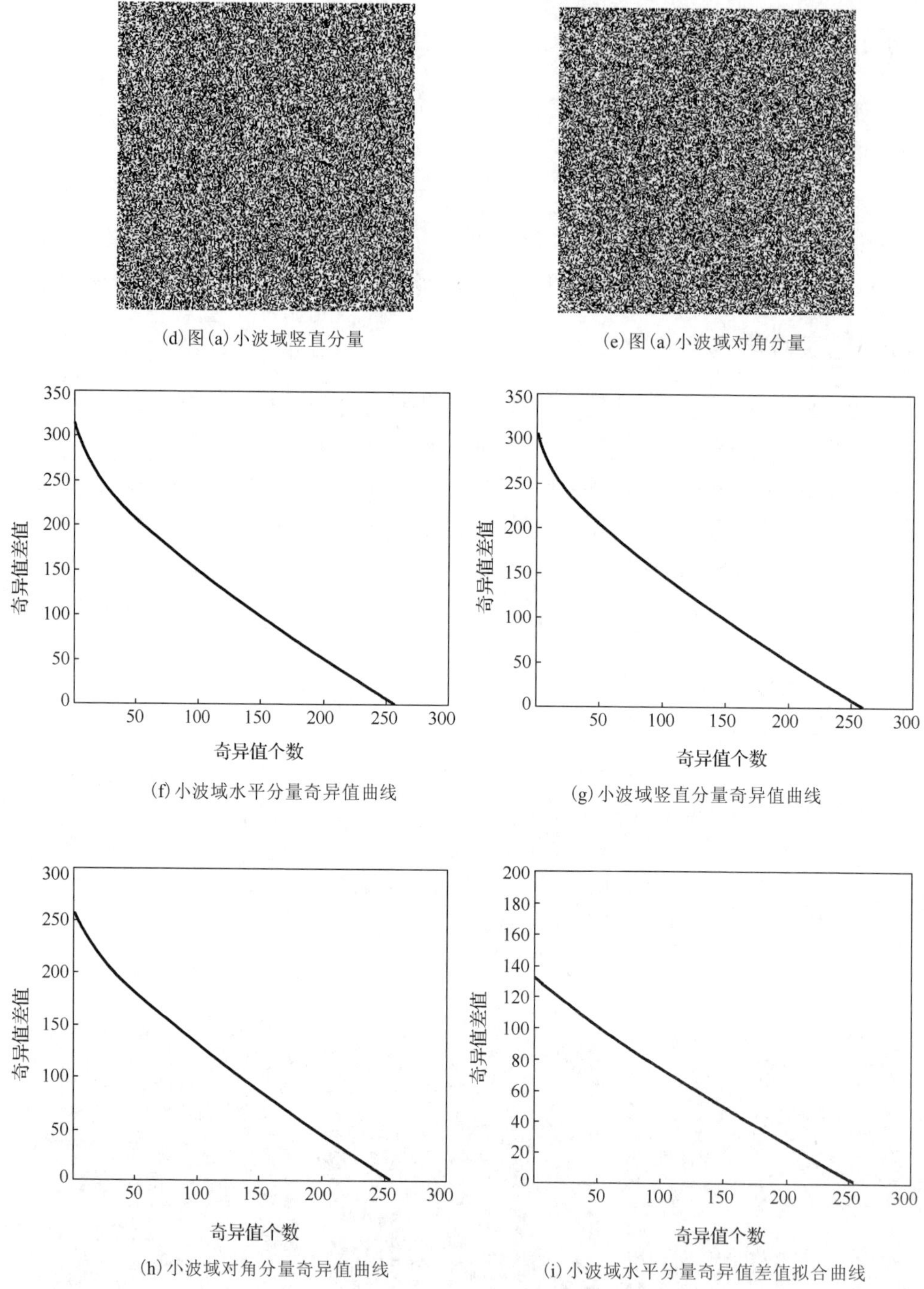

(d) 图 (a) 小波域竖直分量

(e) 图 (a) 小波域对角分量

(f) 小波域水平分量奇异值曲线

(g) 小波域竖直分量奇异值曲线

(h) 小波域对角分量奇异值曲线

(i) 小波域水平分量奇异值差值拟合曲线

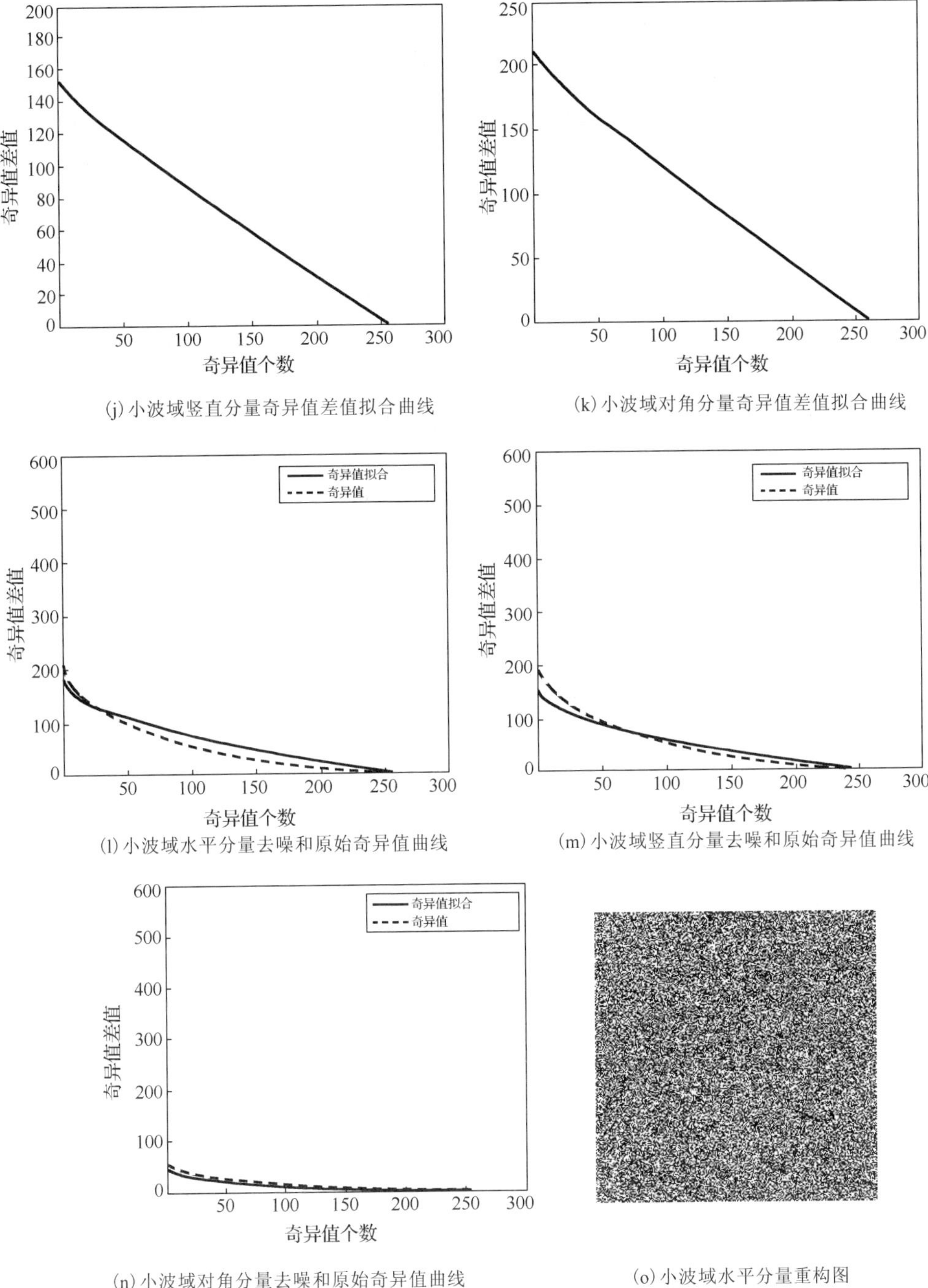

(j) 小波域竖直分量奇异值差值拟合曲线

(k) 小波域对角分量奇异值差值拟合曲线

(l) 小波域水平分量去噪和原始奇异值曲线

(m) 小波域竖直分量去噪和原始奇异值曲线

(n) 小波域对角分量去噪和原始奇异值曲线

(o) 小波域水平分量重构图

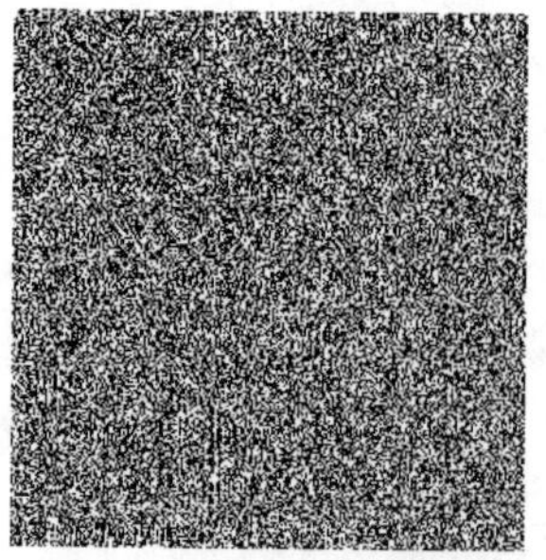
(p) 小波域竖直分量重构图

(q) 小波域对角分量重构图

(r) 本章算法得到的去噪图像

(s) 基于传统小波硬阈值算法得到的去噪图像

(t) 基于传统小波软阈值算法得到的去噪图像

(u) 基于传统奇异值分解滤波算法得到的去噪图像

(v) 基于文献[130]算法得到的去噪图像

(w) 基于文献[132]硬阈值算法得到的去噪图像

(x) 基于文献[132]软阈值算法得到的去噪图像

图 3.8　第一幅图像去噪仿真实验结果

(a) 含噪图像（$\sigma^2 = 0.001$）

(b) 图 (a) 小波域近似分量

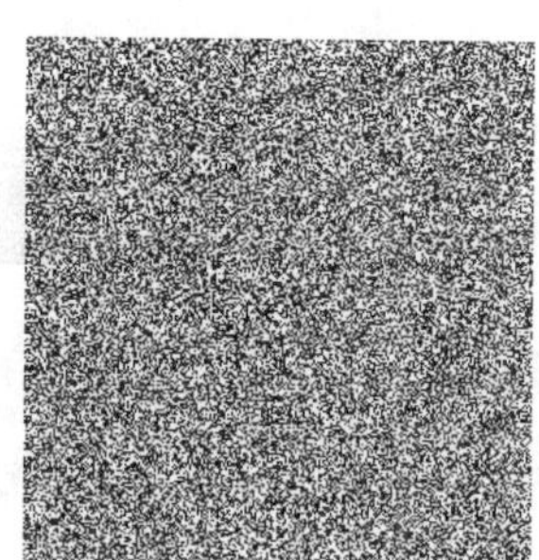
(c) 图 (a) 小波域水平分量

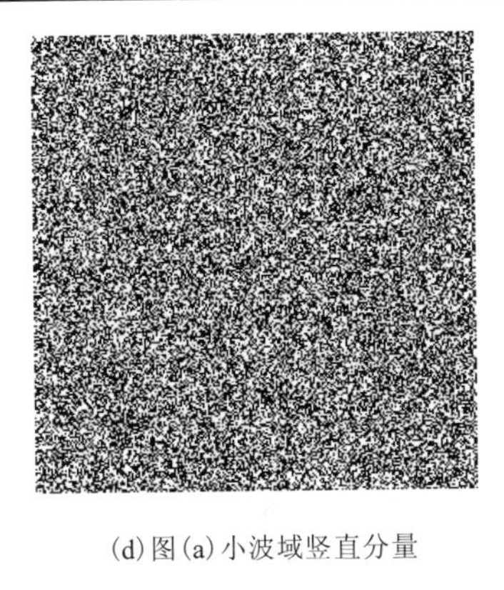
(d) 图 (a) 小波域竖直分量

(e) 图 (a) 小波域对角分量

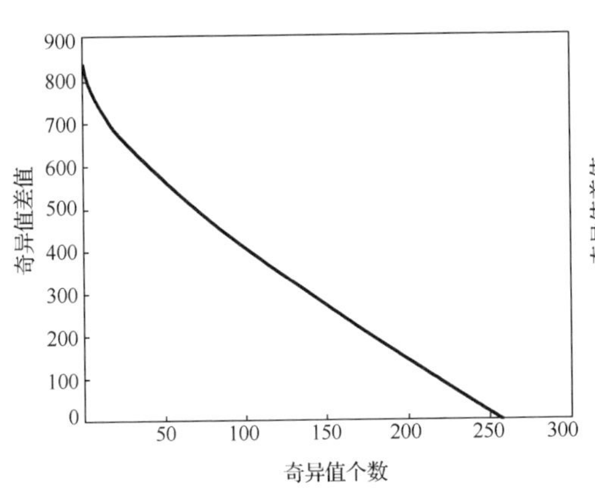

(f) 小波域水平分量奇异值曲线

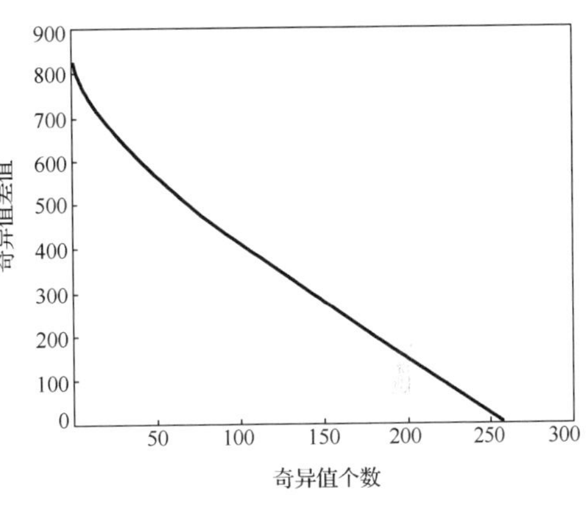

(g) 小波域竖直分量奇异值曲线

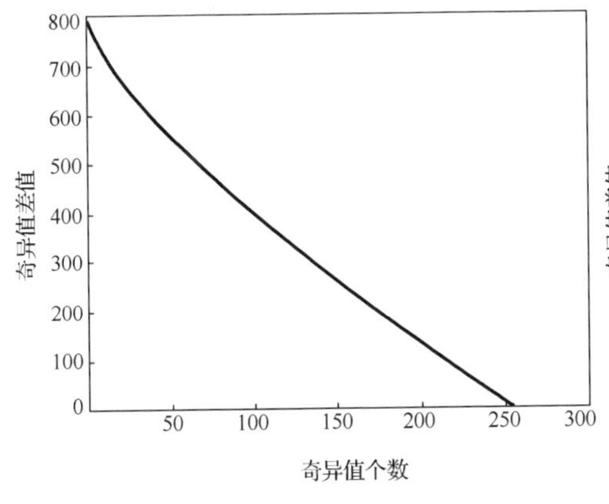

(h) 小波域对角分量奇异值曲线

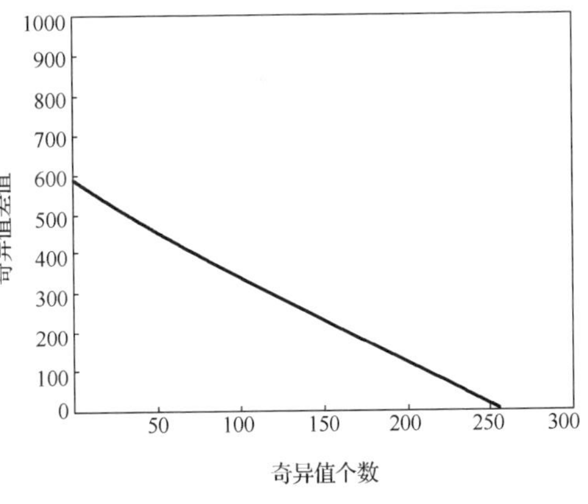

(i) 小波域水平分量奇异值差值拟合曲线

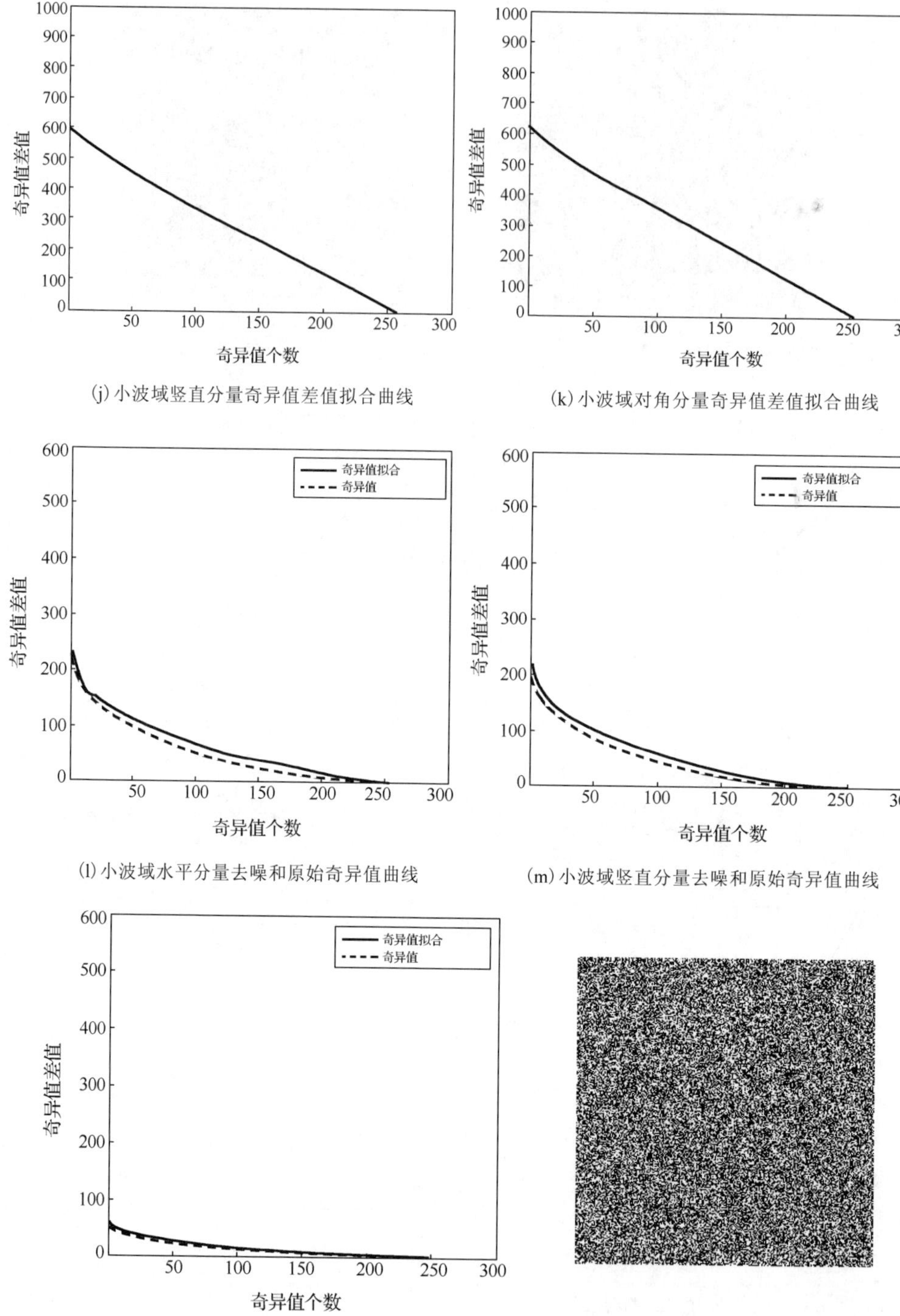

(j) 小波域竖直分量奇异值差值拟合曲线

(k) 小波域对角分量奇异值差值拟合曲线

(l) 小波域水平分量去噪和原始奇异值曲线

(m) 小波域竖直分量去噪和原始奇异值曲线

(n) 小波域对角分量去噪和原始奇异值曲线

(o) 小波域水平分量重构图

(p) 小波域竖直分量重构图 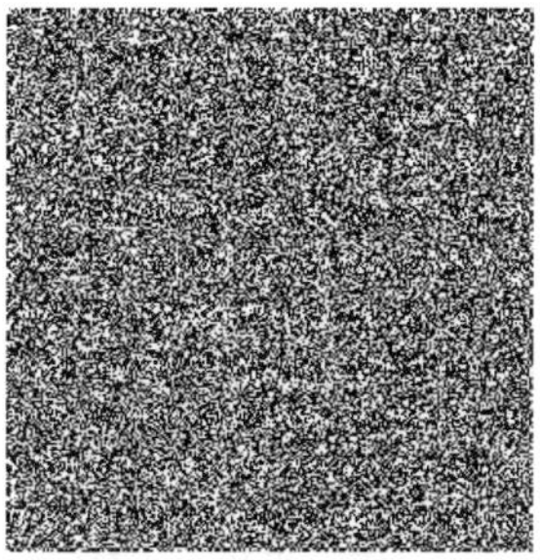　　(q) 小波域对角分量重构图 　　(r) 本章算法得到的去噪图像

(s) 基于传统小波硬阈值算法得到的去噪图像 　　(t) 基于传统小波软阈值算法得到的去噪图像 　　(u) 基于传统奇异值分解滤波算法得到的去噪图像

(v) 基于文献[130]算法得到的去噪图像 　　(w) 基于文献[132]硬阈值算法得到的去噪图像 　　(x) 基于文献[132]软阈值算法得到的去噪图像

图 3.9 第二幅图像去噪仿真实验结果

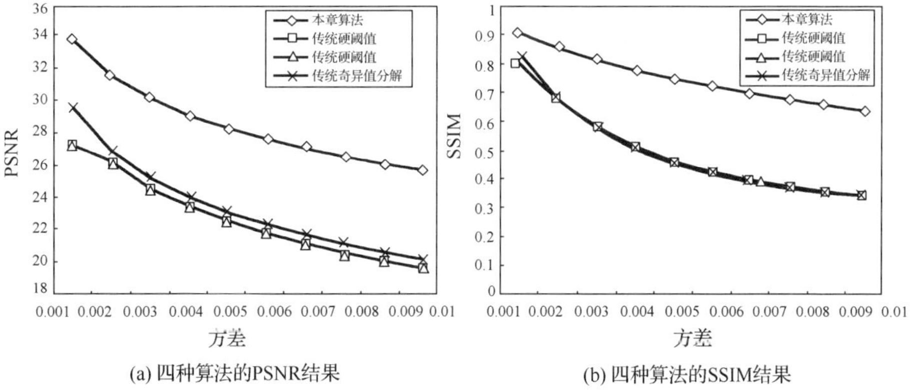

(a) 四种算法的PSNR结果　　(b) 四种算法的SSIM结果

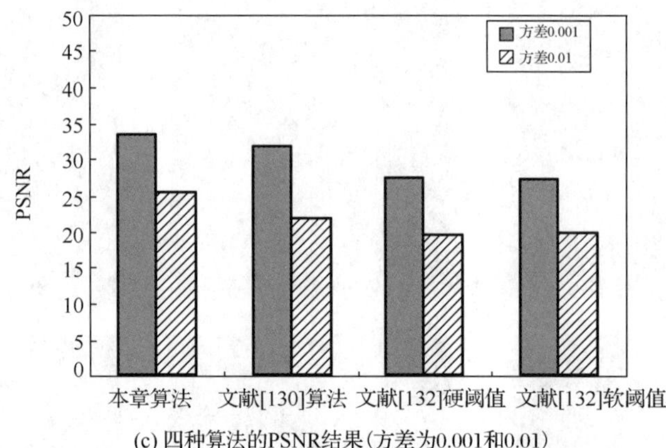

(c) 四种算法的PSNR结果(方差为0.001和0.01)

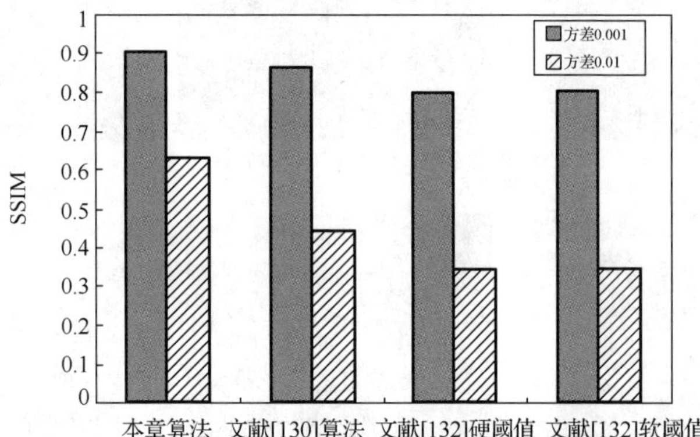

(d) 四种算法的SSIM结果(方差为0.001和0.01)

图 3.10　图 3.8 和图 3.9 定量结果比较

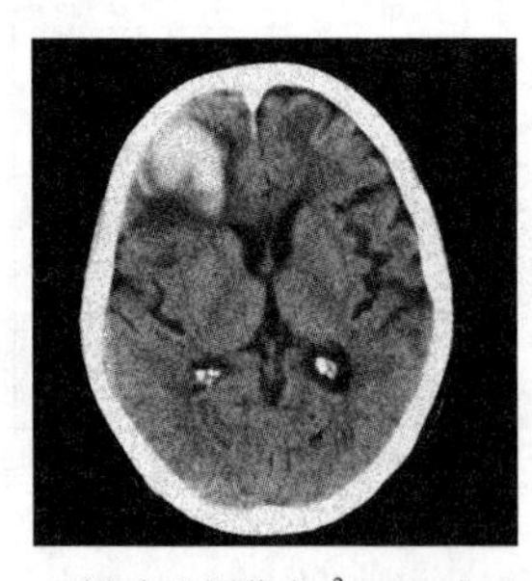

(a) 含噪图像($\sigma^2=0.01$)

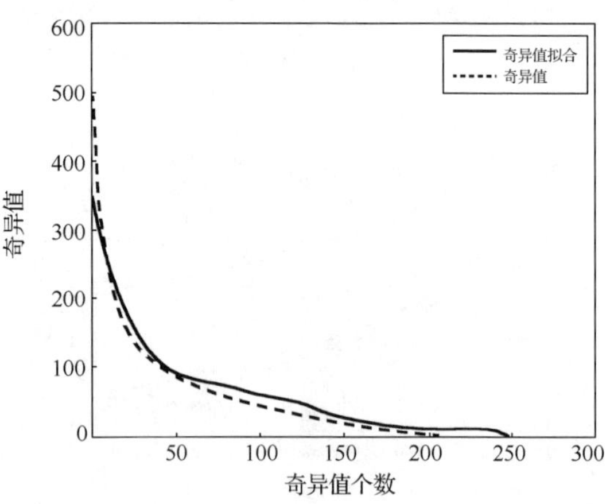

(b) 小波域水平去噪奇异值和原始奇异值曲线

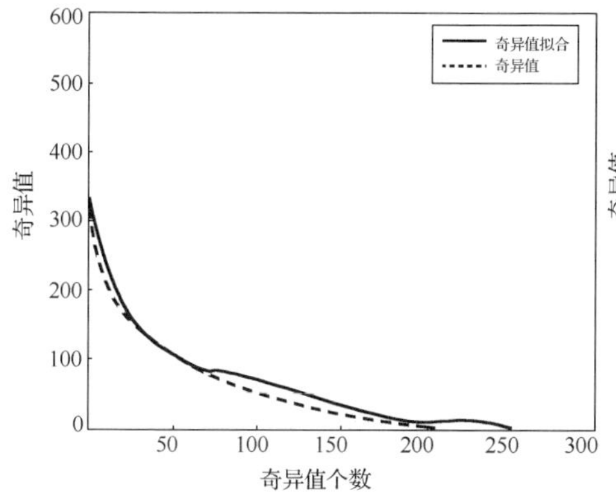

(c) 小波域竖直去噪奇异值和原始奇异值曲线

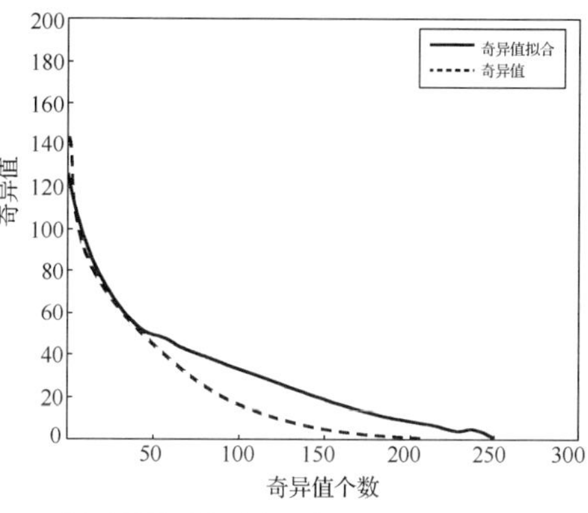

(d) 小波域对角线去噪奇异值和原始奇异值曲线

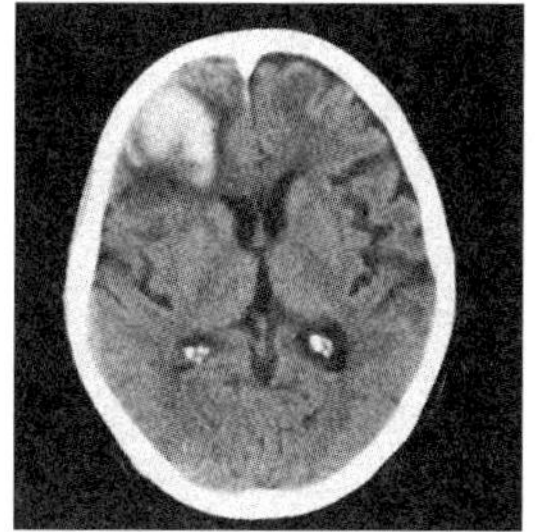

(e) 本章算法得到的去噪图像

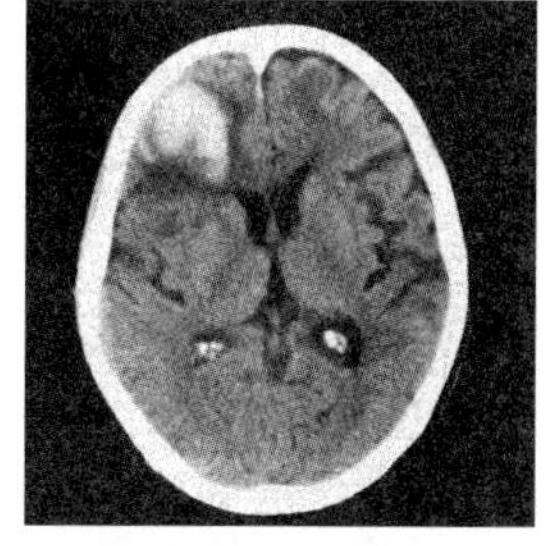

(f) 基于传统小波硬阈值算法得到的去噪图像

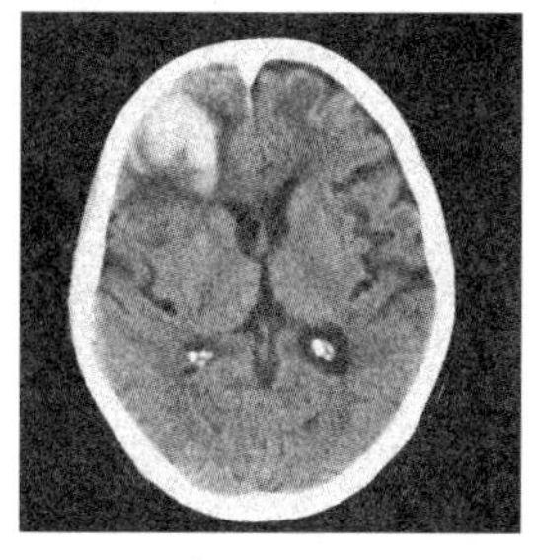

(g) 基于传统小波软阈值算法得到的去噪图像

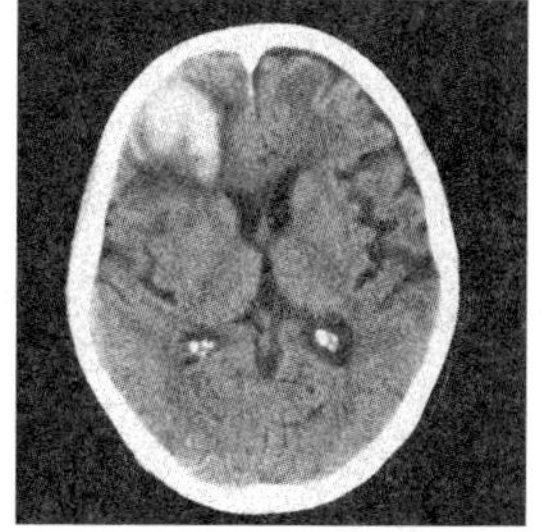

(h) 基于传统奇异值分解滤波算法得到的去噪图像

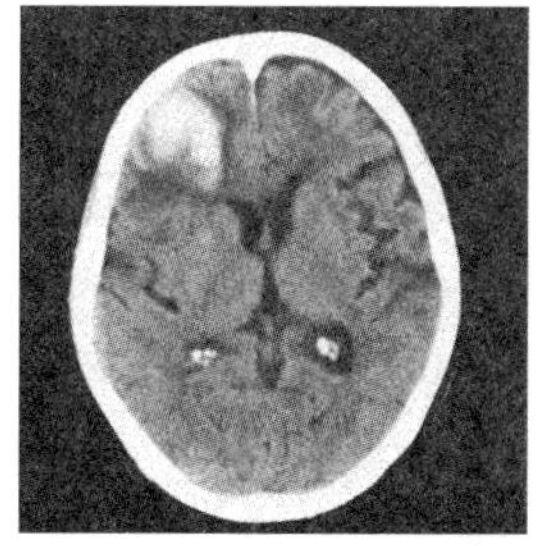

(i) 基于文献[130]算法得到的去噪图像

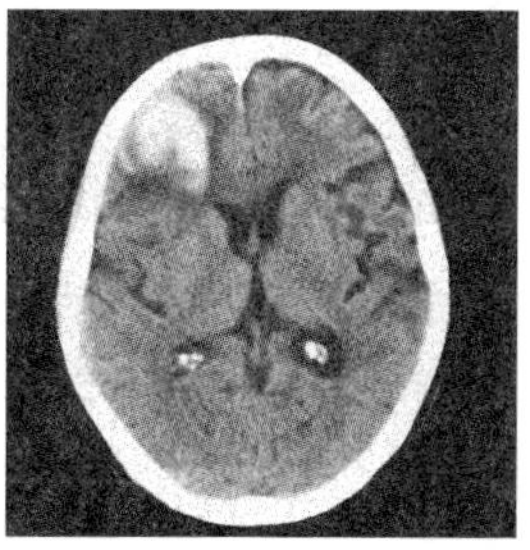

(j) 基于文献[132]硬阈值算法得到的去噪图像

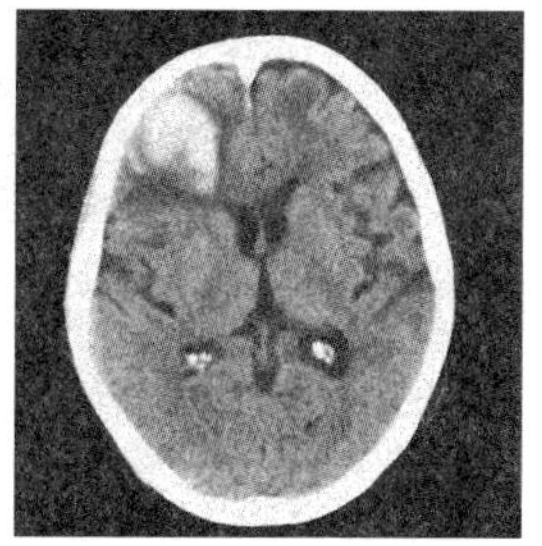

(k) 基于文献[132]软阈值算法得到的去噪图像

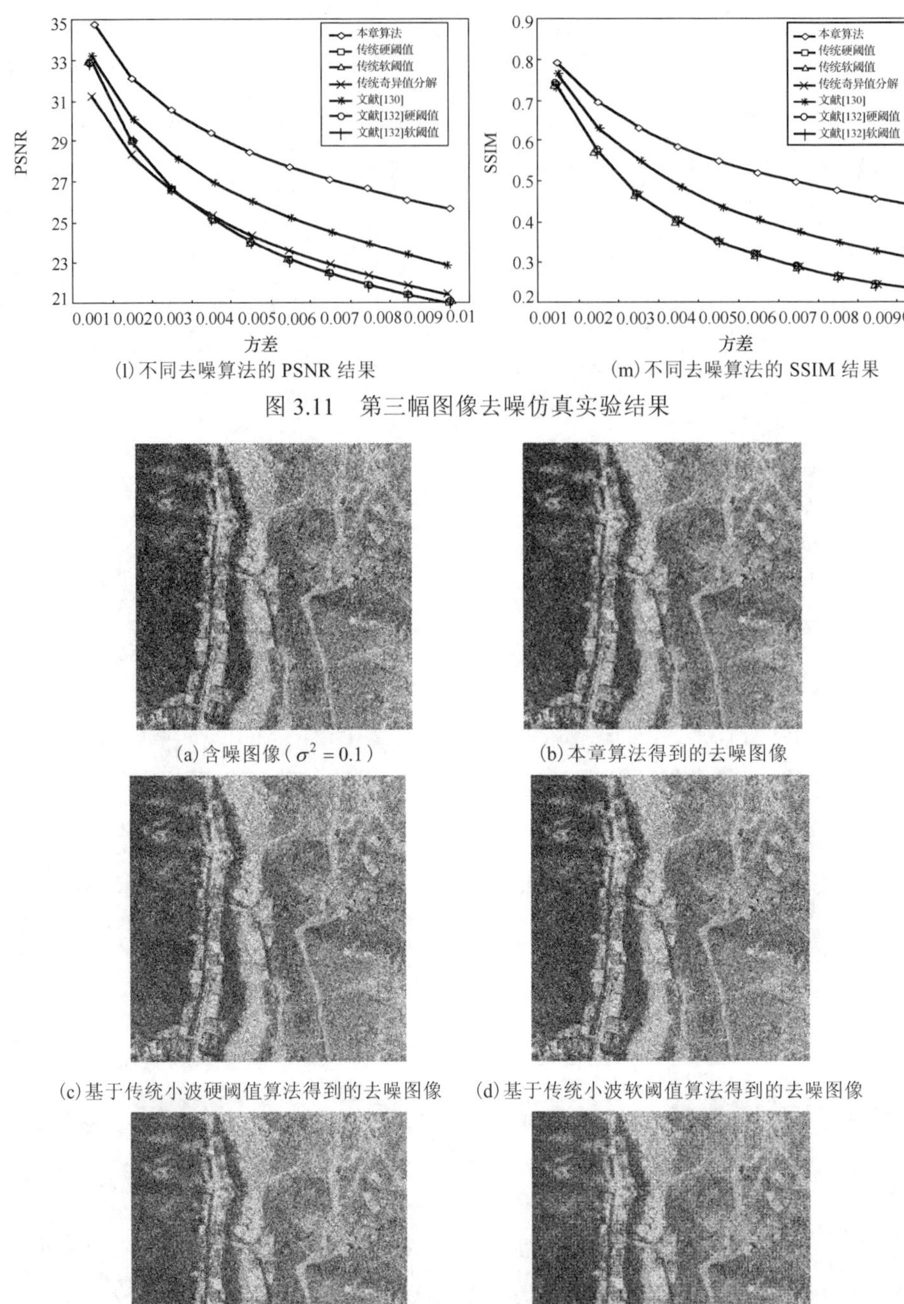

(l) 不同去噪算法的 PSNR 结果

(m) 不同去噪算法的 SSIM 结果

图 3.11　第三幅图像去噪仿真实验结果

(a) 含噪图像（$\sigma^2 = 0.1$）

(b) 本章算法得到的去噪图像

(c) 基于传统小波硬阈值算法得到的去噪图像

(d) 基于传统小波软阈值算法得到的去噪图像

(e) 基于传统奇异值分解滤波算法得到的去噪图像

(f) 基于文献[130]算法得到的去噪图像

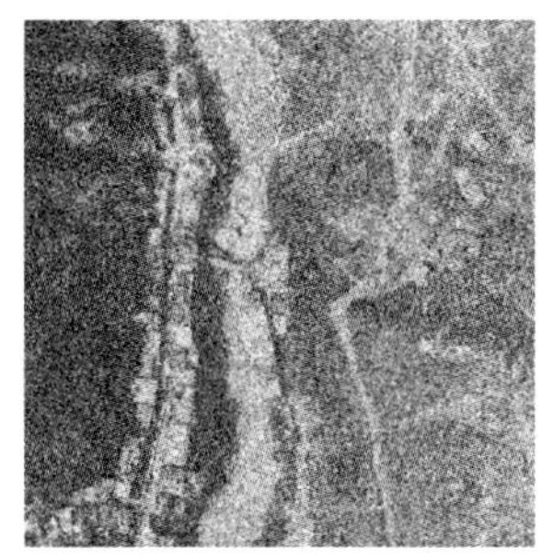

(g) 基于文献[132]硬阈值算法得到的去噪图像

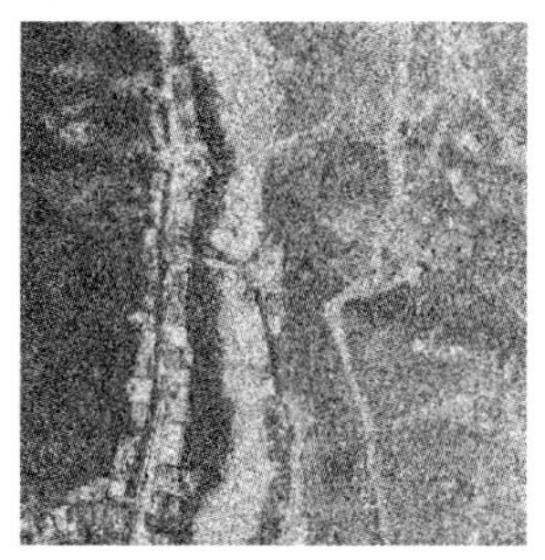

(h) 基于文献[132]软阈值算法得到的去噪图像

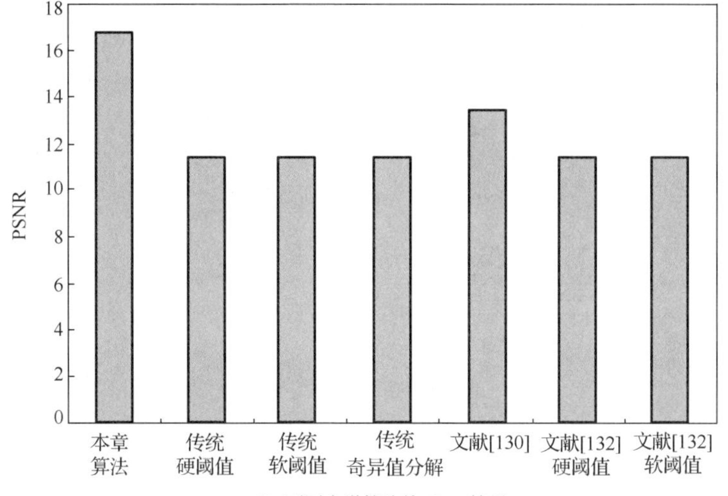

(i) 不同去噪算法的PSNR结果

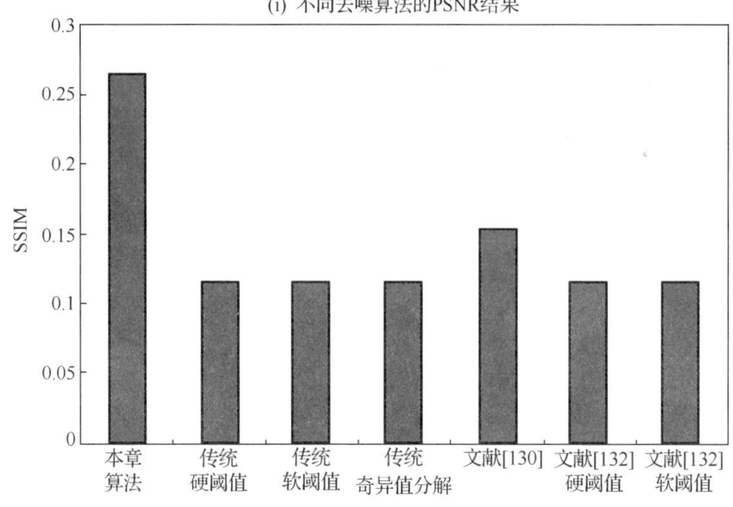

(j) 不同去噪算法的SSIM结果

图 3.12　第四幅图像去噪仿真实验结果

(a)含噪图像($\sigma^2=0.1$)

(b)本章算法得到的去噪图像

(c)基于传统小波硬阈值算法得到的去噪图像

(d)基于传统小波软阈值算法得到的去噪图像

(e)基于传统奇异值分解滤波算法得到的去噪图像

(f)基于文献[130]算法得到的去噪图像

(g)基于文献[132]硬阈值算法得到的去噪图像

(h)基于文献[132]软阈值算法得到的去噪图像

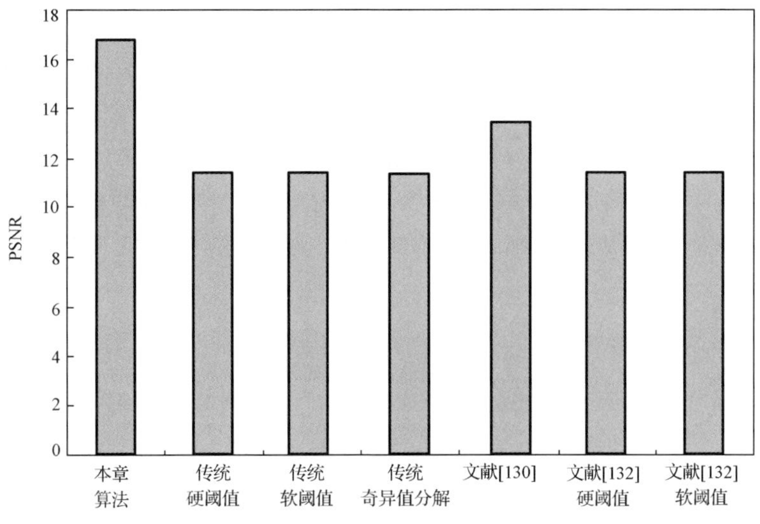

(i) 不同去噪算法的 PSNR 结果

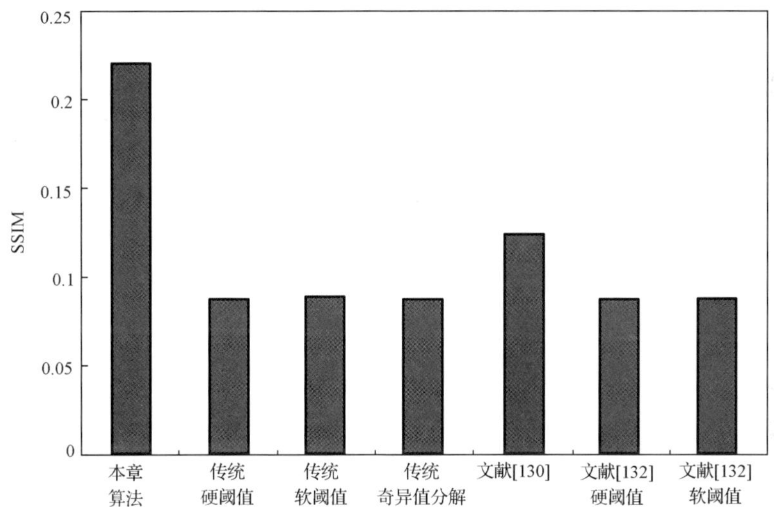

(j) 不同去噪算法的 SSIM 结果

图 3.13 第五幅图像去噪仿真实验结果

3.3 本章小结

本章通过对不同强度噪声、不同尺寸图像与奇异值差值之间的关系进行深入研究，提出了一种基于小波域奇异值差值的图像去噪算法。实验结果表明，与已有的算法相比，该算法具有良好的去噪效果，并具有较好的去噪性能。此算法可用于遥感图像处理、医学领域，以及其他常见的彩色图像去噪问题。由于纵向收缩系数 $p_n(m)$、$q_n(\sigma)$ 和 $f_n(x)$ 由多项式拟合计算，多项式选择的拟合次数以及测试图像的噪声方差和尺寸都影响着多项式拟合函数的系数，从而影响图像去噪的最终精度。因此，如何优化多项式并选择最佳的标准图像还有待进一步研究。

第 4 章　基于分块旋转奇异值分解的图像去噪算法

4.1　概　　述

传统的分块奇异值分解去噪算法仅考虑图像的局部特性，没有考虑到奇异值滤波的行列方向性特点，且分块尺寸是固定的。由于图像具有多方向性，固定分块的奇异值去噪方法无法准确利用图像的方向性特点。因此可以考虑对图像通过边缘直线拟合，利用检测出的直线长度和角度对图像进行自适应分块，最后采用旋转奇异值分解来达到滤波去噪的目的。同时，传统的奇异值去噪后重构去噪图像时所需的奇异值个数或截止的奇异值阈值依赖于传统经验公式进行确定，只能处理同一类型的图像和噪声，还未考虑到对实际去噪效果的影响。另外，基于全变分极小的 ROF 模型在图像降噪恢复中也得到了广泛的应用，但由于该模型是基于有界变差函数空间分析和的微分方程，且在降噪时需要求解非线性偏微分方程，运算量大，因此实时性不好，同时能量函数的非凸性会引起收敛到局部极小的问题，从而导致降噪的失效。

本章提出一种基于奇异值分解方向特性和自适应分块旋转的图像去噪算法。首先对含噪图像粗略分块，根据各个图像块检测出的直线的端点坐标、交点坐标以及夹角角度，对图像块进行自适应分块，直至各个图像块获得最佳的实际偏角。然后，利用偏角将图像块旋转至竖直或水平方向，通过奇异值分解对每个图像块进行滤波去噪，再将去噪后的图像块逆旋转回原偏角方向，得到去噪后的各个图像块;其中重构所需的奇异值个数通过在矩阵范数意义下取能量最小自适应确定。最后，将去噪后的各个图像块按顺序重组得到最终的去噪图像。本章提出的去噪方法不但考虑了图像的局部平稳性，而且更加细致地注重到图像的实际方向性信息，可以去除各种类型的噪声。

本章的组织结构如下：4.2 节介绍图像分块旋转 SVD 去噪基本方法；4.3 节给出基于自适应分块旋转的奇异值分解图像去噪算法，其中包括 4.3.1 节介绍自适应分块 SVD 方法，4.3.2 节给出重构奇异值个数的确定方法，4.3.3 节描述去噪方法的流程步骤，4.3.4 节是算法的实验仿真部分，对本章提出的基于自适应分块旋转的奇异值分解图像去噪方法与同类算法相比较；4.4 节对本章进行总结。

4.2 图像分块旋转 SVD 去噪

对于任意一幅含噪图像，考虑到图像的局部平稳性和方向性，还可以采用分块旋转奇异值分解对图像去噪。具体做法为：将大小为 $l_1 \times l_2$ 的噪声图像划分成大小为 $b \times b$ 的非重叠平方块，不失一般性，设 $l_1 = Kb$ ，$l_2 = Lb$ 。

设旋转后的图像块为 $\boldsymbol{A}_{kl}^{D_{kl}} \in \mathbb{R}^{l_{kl} \times l_{kl}}$ ，对 $\boldsymbol{A}_{kl}^{D_{kl}}$ 进行 SVD 有

$$\boldsymbol{A}_{kl}^{D_{kl}} = \boldsymbol{U}_{kl}^{D_{kl}} \boldsymbol{S}_{kl}^{D_{kl}} \boldsymbol{V}_{kl}^{D_{kl}\mathrm{T}} \tag{4.1}$$

式中，$\boldsymbol{U}_{kl}^{D_{kl}} \in \mathbb{R}^{b \times b}$ 和 $\boldsymbol{V}_{kl}^{D_{kl}} \in \mathbb{R}^{b \times b}$ 分别为旋转后的图像块 $\boldsymbol{A}_{kl}^{D_{kl}}$ 的左奇异矩阵和右奇异矩阵；$\boldsymbol{S}_{kl}^{D_{kl}} \in \mathbb{R}^{b \times b}$ 为奇异值矩阵。再对每个图像块进行奇异值数目(秩)为 $r_{kl}^{D_{kl}}$ 的重构，即

$$\hat{\boldsymbol{A}}_{kl}^{D_{kl}} = \sum_{i=1}^{r_{kl}^{D_{kl}}} \lambda_{kli}^{D_{kl}} \boldsymbol{u}_{kli}^{D_{kl}} \boldsymbol{v}_{kli}^{D_{kl}\mathrm{T}} \tag{4.2}$$

4.3 基于自适应分块旋转的奇异值分解图像去噪算法

4.3.1 自适应分块 SVD

分块奇异值分解虽然考虑到了图像的局部平稳性，但没有考虑到前面提到的图像块的方向性，事实上，一个图像块中包含了多种不同的方向信息，因此不能采取传统的不旋转或单方向的旋转 SVD 来去噪。且传统分块 SVD 对图像块是按照固定大小分块的，如 32×32 像素，实际上一块 32×32 像素的图像块包含着多种方向，此时考虑到图像中直线所跨的范围不同，分离的图像块也不应是固定大小，需要依据图像块中的多个方向继续分块，直到图像块中仅包含一条直线，这样进行旋转 SVD 的方向才是最准确的，去噪效果也是最佳的。图像块的大小如何控制呢？因为图像中包含单一的背景和复杂的前景内容，对单一的背景可以适当取较大的尺寸块，而对复杂的前景内容应该按照具体的方向进行小尺寸图像块的划分，这样对图像按照图像内容进行自适应分块，既照顾了处理时效，更重要的是按照具体方向对图像进行分块，能提高图像去噪效果。

以图 4.1 为例来说明具体做法。

(1) 使用 Canny 检测器[134]检测图像的边缘，然后使用 Zhang 和 Suen 提出的 ZS 细化方法[135]细化边缘。图 4.1(b) 经此步骤产生图 4.1(c)。

(2) 基于 Hough 变换找到图像中的线条。图 4.1(c) 经此步骤产生图 4.1(d)。

(3) 将变换后的图像分割成一些较大的 $k \times k$ 像素子块，如 $k = 32$ 。图 4.1(d) 经此步骤产生图 4.1(e)。

(4) 检测各子块的端点和交点。例如，图 4.1(e) 第一子块图经此步骤生成图 4.1(f)。

(a) 原始图像 (k=512)

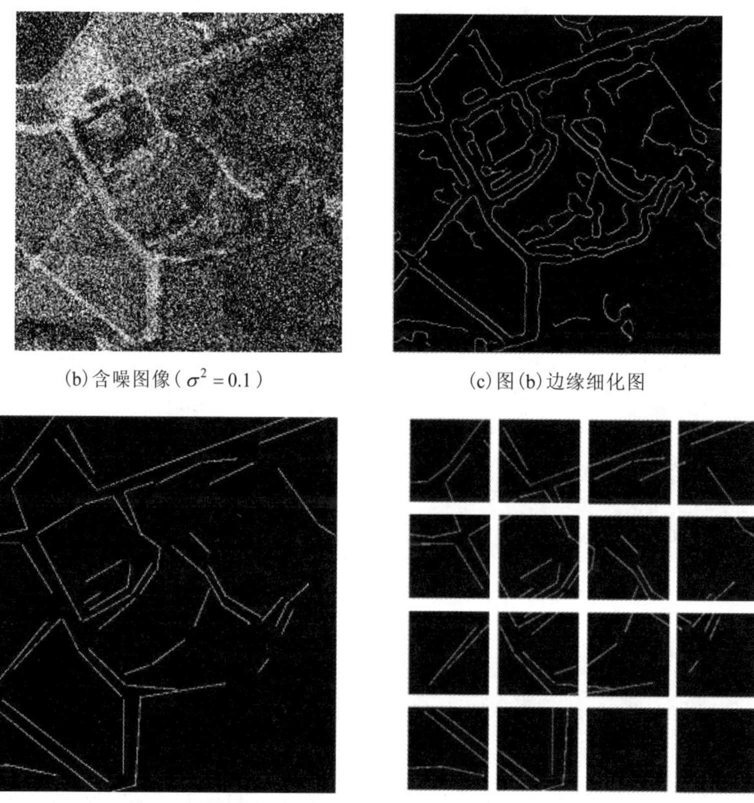

(b) 含噪图像 ($\sigma^2 = 0.1$)　(c) 图 (b) 边缘细化图

(d) 图 (c) 中直线 (k =512)　(e) 图 (d) 的分块图 (子块 k =32)

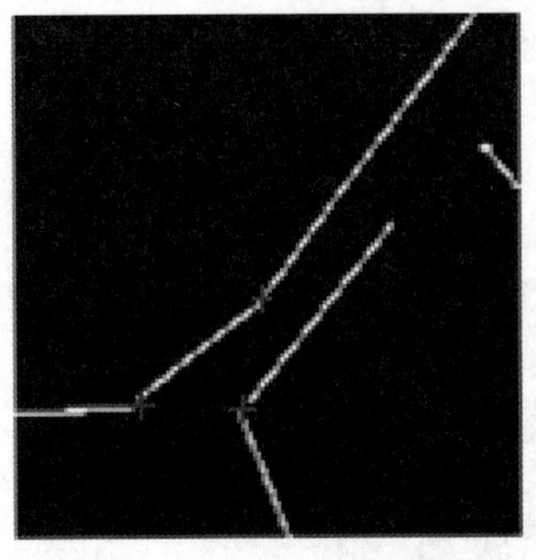

(f) 第一子块图的端点和交叉点

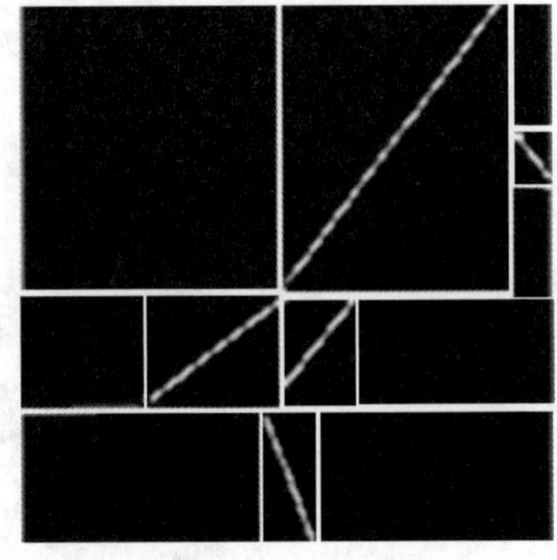
(g) 第一子块图的细分块图

图 4.1　分块过程示意

(5) 依据检测的端点和交点将每个相对较大的子块划分成具有不同大小的许多较小的子块，以确保每个子块只具有一个主方向的线或边。例如，图 4.1(f) 经此步骤产生图 4.1(g)。依据主线的端点计算每个子块中的主线的角度。

(6) 将含噪图像图 4.1(b) 划分为具有不同尺寸的子块图，如图 4.1(g) 所示。

4.3.2　去噪重构奇异值个数的确定

1992 年，Rudin、Osher 和 Fatemi 共同提出了一种基于能量最小原则的图像降噪模型(ROF)，能将图像降噪问题转化为有界变差函数空间中的能量最小问题，具有很强的数学背景。该模型使用的能量泛函为

$$\min_{I_0} J(\boldsymbol{I}_0(x)) = \min_{I_0} \int_{\Omega} |\nabla \boldsymbol{I}_0| \mathrm{d}x + \frac{\lambda}{2} \int_{\Omega} (\boldsymbol{I}_0 - \boldsymbol{I})^2 \mathrm{d}x \tag{4.3}$$

式中，$\nabla \boldsymbol{I}_0 = \begin{bmatrix} \dfrac{\partial \boldsymbol{I}_0}{\partial x} \\ \dfrac{\partial \boldsymbol{I}_0}{\partial y} \end{bmatrix}$、$|\nabla \boldsymbol{I}_0| = \sqrt{\left(\dfrac{\partial \boldsymbol{I}_0}{\partial x}\right)^2 + \left(\dfrac{\partial \boldsymbol{I}_0}{\partial y}\right)^2}$ 分别是图像 $\boldsymbol{I}_0$ 的梯度场以及模；Ω 是图像的定义域；$x = (x, y) \in \Omega$ 为二维坐标；λ 为拉格朗日松弛因子。

图像降噪的能量最小模型(式(4.1))给出了图像降噪简洁的理论表示，也可以认为是一种建立在连续函数空间上的降噪图像判定准则。由于图像奇异值分解建立在矩阵代数空间上，如果将这一准则直接应用到判定奇异值分解中图像信号的奇异值数目中，则理论上发生冲突。因此，本章算法首先建立矩阵代数意义下的图像降噪能量模型，将奇异值分解和函数空间的能量最小模型有机地统一起来，通过奇异值分解将求解能量最小的问题化为在有限个重建图像中直接选

取优化去噪图像的问题，不仅大大减少了计算量，同时避免了求解微分方程中的局部极小问题。

在函数数值离散意义下，设噪声污染图像为$\boldsymbol{I}(i,j)$（(i,j)为图像的像素点坐标，且$1\leqslant i\leqslant M, 1\leqslant j\leqslant N$），又设图像域的坐标系为笛卡儿直角坐标系$(x,y)$，不妨设$x$轴为水平方向，$y$轴为垂直方向，坐标中心为图像中心，则在函数值离散意义下，$\boldsymbol{I}_0(i,j)$的两个偏导数可表示为以下两个矩阵乘积的形式：

$$\frac{\partial \boldsymbol{I}_0}{\partial x}=\boldsymbol{I}_0(i,j)\times\begin{bmatrix}-1 & 0 & \cdots & \cdots & 0\\ 1 & -1 & 0 & \cdots & 0\\ 0 & 1 & \vdots & & \vdots\\ \vdots & \vdots & \vdots & & 0\\ 0 & \cdots & 0 & 1 & -1\end{bmatrix}=\boldsymbol{I}_0\times\boldsymbol{D}_x \tag{4.4}$$

$$\frac{\partial \boldsymbol{I}_0}{\partial y}=\begin{bmatrix}-1 & 0 & \cdots & \cdots & 0\\ 1 & -1 & 0 & \cdots & 0\\ 0 & 1 & \vdots & & \vdots\\ \vdots & \vdots & \vdots & & 0\\ 0 & \cdots & 0 & 1 & -1\end{bmatrix}\times[\boldsymbol{I}_0(i,j)]=\boldsymbol{D}_y\times\boldsymbol{I}_0 \tag{4.5}$$

式中，矩阵$\boldsymbol{I}_0=[\boldsymbol{I}_0(i,j)]_{M\times N}$。

矩阵运算算子定义为

$$\boldsymbol{I}([a_{ij}],[b_{ij}])=\sqrt{a_{ij}^2+b_{ij}^2} \tag{4.6}$$

若将式(4.3)的能量函数中的积分换为矩阵范数$\|\cdot\|_{\mathrm{F}}$，就可得到矩阵代数意义下的图像降噪能量函数：

$$J(\boldsymbol{I})=\alpha\left(\left\|\boldsymbol{I}\left(\frac{\partial \boldsymbol{I}_0}{\partial x}\times\frac{\partial \boldsymbol{I}_0}{\partial y}\right)\right\|_{\mathrm{F}}\right)+(1-\alpha)\times\|\boldsymbol{I}-\boldsymbol{I}_0\|_{\mathrm{F}}^2 \tag{4.7}$$

式中，α为对原能量函数所加的加权因子，且$\alpha\in(0,1)$。矩阵范数$\|\cdot\|_{\mathrm{F}}$表达式为

$$\|\boldsymbol{I}\|_{\mathrm{F}}=\sqrt{\sum_{i=1}^{M}\sum_{j=1}^{N}\left|\boldsymbol{I}_{i,j}\right|^2} \tag{4.8}$$

这种能量函数的代数形式的意义在于可应用不同的矩阵范数，考察能量最小情况下的去噪效果。

设原图像矩阵 $\boldsymbol{I}_0$ 的奇异值分解为

$$\boldsymbol{I}_0 = I_1^0 + I_2^0 + \cdots + I_i^0 + \cdots + I_R^0 = \sum_{i=1}^{R} \lambda_i \boldsymbol{u}_i \boldsymbol{v}_i^{\mathrm{T}} \tag{4.9}$$

式中，R 为矩阵 $\boldsymbol{I}_0$ 的秩。

记 $\hat{\boldsymbol{I}}_s = \sum_{i=1}^{s} \boldsymbol{I}_i$，$s \leqslant R$，则利用奇异值分解去噪，就是确定一个正整数 r，使得

$$J(\hat{\boldsymbol{I}}_r) = \min_{1 \leqslant i \leqslant R} \alpha\left(\left\| \boldsymbol{I}(\hat{\boldsymbol{I}}_r \times \boldsymbol{D}_x, \boldsymbol{D}_y \times \hat{\boldsymbol{I}}_r) \right\|_{\mathrm{F}}\right) + (1-\alpha) \times \left\| \hat{\boldsymbol{I}}_r - \boldsymbol{I}_0 \right\|_{\mathrm{F}}^2 \tag{4.10}$$

式中，$\hat{\boldsymbol{I}}_r$ 为噪声污染图像 $\boldsymbol{I}$ 的去噪图像。

对图 4.2(a)的图像添加均值为 0、方差为 0.01 的高斯白噪声，如图 4.2(b)所示。由图 4.2(c)可知，第 23 个奇异值所对应的能量值最小。因此，可用前 23 个奇异值重构出去噪图像。

(a) 原始图像　　(b) 含噪图像

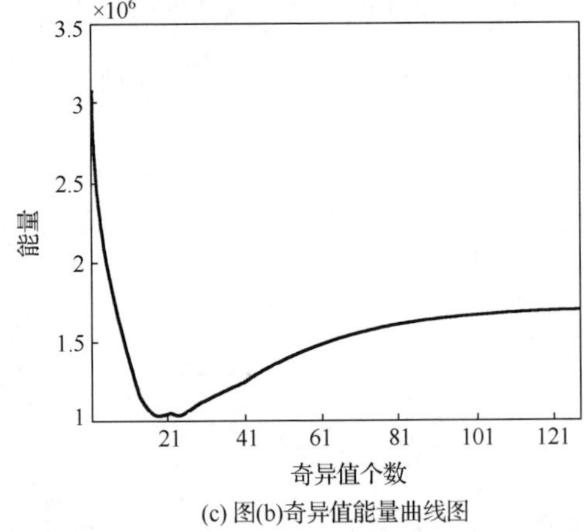

(c) 图(b)奇异值能量曲线图

图 4.2　含噪图能量曲线

4.3.3　算法流程

本章利用自适应分块旋转奇异值分解的图像去噪算法步骤可归纳如下(流程图如图 4.3 所示)。

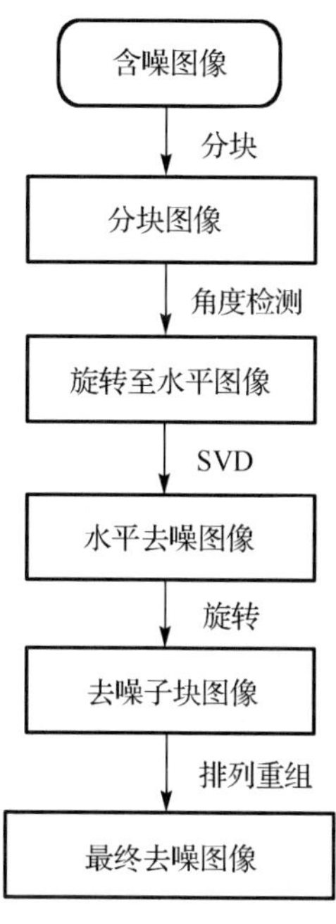

图 4.3　本章算法流程图

(1) 使用 4.3.1 节中的方法将含噪图像(图 4.1(b))分割成一系列子块图像。

(2) 旋转每个子块图像，通过检测子块图像主线的角度，使其主线旋转至水平或竖直方向。然后，在旋转图像上实施奇异值分解，并计算每个旋转子块的低秩近似重构。

(3) 将每个子块的低秩近似重构旋转到对应的噪声子块的原始方向，得到去噪子块。

(4) 对每个子块进行重组，得到最终的去噪图像。

4.3.4　实验仿真

为验证本章算法的有效性，选取图 4.1(a)所示图像进行仿真实验，大小为 256×256 像素。对原灰度图像添加均值为 0，方差分别为 0.0001、0.001、0.01 和 0.1 的高斯白噪声。采用下述四种方法进行验证比较，结果如图 4.4 所示。

(1) 方法 1：本章提出的方法(平均子块大小 $k \approx 9$)，使用式(4.10)确定去噪

重构图像的秩 r，重构的去噪图像记为秩-r 近似。

(2) 方法Ⅱ：使用 BSVD(子块大小固定为 $k=4$)的方法，使用阈值式(1.30)计算得到的 λ 确定去噪重构图像的秩 r，重构的去噪图像记为秩-r 近似。

(3) 方法Ⅲ：使用 BSVD(子块大小固定为 $k=8$)的方法，使用阈值式(1.30)计算得到的 λ 确定去噪重构图像的秩 r，重构的去噪图像记为秩-r 近似。

(4) 方法Ⅳ：采用 SVD(无子块划分)的方法，使用阈值式(1.30)计算得到的 λ 确定去噪重构图像的秩 r，重构的去噪图像记为秩-r 近似。

对于另一个添加方差为 $\sigma^2=0.01$ 的高斯白噪声的例子(图 4.5(a))。根据式(1.30)的计算方法，方法Ⅱ使用秩-4 近似，方法Ⅲ中使用秩-8 近似。图 4.5 给出了不同方法的去噪效果。

对于较大方差变化范围($\sigma^2=[0.01,0.1]$)的高斯白噪声图像。图 4.6 给出了不同方法的 PSNR 和 SSIM 结果。

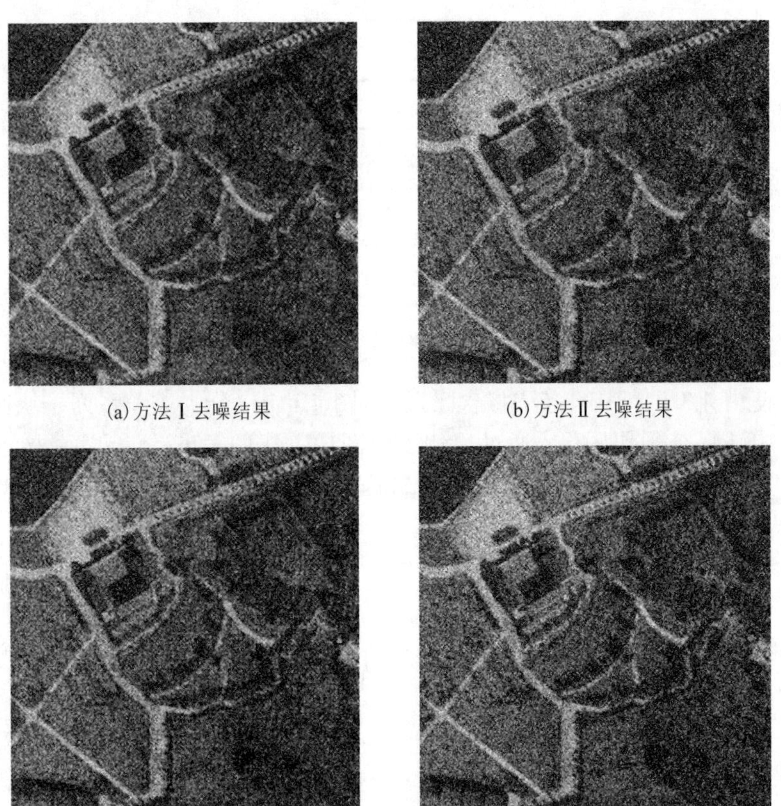

(a) 方法Ⅰ去噪结果　　(b) 方法Ⅱ去噪结果

(c) 方法Ⅲ去噪结果　　(d) 方法Ⅳ去噪结果

图 4.4　第一幅图像不同方法去噪结果

(a)含噪图像($\sigma^2 = 0.01$)

(b)方法Ⅰ去噪结果

(c)方法Ⅱ去噪结果

(d)方法Ⅲ去噪结果

(e)方法Ⅳ去噪结果

图 4.5　第二幅图像不同方法去噪结果

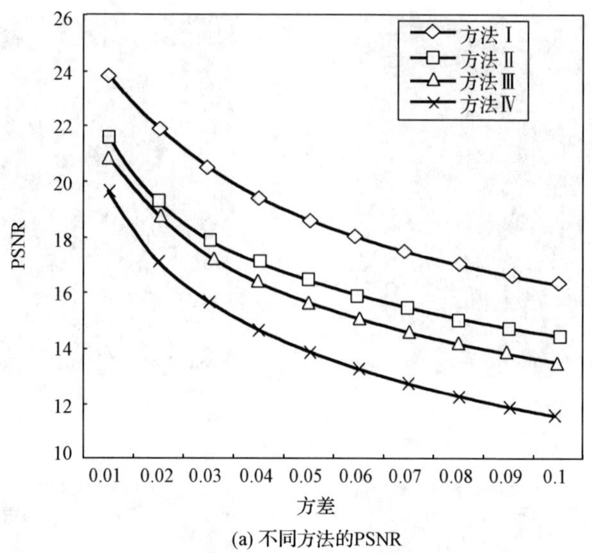

(a) 不同方法的PSNR

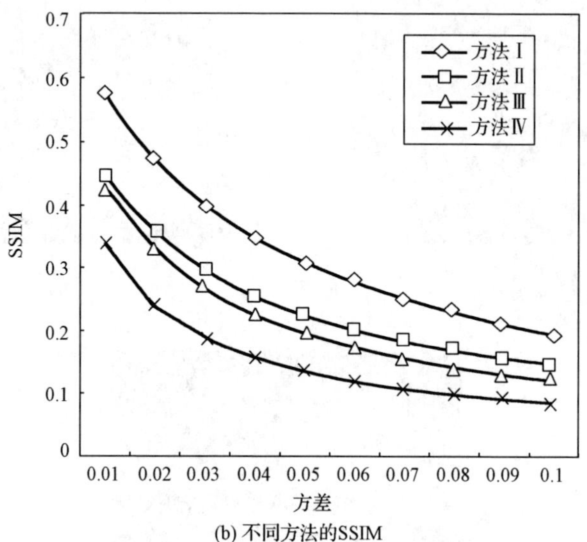

(b) 不同方法的SSIM

图 4.6　不同方法的 PSNR 和 SSIM 结果

本章提出了一种基于奇异值分解和块旋转运算的图像去噪算法，该算法具有两个特征：非固定大小的块分割和旋转操作。从图 4.4～图 4.6 可以看出，与基于 BSVD 和 SVD 的算法相比，该算法无论在视觉效果还是定量性能参数上都具有较好的去噪效果。虽然该算法具有很多优点，但与传统的 BSVD 算法相比，会耗费更多的计算成本，并且该算法适用于具有不同直线和边缘的图像。

4.4 本章小结

本章提出了一种自适应分块旋转的奇异值分解图像去噪算法。利用图像上局部位置具有不同的方向特性，通过方向角度检测实现图像的自适应分块，进而利用旋转奇异值分解实现图像噪声的去除。实验结果表明，与已有的算法相比，该算法具有良好的去噪效果，并具有较好的去噪性能。如何提高该算法的实时性，有待日后进一步研究。

第5章　基于人工鱼群与粒子群优化的图像增强算法

5.1　概　　述

在各类图像系统中，图像传送和转换，如成像、复制、扫描、传输和显示等，经常会造成图像质量的下降。例如，在摄影时由于光照条件不足或过度，图像会显得过暗或过亮；同时光学失真、相对运动、大气流动等也会使图像模糊；在图像的传输过程中也可能会引入各种类型的噪声，引起图像质量下降等，因此，必须对降质图像进行改善处理，图像增强就是其中的一种有效方法。

图像增强是在不考虑降质的原因的前提下，根据特定的需要突出图像中的重要信息，同时减弱或去除不需要的信息，所以改善后的图像不一定要逼近原图像，如突出目标轮廓、去除各类噪声、将黑白图转变为伪彩色图像等。

在图像增强中，灰度图像的非线性变换是一种非常有效的方法。这种方法相当于对图像序列进行某种变换，从而达到图像增强的目的。利用非完全 Beta 函数进行图像非线性增强的关键是确定 Beta 函数中的 α、β 参数，然而确定这两个值是一个复杂的问题。常用的做法是根据图像灰度分布的不同情况，人工干预确定，这样存在三个不足：①不能自动完成增强任务；②人工设置参数的正确度直接决定着增强效果；③耗费时间，毫无自适应、智能性可言。这些问题使利用智能优化算法来自动设置最佳参数成为可能。

人工鱼群算法(artificial fish-swarm algorithm，AFSA)[136]是一种基于动物行为的群体智能优化算法，具有高度并行、自组织、自适应和协同性等特征。人工鱼群算法对初值、参数选择不敏感，具有良好的克服局部极值、取得全局极值的能力，但后期收敛速度较慢，只能找到满意的解的域，很难得到精确的最优解。

粒子群优化(particle swarm optimization，PSO)算法[137,138]是通过模拟鸟群觅食行为而发展起来的一种基于群体协作的随机搜索算法。这种算法以其实现容易、精度高、收敛快等优点引起了学术界的重视，并且在解决实际问题中展示了其优越性，然而在算法后期，由于粒子的同一化，算法很难跳出局部最优，引起显著的早熟现象。

本章将两种算法有机地结合起来应用到图像非线性增强过程：先利用人工鱼群的全局收敛性快速寻找到满意的解域，再利用粒子群优化算法进行快速的局部搜索，使混合后的算法不仅具有快速的局部搜索速度，而且保证具有全局收敛性能，并利用新的适应度函数增进个体寻优进化的动力，达到提高增强时效的同时提高增强效果。

本章的组织结构如下：5.2 节介绍图像非线性增强基本原理；5.3 节分别介绍人工鱼群算法及粒子群优化算法基本原理，其中包括 5.3.1 节介绍人工鱼群算法，5.3.2 节介绍粒子群优化算法；5.4 节给出基于人工鱼群与粒子群优化混合的图像自适应增强算法，其中包括 5.4.1 节介绍人工鱼群及粒子群优化算法各自的缺陷，5.4.2 节给出人工鱼群与粒子群优化混合增强算法，5.4.3 节是本章算法的仿真实验部分，对本章提出的基于人工鱼群与粒子群优化混合的图像自适应增强算法与同类算法相比较；5.5 节对本章进行总结。

5.2　图像非线性增强

图像像素灰度变换可用如下最基本的形式表达：

$$f'(x,y)=T(f(x,y)) \tag{5.1}$$

式中，$f'(x,y)$ 为对原始图像 f 增强后对应像素点 (x,y) 的图像灰度值；T 为非线性变换函数。从视觉效果来看，一般的图像有偏暗、偏亮或灰度集中在某一区域三种情况。一般对不同质量的图像则采用不同的变换函数，与此对应的变换函数大致有四类，如图 5.1 所示，其中图 5.1(c)和图 5.1(d)两种变换函数可用于处理灰度集中于某一区域的图像。

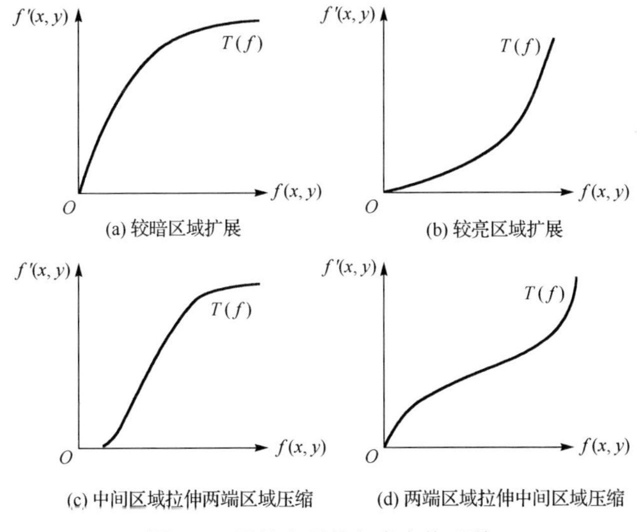

图 5.1　四种典型的灰度变换函数

每一种变换曲线都可以被一组参数所描述。Tubbs 提出了一种归一化的非完全 Beta 函数 $F(u)$ 来自动拟合图像增强的这四类变换曲线[139]。该归一化的非完全 Beta 函数 $F(u)$ 定义为

$$F(u)=\mathrm{B}^{-1}(\alpha,\beta)\int_0^u t^{\alpha-1}(1-t)^{\beta-1}\mathrm{d}t,\quad 0<\alpha,\beta<10 \tag{5.2}$$

式中，$\mathrm{B}(\alpha,\beta)$ 为 Beta 函数，表示如下：

$$\mathrm{B}(\alpha,\beta)=\int_0^1 t^{\alpha-1}(1-t)^{\beta-1}\mathrm{d}t \tag{5.3}$$

通过调整 α、β 的值，就可以得到图 5.1 所示的各种类型的非线性变换曲线。

据此，归一化的非完全 Beta 函数进行灰度转换的表达式为

$$T(f(x,y))=T(f(x,y),\alpha,\beta)=\int_0^{f(x,y)}\frac{t^{\alpha-1}(1-t)^{\beta-1}}{\mathrm{B}(\alpha,\beta)}\mathrm{d}t \tag{5.4}$$

式中，$f(x,y)$ 为原始图像像素 (x,y) 的灰度值（$0\leqslant f(x,y)\leqslant 1$），$0\leqslant T(f(x,y))\leqslant 1$。

设原始图像 $f(x,y)$ 表示坐标为 (x,y) 的原始图像灰度值，$f'(x,y)$ 为增强处理后的灰度值，则像素非线性变换过程可归纳如下。

(1) 归一化图像：

$$g(x,y)=\frac{f(x,y)-L_{\min}}{L_{\max}-L_{\min}} \tag{5.5}$$

式中，$L_{\max}$ 和 $L_{\min}$ 为该图像灰度的最大和最小值，$0\leqslant g(x,y)\leqslant 1$。

(2) 利用非完全 Beta 函数进行灰度变换图像增强：

$$g'(x,y)=T(g(x,y)) \tag{5.6}$$

式中，$0\leqslant g'(x,y)\leqslant 1$。

(3) 反归一化处理得到最终输出图像 $f'(x,y)$：

$$f'(x,y)=(L_{\max}-L_{\min})g'(x,y)+L_{\min} \tag{5.7}$$

5.3 人工鱼群算法及粒子群优化算法

5.3.1 人工鱼群算法

1. 人工鱼群算法基本原理

人工鱼群算法是一种基于行为的人工智能思想，通过鱼在水里的行为方式模拟构建一种鱼群模式，用来解决寻优问题，从而产生了一种新型的智能算法，即人工鱼群算法[140]。

鱼群一般聚集在食物较丰富的区域。人工鱼群算法就是根据这一特征，通过模

拟人工鱼(artificial fish，AF)群的行为，寻找全局最优解的。鱼群在水中的行为可以抽象为觅食行为(AF_Prey)、聚群行为(AF_Swarm)、追尾行为(AF_Follow)和随机行为四种。而这些行为的执行都要依据于 AF 的视觉，即搜索过程中每次比较的范围。

视觉模型：为了实施的简便和有效，在 AFSA 中构建的视觉模型如图 5.2 所示。记某一虚拟 AF 的当前位置为状态 $\boldsymbol{X}$，某时刻该 AF 的视点所在的位置记为状态 $\boldsymbol{X}_v$，V 为其当前 AF 的视野范围。对位置 $\boldsymbol{X}_v$ 的状态进行判断，如果视点位置 $\boldsymbol{X}_v$ 的状态优于该 AF 当前的位置状态 $\boldsymbol{X}$，则考虑向 $\boldsymbol{X}_v$ 所在的位置方向前进随机步长，到达位置状态 $\boldsymbol{X}_{\text{next}}$；如果当前状态 $\boldsymbol{X}$ 优于 $\boldsymbol{X}_v$，则该 AF 继续在视野范围 V 内搜索巡视，如状态 $\boldsymbol{X}_1$ 和 $\boldsymbol{X}_2$。AF 巡视的次数越多，对周围的情况了解得越全面，从而对周围的环境有一个全方位立体的认知，有助于做出相应判断和决策。当然，对于状态多或者无限状态的环境也不必全部遍历，允许一定的不确定性对于摆脱局部最优、寻找全局最优是有帮助的。其中，状态 $\boldsymbol{X}=(x_1,x_2,\cdots,x_n)$，状态 $\boldsymbol{X}_v=(x_{v1},x_{v2},\cdots,x_{vn})$，则该过程可以表示如下：

$$\boldsymbol{X}_v=\boldsymbol{X}+V\cdot\text{Rand}()$$
$$\boldsymbol{X}_{\text{next}}=\boldsymbol{X}+\frac{\boldsymbol{X}_v-\boldsymbol{X}}{\|\boldsymbol{X}_v-\boldsymbol{X}\|}\cdot\text{Step}\cdot\text{Rand}() \tag{5.8}$$

式中，Rand 函数生成 0～1 的任意数；Step 为前进的移动步长。

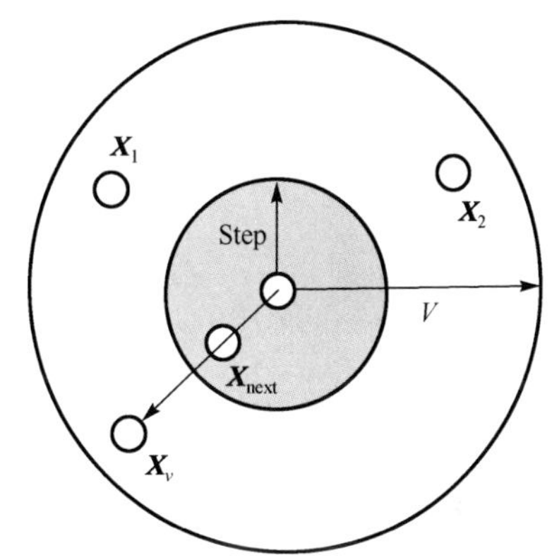

图 5.2　鱼群视觉模型

在 AFSA 中主要通过模拟人工鱼个体的行为进行寻优，主要的行为如下。

觅食行为：AF 向食物方向移动的一种行为，这是 AF 的一种本能的行为。鱼群可以利用听测线系统来感知水中的食物，顺着气味游向食物，从而选择趋向。AFSA 中主要利用如图 5.2 所示的视觉模型来获取食物的相关信息。

追尾行为：鱼类为得到足够多的食物，会不断执行 AF_Prey。当 AF 发现食物后，这些鱼就会不断地追逐这些目标，这些鱼周围的其他鱼也会跟着游过来，进而带动其他的鱼也跟随过来。

聚群行为：该行为对鱼类的存活起着重要的作用，是鱼类历经生存进化而传承下的一种性能。鱼类为了觅食和躲避天敌，某一水域中的鱼会聚集在一起。鱼群向邻近鱼群的中心位置前进的同时也需要防止过度拥挤。

随机行为：在没有 AF_Follow 和 AF_Swarm 的时候，鱼群中个体鱼的行为，以最大的可能搜寻食物或同伴。它是 AF_Prey 的一种默认执行行为。

以上是鱼群的几个典型行为，鱼群中的鱼会根据对周围环境的感知而自发选择其中一种行为执行，当环境发生变化时，自动切换行为。这些行为的执行对鱼群的存活和发展具有重要意义，可用来指导我们解决寻优问题。

人工鱼群算法具有以下优点。

(1) 对函数的本身要求低，只需要对函数进行比对。

(2) 对初始值的要求不高，初始值可以随机产生，也可以是固定值。

(3) 能够很快地通过局部的最优值找出整体的最优值。

(4) 多条人工鱼可以同时寻找最优值，计算速度快。

(5) 对参数的设定要求不高，适应力强。

2. AFSA 的关键参数

其数学模型描述如下[141]：假设在一个 n 维的目标搜索空间中，有 N 条人工鱼组成一个群体，每条人工鱼个体的状态可表示为向量 $\boldsymbol{X}=(x_1,x_2,\cdots,x_n)$，其中，$x_i(i=1,2,\cdots,n)$ 为欲寻优的变量；人工鱼当前所在位置的食物浓度即适应度函数表示为 $Y=f(x)$，其中，Y 为目标函数；人工鱼个体之间的距离表示为 $d_{i,j}=\|x_i-x_j\|$；visual 表示人工鱼的感知范围；σ 表示拥挤度因子；Step 表示人工鱼移动的步长；trynumber 表示人工鱼每次觅食最大的尝试次数。

AFSA 的参数设置对算法进化速度和搜索准确率都有一定的影响，这些参数包括：鱼群中个体 AF 数目 M；算法的迭代次数 G；个体人工鱼每次移动尝试次数 T；拥挤度因子 σ；最大移动步长 Step；人工鱼视野范围 V。分析相关实验，给出如下内容。

人工鱼数目 M：又称种群规模，是指种群中包含的个体的数目。M 越大，AFSA 寻优发现最佳值的概率也就越大，但较大的规模会需要很多的存储空间，对搜索速度也不利。

算法的最大迭代次数 G：如果迭代次数 G 过大，则算法计算量增加；但若太小，人工鱼间将缺乏交流而影响向精英鱼靠近。该参数的选取依具体问题而定，一般与问题的规模成正相关。

个体人工鱼每次移动尝试次数 T：T 的取值一般为 1～5。如果 T 太大，会使人工鱼摆脱局部最优值的能力较弱，T 大于 5 时，虽然计算时间明显增多，但收敛精度变化并不显著。

人工鱼视野范围 V：这个参数对 AFSA 中的诸多行为都有一定干预。视野距离 V 偏大时，人工鱼群主要体现的行为是 AF_Swarm 和 AF_Follow；视野距离 V 偏小时，算法主要体现的行为是 AF_Prey 和随机行为。视野越小，人工鱼越容易发现更多的值，增强多样性，但发现全局最优值的能力会变弱。

最大移动步长 Step：这个参数影响到鱼群的多个行为。移动步长较大时，有利于初期向较优值靠近，但进化将结束时容易越过最优值而出现波动现象，不利于获得精确解。步长越小，越能获取到较精确的解，但是收敛速度较慢。

拥挤度因子σ：该参数用来制约人工鱼聚拢的数量。σ越小，算法对拥挤情况越包容，进化速率也会越快，但容易陷入局部最优。所以，对于一些局部最优不是很严重的情况，可以省去该参数。

3. AFSA 流程

AFSA 首先从可能的解域中任意地产生一组随机解构成初始种群，每个解对应一条 AF；接着每条 AF 探索它的适应度 FC，并且对当前的全局领域内最好的值和对应的状态进行记录；然后模拟执行 AF 个体的行为，对产生值评价后执行其一，并更新 AF 的状态。每次迭代完成后刷新记录板的内容，直至满足算法结束条件。

1) 初始化

AFSA 对初始种群的要求不高，故初始人工鱼群可为任意值或被设为特定的值均可。本书选用随机方法生成最初的种群。在一个 n 维的寻优领域中，构造一个由 M 条 AF 生成的鱼群，第 $i\,(1\leqslant i\leqslant M)$ 条 AF 的状态可以用向量 $\boldsymbol{X}_i=(x_{i1}, x_{i2},\cdots,x_{in})$ 表示，其在当前状态的食物浓度即适应度函数 $Y_i=f(\boldsymbol{X}_i)$。

2) 行为概述

(1) 觅食行为。设某一个体 AF 的当前状态为 $\boldsymbol{X}_i$，该 AF 在视野跨度 V 内随意选一个状态 $\boldsymbol{X}_j$，如果状态 $\boldsymbol{X}_j$ 对应的适应度 Y_j 优于状态 $\boldsymbol{X}_i$ 对应的适应度 Y_i，则朝着这个位置移动 Step 步长(其中，$\text{Step}=\text{Rand}()\cdot\text{Step}$)；否则，另外任意地寻找状态 $\boldsymbol{X}_j$ 再次比较。模拟执行此操作 T 次后，若仍未达到移动的条件，则任意地移动 Step 步长。

(2) 聚群行为。设 $d_{i,j}=\|x_i-x_j\|$ 表示两个 AF 个体的间距。某一个体 AF 的当前状态为 $\boldsymbol{X}_i$，该 AF 探索当前领域内(即 $d_{i,j}<V$)的 AF 个数 n_f 及这些 AF 的圆心位置 $\boldsymbol{X}_c$ 对应的适应度 Y_c，如果 $\dfrac{Y_c}{n_f}>\sigma Y_i$，表明鱼群的中心位置处食物较多且不太拥挤，则该 AF 向中心位置方向移动一步；否则执行 AF_Prey。

(3) 追尾行为。某一个体 AF 的当前状态为 $\boldsymbol{X}_i$，该 AF 探索当前领域内(即 $d_{i,j}<V$)的伙伴中 Y_j 为最优的 AF 对应的状态 $\boldsymbol{X}_j$，如果 $\dfrac{Y_j}{n_f}>\sigma Y_i$，表明状态 $\boldsymbol{X}_j$ 具有较多的食物且不太拥挤，则处于状态 $\boldsymbol{X}_i$ 的 AF 向处于状态 $\boldsymbol{X}_j$ 的 AF 移动一步；否则执行 AF_Prey。

(4) 随机行为。AF 的随机行为是在视野跨度内任意寻找一个位置，然后朝着这个位置移动的行为。该行为实则是 AF_Prey 的一个默认行为。

3）行为选择

针对待求解问题属性的不同，对 AF 目前的位置进行测评，挑选一种使接下来的位置最优的行为执行，如果没有能使接下来的位置比当前位置好的行为，则选择随机行为。

4）公告板更新

AFSA 有一个记录板登记最好的 AF 的状态，AF 在搜索过程中，每次迭代完后就对种群的位置和记录板的状态进行比较，如果种群位置要比记录板的内容好，就用鱼群状态更新到记录板，这样记录板就记载了进化的最好状态。算法停止时，记录板中记录的值就是算法得到的最优值，其状态就是最佳状态。

每次迭代完成后，再次执行个体人工鱼的行为选择和鱼群公告板的更新直至满足算法的终止条件。经典 AFSA 的运算流程如图 5.3 所示。

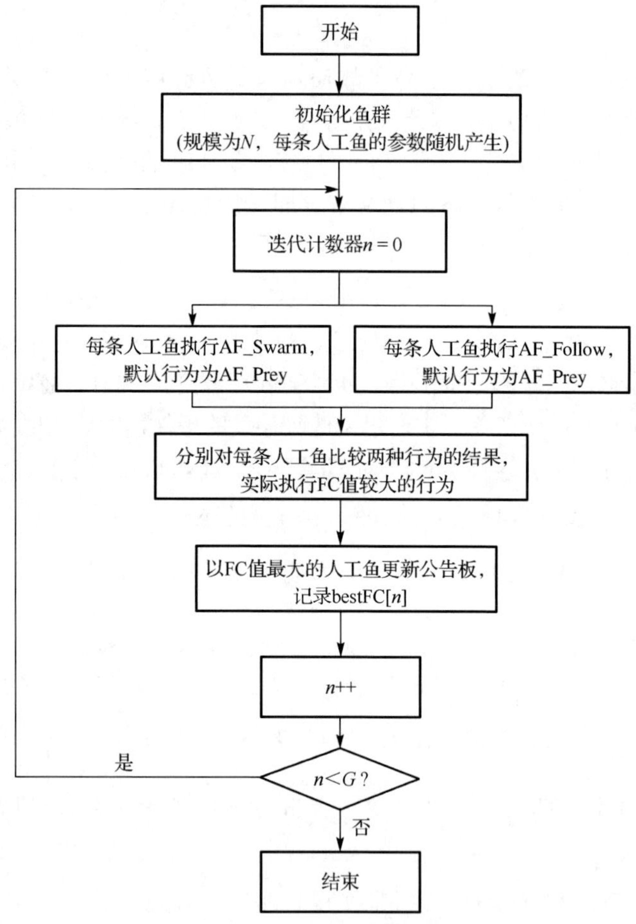

图 5.3　经典 AFSA 的运算流程

5.3.2　粒子群优化算法

1. 粒子群优化算法的提出

自然界中各种生物体均具有一定的群体行为，而人工生命的主要研究领域之一就是探索自然界生物的群体行为，从而在计算机上构建其群体模型。通常，群体行为可以由几条简单的规则进行建模，如鱼群、鸟群等。虽然每一个个体具有非常简单的行为规则，但群体的行为却非常复杂。Reynolds 将这种类型的个体称为 boid，并使用计算机图形动画对复杂的群体行为进行仿真。他在仿真中采用了下列三条简单规则。

(1) 飞离最近的个体，以避免碰撞。

(2) 飞向目标。

(3) 飞向群体的中心。

群体内的每一个个体的行为都可采用上述规则描述，这是粒子群优化算法的基本概念之一。Boyd 和 Richerson 在研究人类的决策过程时，提出了个体学习和文化传递的概念。根据他们的研究结果，人们在决策过程中使用两类重要的信息：一是自身的经验；二是其他人的经验。也就是说，人们根据自身的经验和他人的经验进行自己的决策。这是粒子群优化算法的另一个基本概念。

粒子群优化算法最早是由美国社会心理学家 Kennedy 和电气工程师 Eberhart 共同提出的，其基本思想受他们早期对许多鸟类的群体行为进行建模与仿真研究结果的启发。而他们的模型及仿真算法主要利用了生物学家 Heppner 的模型。

Heppner 的鸟类模型在反映群体行为方面与其他模型有许多相同之处，不同之处在于：鸟类被吸引飞向栖息地。在仿真中，初始时每一只鸟均无待定目标地飞行，直到有一只鸟飞到栖息地，当设置期望栖息比期望留在鸟群中具有较大的适应度值时，每一只鸟都将飞离群体而飞向栖息地，随后就自然地形成了鸟群。

由于鸟类使用简单的规则确定自己的飞行方向与飞行速度(实质上，每一只鸟都试图停在鸟群中而又不相互碰撞)，当一只鸟飞离鸟群而飞向栖息地时，将导致它周围的其他鸟也飞向栖息地。这些鸟一旦发现栖息地，将降落在此，驱使更多的鸟在栖息地，直到整个鸟群都落在栖息地。

由于 Kennedy 和 Eberhart 所具有的专业背景，我们能够很容易理解他们为什么会对 Heppner 的鸟类模型感兴趣。鸟类寻找栖息地与对一个特定问题寻找解很相似，已经找到栖息地的鸟引导它周围的鸟飞向栖息地的方式，增加了整个鸟群都找到栖息地的可能性，也符合信念的社会认知观点。

Eberhart 和 Kennedy 对 Heppner 的模型进行了修正，以使粒子能够飞向解空间并在最好解处降落。其关键在于如何保证粒子降落到最好解处而不降落在其他解处，这就是信念的社会性及智能性所在。

信念具有社会性的实质在于个体向它周围的成功者学习。个体与周围的其他同类比较，并模仿其优秀者的行为。将这种思想用算法实现将导致一种新的最优化算法。

要解决上述问题，关键在于在探索(寻找一个好解)和开发(利用一个好解)之间寻找一个好的平衡。太小的探索导致算法收敛于早期所遇到的好解处，而太小的开发会使算法不收敛。

另外，需要在个性和社会性之间寻求平衡，也就是说，既希望个体具有个性化，像鸟类模型中的鸟不互相碰撞，又希望其知道其他个体已经找到的好解并向它们学习，即社会性。Eberhart 和 Kennedy 较好地解决了上述问题，提出了粒子群优化算法。

2. 基本粒子群优化算法原理

基本粒子群优化算法与其他进化类算法相类似，也采用了“群体”与“进化”的概念，同样也是依据个体(粒子)的适应度值大小进行操作。所不同的是，粒子群优化算法不像其他进化算法那样对于个体使用进化算子，而是将每个个体看作在Ⅳ维搜索空间中的一个没有重量和体积的粒子，并在搜索空间中以一定的速度飞行。该飞行速度由个体的飞行经验和群体的飞行经验进行动态调整。

假设矢量：第 i 个粒子的当前位置表示为 $\boldsymbol{X}_i=(x_{i1},x_{i2},\cdots,x_{in})$；第 i 个粒子的当前飞行速度表示为 $\boldsymbol{V}_i=(v_{i1},v_{i2},\cdots,v_{in})$；第 i 个粒子所经历过的具有最好适应度值的位置(也称局部最优值)表示为 $\boldsymbol{P}_i=(p_{i1},p_{i2},\cdots,p_{in})$。

设 $f(X)$ 为需要最小化的目标函数，则粒子 i 目前的个体最好位置由式(5.9)确定：

$$P_i(t+1)=\begin{cases}X_i(t+1), & f(X_i(t+1))\leqslant f(P_i(t))\\ P_i(t), & f(X_i(t+1))>f(P_i(t))\end{cases} \tag{5.9}$$

设群体中的粒子数为 M，群体中所有粒子所经历过的最佳位置 $P_g(t)$，也称全局最佳位置，则

$$P_g(t)\in\{P_0(t),P_1(t),\cdots,P_M(t)\}\mid f(P_g(t))=\min\{f(P_0(t)),f(P_1(t)),\cdots,f(P_M(t))\} \tag{5.10}$$

有了以上定义，每个粒子的速度和位置根据以下两式进行动态调整：

$$v_{ij}(t+1)=v_{ij}(t)+c_1r_{1j}(t)(p_{ij}(t)-x_{ij}(t))+c_2r_{2j}(t)(p_{gj}(t)-x_{ij}(t)) \tag{5.11}$$

$$x_{ij}(t+1)=x_{ij}(t)+v_{ij}(t+1) \tag{5.12}$$

式中，i 表示第 i 个粒子；j 表示粒子 i 的第 j 维分量；t 表示第 t 代；c_1 和 c_2 是加速因子，为非负常数；c_1 用来调节粒子向本身最好位置飞行的步长；c_2 用来调节粒子向群体最好位置飞行的步长，通常 c_1 和 c_2 在[0,2]取值；$r_{1j}(t)$ 和 $r_{2j}(t)$ 是两个[0,1]的服从均匀分布的随机数，即 $r_{1j}(t)\sim U(0,1)$，$r_{2j}(t)\sim U(0,1)$。

为了减少在优化过程中粒子飞出搜索空间的可能性，$v_{ij}(t)$ 通常会限定在一定的范围内，即 $v_{ij}\in[v_{\min},v_{\max}]$。$v_{\min}$ 、$v_{\max}$ 是可以根据具体问题而人为设定的，同时人们会根据具体问题限定搜索空间 $x_{ij}\in[x_{\min},x_{\max}]$。

3. 与其他进化算法的比较

(1) 粒子群优化算法和其他进化算法一样，都使用“群体”这个概念，用于表示一组解空间中的个体集合。如果将粒子所经历的最好位置看作群体的组成部分，则粒子的每一次进化都会呈现出弱化形式的“选择”机制。在 $(\mu+\lambda)$ 进化策略算法中，子代与父代竞争，若子代具有更好的适应度值，则用来替换父代，而粒子群优化算法的进化方程具有与此相类似的机制，唯一的差别在于，只有当粒子的当前位置与所经历的最好位置相比具有更好的适应度值时，该粒子所经历的最好位置(父代)才会唯一地被该粒子的当前位置(子代)所代替。总之，粒子群优化算法有一定形式的“选择”机制。

(2) 粒子群优化算法进化方程式(5.11)与实数编码遗传算法的算术交叉算子相似，通常，算术交叉算子由两个父代个体的线性组合产生两个子代个体，而在粒子群优化算法中，如果先不考虑 $v_{ij}(t)$，进化方程就可以理解成由两个父代个体产生一个子代个体的算术交叉运算。从另一个角度来看，不考虑 $v_{ij}(t)$，速度进化方程也可以看作一个变异算子，其变异的强度取决于两个父代粒子间的距离，即代表个体最好位置和群体最好位置这两个粒子间的距离。至于 $v_{ij}(t)$，也可以理解为一种变异的形式，其变异的大小与粒子在前一代进化中的位置有关。

(3) 在进化类算法的分析中，人们习惯将每一步的进化迭代理解为用新个体(子代)代替旧个体(父代)的过程。但是如果把粒子群优化算法的进化迭代理解为一个自适应的过程，则粒子的位置就不是被新的粒子代替，而是根据速度向量 V 进行自适应变化。这样，粒子群优化算法和其他进化类算法相比最大的不同点就是：粒子群优化算法在进化过程中同时保留和利用位置与速度(即位置的变化程度)信息，而其他进化类的算法仅仅保留和利用位置的信息。

(4) 如果把式(5.12)看作一个变异算子，粒子群优化算法就与进化规划很相似。它们的不同在于，在粒子群优化算法中，每一代的每个粒子只朝一些根据群体的经验认为是好的方向飞行，而在进化规划中每一代的每个粒子可通过一个随机函数变异到任何方向。换句话说，也就是粒子群优化算法执行的是一种有“意识(conscious)”的变异。如果“意识”提供的信息有用，粒子群优化算法就会有更多的机会更快地飞到更好解的区域。

由以上分析可以看出，经典的粒子群优化算法也具有一些其他进化类算法所不具有的特性，特别是，粒子群优化算法同时将粒子的位置与速度模型化，给出一组显式的进化方程，是其不同于其他进化类算法的最主要区别，也是该算法具有许多优良特性的关键。

4. 基本粒子群优化算法流程

基本粒子群优化算法的算法流程如下。

(1)初始化粒子群的随机位置和速度，方法如下。

①设定群体规模，即粒子数为 N。

②对任意 i 和 j，随机产生在 $[x_{\min}, x_{\max}]$ 内服从均匀分布的 x_{ij}。

③对任意 i 和 j，随机产生在 $[v_{\min}, v_{\max}]$ 内服从均匀分布的 v_{ij}。

④对任意 i 初始化局部最优位置为 $P_i = x_i$。

⑤初始化全局最优位置 P_g 为 $f(P_g) = \min\{f(x_1), f(x_2), \cdots, f(x_N)\}$。

(2)根据目标函数，计算每个粒子的适应度值。

(3)对于每个粒子，将其适应度值与其本身所经历过的最佳位置 P_i 的适应度值进行比较，若优于 P_i 的适应度值，则将现在 X_i 的位置作为新的 P_i。

(4)对于每个粒子，将其经过的最佳位置 P_i 的适应度值与群体的最佳位置 P_g 的适应度值比较，如果更好，则将 P_i 的位置作为新的 P_g。

(5)根据式(5.11)、式(5.12)对粒子的速度和位置进行调整。如果未达到结束条件(通常为足够好的适应度值或达到一个预设最大代数($G_{\max}$))，则返回步骤(2)。

5.4 基于人工鱼群与粒子群优化混合的图像自适应增强算法

5.4.1 人工鱼群及粒子群优化算法各自的缺陷

人工鱼群算法和粒子群优化算法都是目前较为流行的优化算法。人工鱼群算法对初值、参数选择不敏感，具有良好的克服局部极值、取得全局极值的能力，但后期收敛速度较慢，只能找到满意的解域，很难得到精确的最优解。而粒子群优化算法中各个粒子可以根据自身所经历的最好位置 p_{best} 和群体所经历的最好位置 g_{best}，利用式(5.11)、式(5.12)动态地调整当前速度和当前位置，具有较快的收敛速度。然而在粒子群优化算法后期，由于粒子的同一化，粒子群优化算法很难跳出局部最优，引起显著的早熟现象[142,143]。

5.4.2　人工鱼群与粒子群优化混合增强算法

若将两种算法有机地结合起来，根据算法结合中“取长补短”的思想，保留两种算法的优点：先利用人工鱼群的全局收敛性快速寻找到满意的解域，再利用粒子群优化算法进行快速的局部搜索，使混合后的算法不仅具有快速的局部搜索速度，而且保证具有全局收敛性能。

该混合算法应用于图像非线性增强的具体流程(图 5.4)如下。

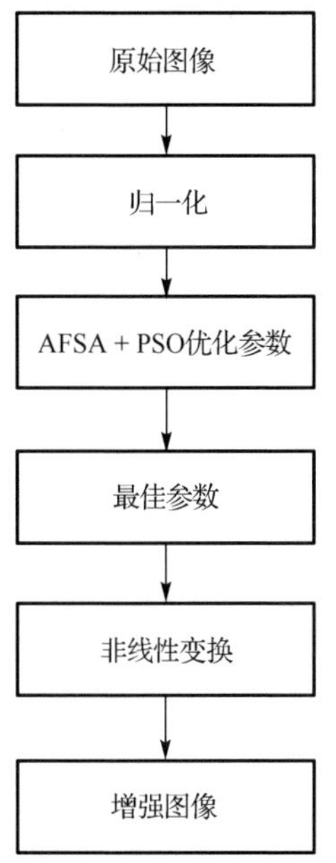

图 5.4　本章算法流程图

(1) 按式(5.6)对图像进行归一化处理。

(2) AFSA+PSO 优化最佳非线性变换参数。

①在可行域内随机初始化人工鱼群规模 N、每条人工鱼的初始位置、视野 V、移动步长 Step、拥挤度因子 σ、最大重复尝试次数 trynumber、粒子群的加速系数 c_1 和 c_2、鱼群迭代次数、粒子群迭代次数等。

②计算每条人工鱼的适应度，并与公告板的状态比较，若较好，则将其赋予公告板。

常规的适应度函数为

$$\text{Fitness}(i)=\frac{1}{MN}\sum_{x=1}^{M}\sum_{y=1}^{N}f^2(x,y)-\left[\frac{1}{MN}\sum_{x=1}^{M}\sum_{y=1}^{N}f(x,y)\right]^2 \tag{5.13}$$

式中，M 和 N 分别表示图像的宽和高；i 表示某一粒子；$f(x,y)$ 表示图像处理后 (x,y) 处的灰度值，Fitness(i) 值越大，则图像灰度分布越均匀，图像对比度越高，图像质量越好。该适应度函数仅考虑了图像的灰度值，图像增强效果有限。

这里使用新设计的适应度函数 Fitness，考虑了与图像质量效果息息相关的多个因素，如方差 F_{ac}、信息熵 E、像素差别 F_{br}、信噪改变量 I_{nc} 以及紧致度 C 等性能参数，Fitness(i) 值越大，图像增强后的效果越好。据此，本节算法采用上述 5 个因素结合的表达式[144,145]，即

$$\text{Fitness} = E \cdot I_{\text{nc}}(F_{\text{ac}} + 2.5C) + F_{\text{br}} \tag{5.14}$$

式中，$F_{\text{ac}} = \frac{1}{n}\sum_{x=1}^{M}\sum_{y=1}^{N} i_{xy}^2 - \left(\frac{1}{n}\sum_{x=1}^{M}\sum_{y=1}^{N} i_{xy}\right)^2$，$n = M \times N$，$M$ 和 N 分别为图像的行、列值；$E = -\sum_{i=0}^{L-1} p_i \log_2 p_i$，$p_i$ 为第 i 级灰度出现的概率，当 $p_i = 0$ 时，定义 $p_i \log_2 p_i = 0$；$F_{\text{br}} = \sum_{x=1}^{M-2}\sum_{y=1}^{N}[f(x,y) - f(x+2,y)]^2$；$I_{\text{nc}} = \sum_{n(h)>t} 1$，表示图像增强后灰度级为 h 的像素个数大于阈值 t 的数量；$C = \frac{P^2}{A}$，即图像周长 P 的平方与面积 A 的比，$P = \sum_{x=1}^{M}\sum_{y=1}^{N-1}\left|\frac{f(x,y) - f(x,y+1)}{L-1}\right| + \sum_{x=1}^{M-1}\sum_{y=1}^{N}\left|\frac{f(x,y) - f(x+1,y)}{L-1}\right|$，$A = \sum_{x=1}^{M}\sum_{y=1}^{N-1}\frac{f(x,y)}{L-1}$，式中，$L$ 为图像的灰度级。

③每条人工鱼体通过觅食、聚群、追尾和随机行为更新自己的位置。

④鱼群终止条件。若达到预设进化代数，将最优值、最优位置更新于公告板，转步骤⑤，否则转步骤②。

⑤重新初始化所有粒子的位置和速度，或者将鱼群最大进化代数时粒子的信息对应赋值给粒子群粒子信息。

⑥将公告板最优位置、最优值信息赋给 p_{best} 和 g_{best}。

⑦评价每个粒子的适应度。

⑧对每个粒子，将其适应度值与其经历过的最好位置 p_{best} 做比较，如果较好，则将其作为当前的最好位置 p_{best}。

⑨对每个粒子，将其适应度值与全局所经历的最好位置 g_{best} 做比较，如果较好，则更新全局最好位置 g_{best}。

⑩根据式(5.8)和式(5.9)更新粒子的速度和位置。

⑪检查终止条件(通常为达到预设进化代数或足够好的适应度值)，如果满足终止条件，则输出最优解，算法终止；否则转步骤⑦。

(3)上述得到的非线性变换函数设为 $F(u)$，$0 \leqslant u \leqslant 1$，按式(5.6)进行灰度变换。

(4)按式(5.7)反归一化处理得到最终输出图像。

5.4.3 实验仿真

为验证本章算法的有效性，采用 MATLAB 对同一幅较暗图像(图 5.5)进行增强仿真实验。分别采用一般的粒子群优化算法与本章的 AFAS+PSO 结合的优化算法对图 5.5 进行非线性增强比较，效果评价以处理后图像的直方图为标准。其实验结果如图 5.6 所示。

从图 5.6 可以看出，通过本章设计的基于 AFAS+PSO 算法进行图像非线性增强，较一般粒子群优化增强算法而言，灰度分布更加均匀，对比度明显，视觉效果更好。

(a)原图像

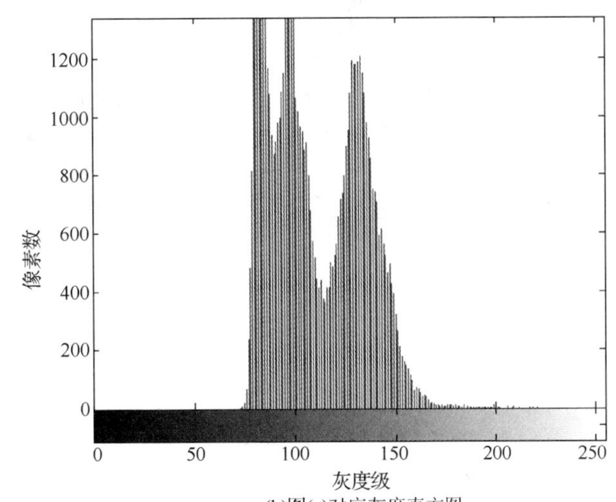

(b)图(a)对应灰度直方图

图 5.5　实验原图像及其灰度直方图

(a) 粒子群优化增强图

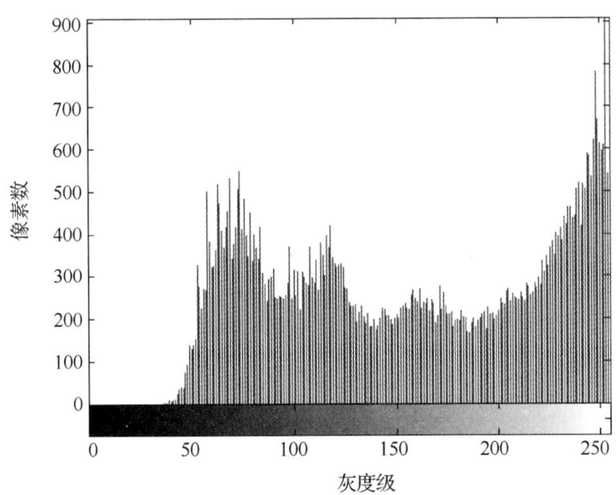

(b) 图(a)对应灰度直方图

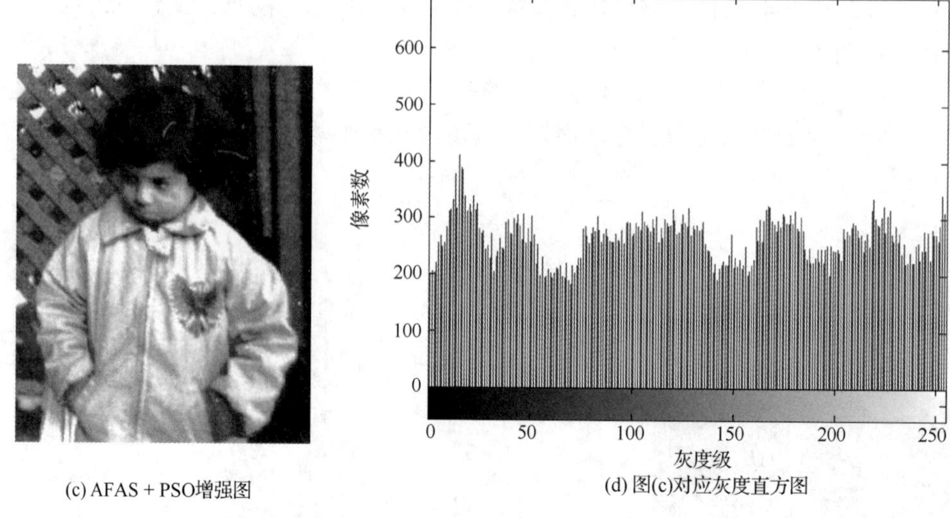

(c) AFAS + PSO增强图　　(d) 图(c)对应灰度直方图

图 5.6　两种优化增强结果及其灰度直方图

5.5　本 章 小 结

本章提出了将人工鱼群与粒子群优化混合进行图像增强的算法，先利用人工鱼群算法全局收敛性好的优点找到满意的全局收敛域，再利用粒子群优化算法收敛速度快的优点进而得到图像非线性增强 Beta 函数的最优参数 α、β。通过仿真实验表明，该算法较仅使用粒子群优化算法的增强处理，在提高算法的搜索效率、收敛精度以及图像增强效果等方面有显著成效。

第 6 章　基于突变粒子群优化的图像增强算法

6.1　概　　述

如第 5 章所述，非线性增强处理以更逼近于人类视觉效果的优势而得到广泛的应用，但确定 Beta 函数参数是一个复杂的问题，针对图像灰度分布的不同情况，一般采用人工和穷举法设置相应的灰度变换函数参数，没有自适应性和智能性，因此可以考虑利用智能优化算法来自动获取最佳参数。

粒子群优化算法是通过模拟鸟群觅食行为而发展起来的一种基于群体协作的随机搜索算法。这种算法以其实现容易、精度高、收敛快等优点引起了学术界的重视，并且在解决实际问题时展示了其优越性，然而具有唯一的内动力的粒子群系统当进化到一定程度后，粒子群中粒子间的差异减少，系统逐渐平衡，进化减缓甚至停滞。这影响到它探索得到最优解的能力。

本章将突变机制引入传统的粒子群优化算法中提高系统进化的效率，并应用此算法自适应获取最佳非线性变换参数达到图像增强的目的。

本章的组织结构如下：6.2 节给出基于突变粒子群优化算法的图像自适应增强算法，其中包括 6.2.1 节介绍基本粒子群优化算法，6.2.2 节介绍突变粒子群优化算法，6.2.3 节给出完整算法的流程，6.2.4 节是算法的实验仿真部分，对本章提出的基于突变粒子群优化算法的图像自适应增强算法与同类算法相比较；6.3 节对本章进行总结。

6.2　基于突变粒子群优化算法的图像自适应增强算法

6.2.1　基本粒子群优化算法

根据第 5 章介绍，粒子群优化算法的基本原理也可以简单表述为：一个由 m 个粒子组成的群体在 D 维搜索空间以一定的速度飞行，每个粒子在搜索时，考虑到自己搜索到的最好点和群体内其他粒子的历史最好点，在此基础上进行位置的变化。和遗传算法相似，它也是从随机解出发，通过迭代寻找最优解，也通过适应度来评价解的品质，但它比遗传算法规则更简单，没有遗传算法的交叉

(crossover)以及变异(mutation)操作，在大多数情况下，所有的粒子可能更快地收敛于最优解。

粒子的进化方程为

$$
\begin{aligned}
&v_{ij} = v_{ij} + c_1 r_1 (p_{ij} - x_{ij}) + c_2 r_2 (p_{gj} - x_{ij}) \\
&\begin{cases} v_{ij} = v_{\max}, & v_{ij} > v_{\max} \\ v_{ij} = -v_{\max}, & v_{ij} < -v_{\max} \end{cases} \\
&x_{ij} = x_{ij} + v_{ij}
\end{aligned}
\tag{6.1}
$$

式中，i 表示第 i 个粒子；j 表示粒子 i 的第 j 维分量；x_{ij} 为粒子的位置；v_{ij} 为粒子的速度；p_{ij} 为粒子经过的最好适应度值的位置；p_{gj} 为群体中所有粒子所经历过的最佳位置；c_1、c_2 为学习因子或加速因子，均为非负数，c_1 用来调节粒子向最好位置飞行的步长，c_2 用来调节粒子群体中最好位置飞行的步长，通常 c_1、c_2 在[0,2]取值；$r_1(t)$、$r_2(t)$ 为在[0,1]区间内均匀分布的伪随机数。

对于不同的问题，如何确定局部搜索能力与全局搜索能力的比例关系，对于求解过程非常重要。甚至对于同一问题而言，进化过程中也要求有不同的比例。为此 Shi 和 Eberhart 提出了一种带有惯性权重的粒子群优化算法。

为了使算法具有良好的全局寻优能力，平衡全局和局部搜索能力，一般将它定为随迭代的次数线性减小，如由 1.4 到 0，由 0.9 到 0.4，由 0.95 到 0.2 等，从而形成了一个标准的粒子群优化形式：

$$
\begin{aligned}
&v_{ij} = w v_{ij} + c_1 r_1 (p_{ij} - x_{ij}) + c_2 r_2 (p_{gj} - x_{ij}) \\
&\begin{cases} v_{ij} = v_{\max}, & v_{ij} > v_{\max} \\ v_{ij} = -v_{\max}, & v_{ij} < -v_{\max} \end{cases} \\
&x_{ij} = x_{ij} + v_{ij}
\end{aligned}
\tag{6.2}
$$

式中，w 是惯性权重，当 w=1 时，为基本的粒子群优化算法，从而表明带惯性权重的粒子群优化算法是基本粒子群优化算法的扩展。建议 w 的取值范围为[0,1.4]，但实验结果表明当 w 取[0.8,1.2]时，算法的收敛速度更快；而当 w>1.2 时算法则较多地陷入局部极值。惯性权重 $w(t)$ 表明粒子原先的速度能在多大的程度上得到保留，较大的 $w(t)$ 值有较好的全局搜索能力，而较小的 $w(t)$ 值则有较强的局部搜索能力。因此，随着迭代次数的增加，线性地减小惯性权重 $w(t)$，就可以使粒子群优化算法在初期具有较强的全局收敛能力，而在晚期具有较强的局部收敛能力。当惯性权重 $w(t)$ 满足：

$$
w(t) = m - (m - n)\frac{t}{\text{max\_circletimes}} \tag{6.3}
$$

即 $w(t)$ 随着迭代线性地从 m 递减到 n(通常 m=1.2，n=0.4)时，从几个测试函数的测试结果来看，效果很好。目前，有关粒子群优化算法的研究大多数以带惯性权重的粒子群优化算法为基础进行扩展和修正。为此，大多数文献将带惯性权重的粒子群优化算法称为标准粒子群优化算法(standard particle swarm optimization，SPSO)；而将基本的粒子群优化算法称为粒子群优化的初始版本。

引入惯性权重的粒子群优化算法进化规则由三部分构成：第 1 部分为粒子先前的速度；第 2 部分为“认知(cognition)”部分，表示粒子本身的思考，即一个得到加强的随机行为在将来更有可能出现，并假设获得正确的知识是得到加强的，这样一个模型假定粒子被激励着去减小误差；第 3 部分为“社会(social)”部分，表示粒子间的信息共享与相互合作，即当观察者观察到一个模型在加强某一行为时，将增加它实行该行为的概率，即粒子本身的认知将被其他粒子所模仿。

6.2.2　突变粒子群优化算法

进一步分析进化式(6.2)可知，粒子群优化算法中有 3 个权重因子：惯性权重 w、加速常数 c_1 和 c_2。惯性权重 w 使粒子保持运动惯性，使其有扩展搜索空间的能力。加速常数 c_1 和 c_2 代表将每个粒子推向 p_{best} 和 g_{best} 位置的加速度：值较小时，允许粒子在被拉回之前可以在目标区域外徘徊；而值较大时则导致粒子突然冲向或越过目标区域。

粒子群优化算法进化的关键在于速度。为使粒子不至于越过目标区域太远，对粒子的速度加了限制：$v_{\max}$。当 $v_{\max}$ 较大时，粒子的飞行速度大，有利于全局搜索，但有可能飞过最优解；当 $v_{\max}$ 较小时，粒子可在特定区域内精细搜索，但容易陷入局部最优，一般取值为 2.0。粒子的速度是根据自身与同伴的位置而变化的，所以粒子的速度还取决于粒子自身经历的最好位置和所有粒子经历的最好位置 p_{best} 和 g_{best}。假设粒子 x_i 正经历全局最好位置，那么它将保持静止，其他粒子逐步向它靠拢，这样易陷入局部解。在加了惯性权重的基础上，当粒子 x_i 经历全局最好位置时，该粒子只能做匀速运动，随着 w 的不断减小，该粒子几乎不变，仍有陷入局部解的可能。

通过粒子群优化算法的进化方程可以看出，它进化的唯一动力是各粒子之间的相互作用，这也就是一种内动力，具有唯一的内动力的粒子群系统当进化到一定程度后，粒子群中粒子间的差异减少，系统逐渐平衡，进化减缓甚至停滞。这影响到它探索得到最优解的能力。

为使粒子群优化算法有更好的持续开发最优解的能力，本章在标准粒子群优化的基础上引入了突变机制，形成了突变粒子群优化算法，它能有效增大粒子间的差异性和非均匀性，打破平衡态，从而增强系统内动力以提高系统进化的效率。

突变机制指当粒子经历全局最好位置时，保存这个最好位置，同时随机产生一个新的种子，也就是说当产生了最优解时，增加一个新的扰动，扩大寻找的空间，更有利于找到全局最优解[145,146]。

突变粒子群优化算法的进化是将标准粒子群优化算法的进化式(6.2)改为

$$
\begin{aligned}
&v_{ij} = wv_{ij} + c_1 r_1 (p_{ij} - x_{ij}) + c_2 r_2 (p_p - x_{ij}) \\
&\begin{cases} v_{ij} = v_{\max}, & v_{ij} > v_{\max} \\ v_{ij} = -v_{\max}, & v_{ij} < -v_{\max} \end{cases}
\end{aligned}
\tag{6.4}
$$

式中，p_p 用于保存粒子经历的全局最好位置。

6.2.3 算法流程

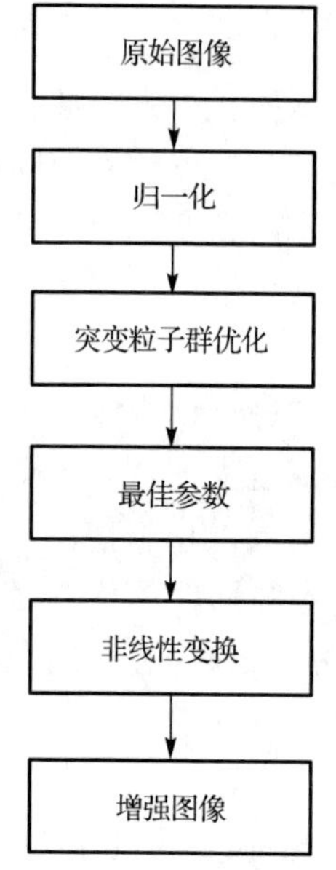

图 6.1　本章算法流程图

将本章提出的基于突变粒子群优化算法的图像自适应增强方法[147]应用于图像非线性增强的具体流程(图 6.1)如下。

(1) 按式(5.5)对图像进行归一化处理。

(2) 利用突变粒子群优化算法寻求最佳非线性变换参数 α、β，其中，适应度函数选为式(5.14)表示的适应度函数。

(3) 上述得到的非线性变换函数设为 $F(u)$，$0 \leqslant u \leqslant 1$，按式(5.6)进行灰度变换。

(4) 按式(5.7)反归一化处理得到最终输出图像。

其中，第(2)步利用突变粒子群优化算法优化参数的步骤具体展开如下。

①初始化，设定 $v_{\max}$、c_1、c_2、w 和最大迭代次数 N 的值，产生原始种群并计算种群中个体的适应度 f，记下 p_i 和 p_g，p_p 保留 p_g 的值，同时随机产生得到与 p_g 相应的新个体。

②如果迭代次数等于 N 则转步骤⑤，否则转步骤③。

③种群按式(6.4)进化，计算个体适应度 f_g。

④比较 f_s 与 f；如果 $f_s<f$ 则修改 p_i，产生新的 p_g，若 p_g 的值优于 p_p，就用 p_p 保存 p_g，同时随机产生得到 p_g 的相应个体，否则，转步骤②。

⑤输出最优个体。

6.2.4　实验仿真

为验证本章算法的有效性，采用 MATLAB 对同一幅较暗图像(图 6.2)进行增强仿真实验。分别采用一般的粒子群优化算法与本章改进的基于突变机制的粒子群优化算法对图 6.2 进行非线性增强比较，效果评价以处理后图像的直方图为标准。实验结果如图 6.3 所示。

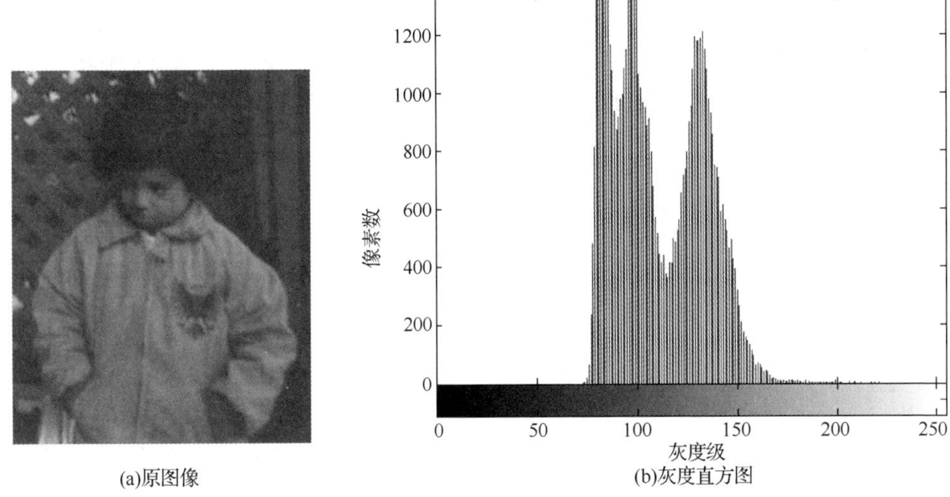

(a)原图像　(b)灰度直方图

图 6.2　实验原图像及其灰度直方图

从图 6.3 中算法对应的灰度直方图可以看出，本章设计的基于突变机制的粒子群优化算法进行图像非线性增强，较一般的标准粒子群优化增强算法而言，灰度分布更加均匀宽广，对比度明显，视觉效果更好。

(a) 一般粒子群优化增强图

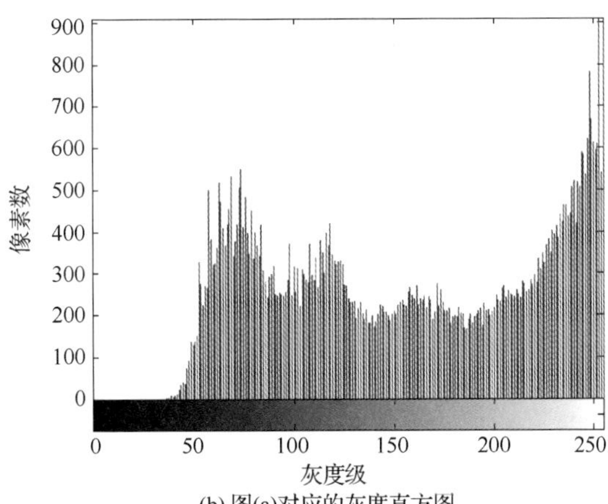

(b) 图(a)对应的灰度直方图

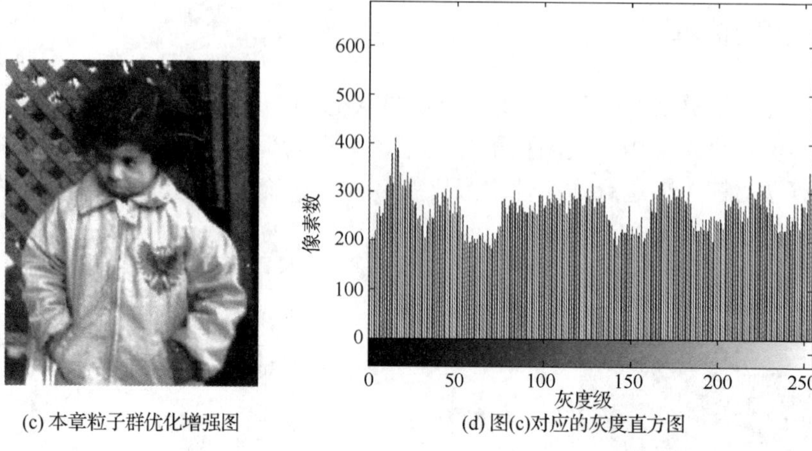

(c) 本章粒子群优化增强图　　(d) 图(c)对应的灰度直方图

图 6.3　两种优化增强结果及其灰度直方图

6.3　本 章 小 结

本章提出了一种将突变机制引入常规粒子群优化算法的改进型粒子群优化算法，扩大了寻找的空间，更有利于找到全局最优解。利用本章的优化算法对图像进行了增强实验仿真，进而得到图像非线性增强 Beta 函数的最优变换参数。通过仿真实验表明，该算法较使用标准粒子群优化算法的增强处理，在提高算法的搜索效率、收敛精度以及图像增强效果等方面有显著效果。

第 7 章　基于亮度小波变换和颜色改善的图像增强算法

7.1　概　　述

雾和霾是常见的一种重要的自然天气现象，雾和霾的存在使大气能见度降低，使光学器材采集的图像会由于大气散射的作用发生降质变得模糊不清，图像颜色呈现灰白色，对比度降低，重要的目标物特征被埋没在雾霾中难以辨认，图像视觉效果变差，同时影响图像后期的处理，给监测、监控、自动导航、目标跟踪等方面带来很大的困难[148]。所以，为有效提高图像的利用率，研究如何有效去除雾霾的影响，成为提高图像数据利用率的必要途径。

小波分析具有多分辨率和局部分析的特性，由于图像中薄雾的频谱相对集中于低频区域，而目标影像景物信息则相对集中于高频区[149]，因此可以通过增大图像的高频细节系数，减小低频近似系数，达到去除云雾的目的。

针对薄雾影响的彩色图像和小波分析的上述特点，本章首先对图像的亮度分量进行适当层数的小波变换，低频域将反锐化掩模算法应用于大气散射简化模型以增强图像对比度效果，高频域细节部分采用双阈值算法的非线性补偿函数进行对比度增强，提高细节清晰度，再将处理后的各部分进行小波反变换和色调、饱和度、亮度(hue，saturation，intensity，HSI)反变换重构出初级去雾图像；由于此时处理后的图像颜色退化现象并未得到处理，需要进一步结合 SSR 算法、颜色恢复等算法改善亮度和色度[150]。

本章的组织结构如下：7.2 节给出基于亮度小波变换和颜色改善的图像去雾增强方法，其中包括 7.2.1 节介绍了小波变换图像增强方法，7.2.2 节给出了图像颜色改善方法，7.2.3 节给出了完整算法的流程，7.2.4 节是本算法的仿真实验部分，对本章提出的基于亮度小波变换和颜色改善的图像去雾增强方法与同类算法相比较；7.3 节对本章进行总结。

7.2　基于亮度小波变换和颜色改善的图像去雾增强方法

7.2.1　小波变换图像增强方法

由于 RGB 彩色空间中 R、G、B 三分量存在相关性，如果用小波变换分别对三分量进行分解，这样得到的重构图像其色彩失真较严重，且计算量加大。采用在 HSI 空间上只对亮度分量进行小波分解和重构，这样使融合图像保持了原图像的色调和饱和度，计算量也小。为了去除图片上的薄雾低频信息，就要减小小波变换后的低频近似系数，而提高高频细节系数，突出景物信息。

1. 低频域反锐化掩蔽增强

大气对成像光线的散射造成了薄雾影响的退化彩色图像模糊，边缘和细节不明。这种散射作用可以简化成式(7.1)点扩散函数表示的大气散射作用简化模型：

$$h(x,y)=k\exp\left(-\frac{x^2+y^2}{c^2}\right) \tag{7.1}$$

式(7.1)中，k 值由式(7.2)决定：

$$\iint h(x,y)\mathrm{d}x\mathrm{d}y=1 \tag{7.2}$$

式(7.1)中，c 值越大，表明可见光被散射次数越多。可以将式(7.1)应用于反锐化掩蔽算法，用来增强边缘和细节，提高分辨率。此算法可以用数学公式表示为

$$f_s(x,y)=f(x,y)-f(x,y)*h(x,y) \tag{7.3}$$

式中，$f_i(x,y)$ 是处理结果图像；$f(x,y)$ 是原图像；$h(x,y)$ 是使图像变模糊的等效滤波器，即上述点扩散函数。$f(x,y)$ 与 $h(x,y)$ 的卷积使原图像变模糊，再用原图像 $f(x,y)$ 减去这个模糊后的结果就可以得到图像中的高频数据，实际上这是高通滤波，能够提高图像的分辨率，为后面的颜色处理提供更清晰的图像[151]。

2. 高频域系数非线性补偿

经过小波变换后，细节信息在小波域中对应的系数绝对值较大，图像高频区域清晰度会降低，需要对图像的高频部分进行适当的补偿，因此采用非线性函数提升高频细节分量上的对比度。它的设计应满足以下要求：

①对比度低的成分必须得到更高的增强；

②尖锐的边缘不应被模糊化；

③单调性，保持局部极值的位置，避免产生新的极值；

④反对称性，即 $T(-x)=-T(x)$，保护相位极性，不会带来“粘连”“振铃”等现象。

由于双阈值增强算法能够在提升高频系数的同时有效抑制噪声，故采用该算法进行非线性补偿，其变换函数如下：

$$W_{\text{out}}=\begin{cases} W_{\text{in}}+T_2\cdot(G-1)-T_1\cdot G, & W_{\text{in}}>T_2 \\ G\cdot(W_{\text{in}}-T_1), & T_1<W_{\text{in}}\leqslant T_2 \\ 0, & -T_1\leqslant W_{\text{in}}\leqslant T_1 \\ G\cdot(W_{\text{in}}+T_1), & -T_2\leqslant W_{\text{in}}<-T \\ W_{\text{in}}-T_2\cdot(G-1)+T_1\cdot G, & W_{\text{in}}<-T \end{cases} \tag{7.4}$$

其中，T_1 和 T_2 为阈值门限，且 $T_1 < T_2$，T_1 取 $\sigma\sqrt{2\log n} / \sqrt{n}$，$G$ 为增益，W_{in} 和 W_{out} 为变换前后的小波系数。在实验中，T_2 和 G 的值采用人机交互的方式进行选取。参数参考如下：T_2=3.5，$G=8$，$-T_1$ 与 T_1 间的小波系数设为 0，可抑制噪声，而其他区间的小波系数采用相应的变换函数，以增强图像细节。

7.2.2　图像颜色改善方法

1. SSR 亮度调整

由于小波增强对光照不均匀或不足的图像，处理效果不太理想，因此，在利用小波变换增强图像细节的同时必须对图像进行亮度调整。Retinex[152,153]理论认为人眼对物体色彩的感知，在外界照度条件变化的情况下，仍能保持相对不变，表现出很强的色彩恒常性。Retinex 算法包括有：单尺度 Retinex 算法(SSR)、多尺度 Retinex 算法(MSR)、Frankle-McCann Retinex(FMR)算法等。本章算法将彩色图像分解为 R、G、B 三幅处理，分别采用 SSR 算法对图像进行处理，对灰度图像具有很好的动态范围压缩性能且细节得到增强，对于光照不均匀或不足的图像具有较好的亮度改善。具体的处理方法如下：

$$R_i(x,y) = \log I_i(x,y) - \log[H(x,y) * I_i(x,y)] \tag{7.5}$$

其中，$R_i(x,y)$ 为 Retinex 第 i 个分量的输出(i 分别代表 R、G、B 3 个光谱带)；$I_i(x,y)$ 为输入图像的亮度；*表示卷积运算；$H(x,y)$ 为中心/环绕函数，本算法中选用与式(7.1)相同的大气散射作用简化模型。

每个 R、G、B 颜色分量都经过 SSR 处理后，再乘以权重参数($\omega_i = 1/3$)进行加权。输出图像显示出来之前，要将 $R(x,y)$ 进行拉伸，这里采用自动拉伸处理，可以保证图像信息的最大化[154]，其形式如下：

$$R_{\text{out}}(x,y) = 255 \cdot \frac{R(x,y) - \min(R,G,B)}{\max(R,G,B) - \min(R,G,B)} \tag{7.6}$$

2. 颜色恢复

经过 SSR 和拉伸之后，还需要对每个颜色分量乘以一个颜色恢复因子就能实现颜色恢复，这个因子为

$$C_i(x,y) = f\left(\frac{bI_i(x,y)}{\sum_{i=1}^{3} I_i(x,y)}\right) \tag{7.7}$$

其中，$C_i(x,y)$ 为第 i 个分量的颜色恢复因子；$I_i(x,y)$ 为输入图像第 i 个分量的亮度；b 为增益因子；f 为单调递增的变换函数，一般为一个正比例函数或一个 log 函数，本章算法使用 log 函数。

最后的截断拉伸主要是截取某个灰度范围的值进行拉伸。

7.2.3 算法流程

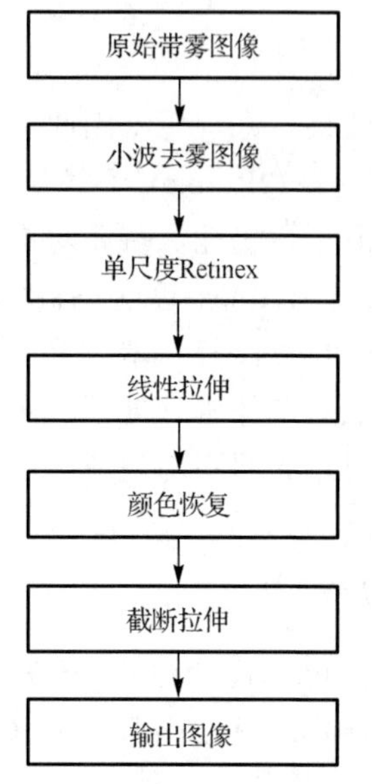

图 7.1　去雾图像颜色处理流程图

综上所述，经过小波变换域去雾处理和图像颜色处理的流程图如图 7.1 所示。其中小波变换域内的去雾处理流程如图 7.2 所示。所有步骤如下：

①先将图像亮度分量进行小波变换；

②然后对该分量图像的低频部分利用大气散射简化模型进行反锐化掩蔽高通滤波；

③亮度分量图像的高频部分采用非线性变换提升；

④将处理过的低频、高频部分进行小波反变换重构出新的亮度图像；

⑤利用 HSI 反变换出初级去雾图像；

⑥采用单尺度 Retinex(SSR)算法、颜色恢复等方法改善初级去雾图像亮度，增强其颜色表现，得到最终的去雾增强图像。

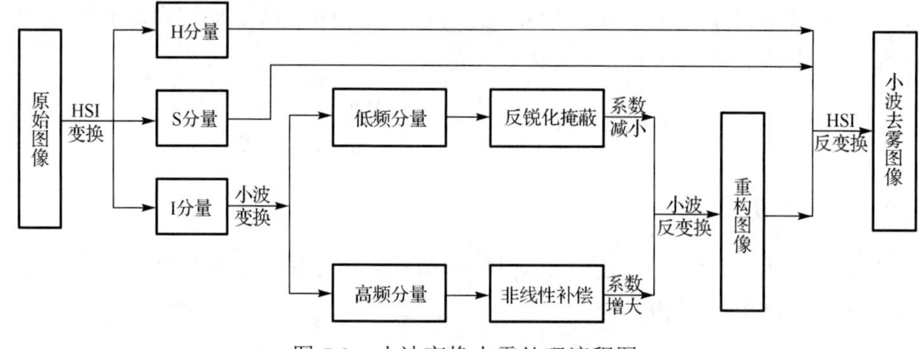

图 7.2　小波变换去雾处理流程图

7.2.4 实验仿真

为了验证本章所提出算法的有效性，采用 MATLAB 7.0 对摄取的带有薄雾的

24 位 RGB 彩色图像进行仿真实验，并与一般仅基于小波变换的去雾算法效果进行比较。处理前后的图像如图 7.3 和图 7.4 所示，实验参数选择为：db3 小波分解层数 $n=4$，权重相等（$\omega_i=1/3$）。从图 7.3 和图 7.4 可以发现，本章算法的处理结果中去除了更多的云雾信息，减少了大气的退化作用，同时图像的亮度、颜色段对比度都得到复原和增强，颜色表现更加丰富，获得了更好的视觉效果，虽然耗时较长，但处理效果明显优于一般去雾算法。

(a) 原图像

(b) 一般算法

(c) 本章算法

图 7.3　半山腰户外图像去除薄雾效果图（见彩图）

(a) 原图像

(b) 一般算法

(c) 本章算法

图 7.4　港口货船图像去除薄雾效果图(见彩图)

7.3　本 章 小 结

薄雾对图像的影响主要在于图像对比度以及颜色信息的退化，为提高退化图像的对比度，本章应用小波变换域对图像亮度分量低频信息即含雾部分采用反锐化掩蔽加以抑制，通过非线性变换适当增强高频景物信息来获得初级去雾图像；接着对图像应用基于色彩恒常性的 SSR 算法、拉伸、颜色恢复等一系列处理改善图像亮度，获得更好的颜色表现。通过实验仿真、比较得出本章提出的算法具有更好的视觉效果，但由于本算法考虑较为全面，故影响了处理速度，下一步将开展提高该算法处理速度的研究。

第 8 章　基于小波变换方向区域特征的图像融合算法

8.1　概　　述

图像融合作为数据融合技术的一个重要分支，是在采集多源信息的基础上，对得到的多幅图像根据某个算法进行综合处理，以得到一幅新的、满足某种需求的图像。目前，小波域融合算法主要包括两种形式：基于加权平均和基于小波系数相关性(局域窗口内的统计特征，如方差、梯度、能量等)的图像融合方法。加权平均法简单直观，适合实时处理，但只是将待融合系数进行孤立的加权处理，忽略了相邻小波系数间的区域相关性，导致融合精度降低；系数相关性法，通过计算待融合系数的区域相关系数，自适应地确定融合系数，但不足在于参与融合的系数为待融合系数的八邻域系数，忽略了各个高频子带的系数分布呈现出的方向特征。因此，在计算待融合系数的相关系数时，可以选择沿着不同方向对八邻域系数进行加权，充分利用小波变换对纹理方向的捕获能力而提高融合精度。

根据小波变换域低频子带空间频率和高频子带方向特性，本章提出了一种新的基于小波变换的图像融合算法。利用 3 层离散 2D 小波变换将图像分解成不同尺度的低频和高频部分(水平、竖直和对角线分量)，低频子带采用基于循环移位子块空间频率相关系数确定像素点融合规则；对于各高频子带，根据其所在子带的方向特征，采用基于方向特性的区域能量及梯度的归一化相关系数差确定高频系数。实验结果及评价参数表明，这种算法有效且优于其他的图像融合方法。

本章的组织结构如下：8.2 节介绍基于小波变换方法进行图像融合的基本原理及其缺陷，包括 8.2.1 节普通的低频空间频率融合缺陷，8.2.2 节单一的高频能量或梯度融合缺陷；8.3 节给出基于小波变换方向区域能量的图像融合算法，其中包括 8.3.1 节介绍低频融合规则，8.3.2 节给出高频融合规则，8.3.3 节是算法的实验仿真部分，对本章提出的基于小波变换方向区域能量的图像融合算法与同类算法相比较；8.4 节对本章进行总结。

8.2　小波变换图像融合缺陷

一幅二维图像经过一次离散正交小波变换后，图像被分解为 1 幅低频近似子图和 3 幅高频细节子图，如图 8.1 所示。分别对两幅配准后的相应小波域子图进行一定规则的融合处理，得到融合之后的高质量图像。经常使用的融合规则包括以下两种：一种是基于像素的融合规则，这种融合的方式是把每个像素点看成孤立的点来处理，在子图像中可以取整幅图像所有像素值的最大值、中值或均值(变换系数)等作为融合子图像对应像素点的像素值。但是由于图像中的有用特征往往大于一个像素，所以，这种方法有一定的局限性。另外一种是基于窗口的融合规则，这是一种更能反映图像特征的融合方式。它在以每个像素点为中心的一个窗口区域中考虑图像的特征，如计算出该窗口区域的方差、能量等值，然后按照均值、中值或最大值等规则替换当前像素点的像素值，从而得到融合变换系数。这种规则考虑到相邻像素之间的相关性。但是当选择的窗口区域中包含边界时，这种融合规则会出现不准确性。

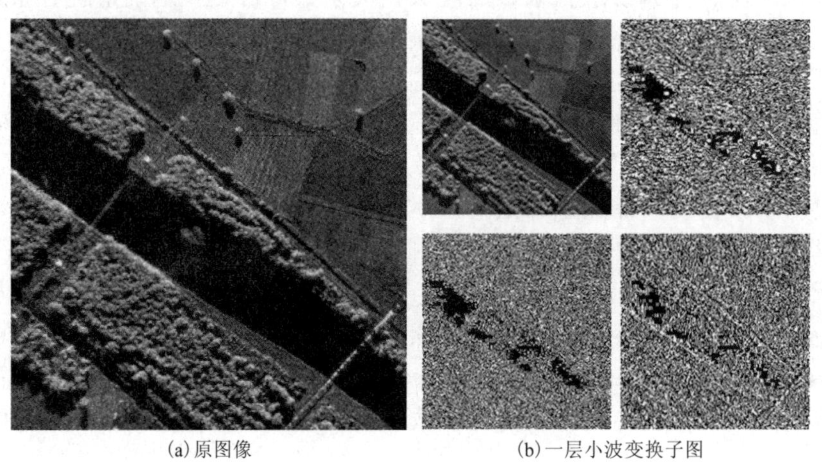

(a) 原图像　　(b) 一层小波变换子图

图 8.1　合成孔径雷达图像的一层小波分解

8.2.1　普通的低频空间频率融合缺陷

图像经过小波变换后的低频子带包含了图像的大部分信息，集中了图像的大部分能量，反映原图像的近似和平均特性，许多基于小波变换的图像融合算法针对低频系数融合时，只简单地采用加权平均法或系数选大或选小法。虽然这种方法简单且计算量小，但一般会降低图像的对比度，从而使目标变得不清晰。另外，也有通过对应子图像块之间的空间频率相关系数来确定融合图像的加权系数。

空间频率是描述二维图像平面上图像亮度或彩色变化快慢的量，反映了图像空间的总体活跃程度，空间频率(spatial frequency，SF)定义为

$$\mathrm{SF}=\sqrt{(\mathrm{RF})^2+(\mathrm{CF})^2} \tag{8.1}$$

式中，RF 和 CF 分别表示行频率和列频率：

$$\begin{aligned}\mathrm{RF}&=\sqrt{\frac{1}{MN}\sum_{i=1}^{M}\sum_{j=2}^{N}[A(i,j)-A(i,j-1)]^2}\\ \mathrm{CF}&=\sqrt{\frac{1}{MN}\sum_{i=1}^{N}\sum_{j=2}^{M}[A(i,j)-A(i-1,j)]^2}\end{aligned} \tag{8.2}$$

图像的相关系数是描述图像相关程度的统计量，反映了两幅图像所含信息量的重叠程度。图像 A 和图像 B 空间频率之间的相关系数 r_{SAB} 定义为

$$r_{\mathrm{SAB}}=\frac{\sum_{i=1}^{m}\sum_{j=1}^{n}\left[(\mathrm{SF}_{A_{ij}}-e_A)(\mathrm{SF}_{B_{ij}}-e_B)\right]}{\sqrt{\left[\sum_{i=1}^{m}\sum_{j=1}^{n}(\mathrm{SF}_{A_{ij}}-e_A)^2\right]\left[\sum_{i=1}^{m}\sum_{j=1}^{n}(\mathrm{SF}_{B_{ij}}-e_B)^2\right]}} \tag{8.3}$$

式中，$\mathrm{SF}_{A_{ij}}$ 和 $\mathrm{SF}_{B_{ij}}$ 分别为图像 A 和 B 对应的空间频率；e_A 和 e_B 分别为图像 A 和 B 对应的空间频率的均值；m 和 n 分别为图像的行、列值。

一般方法中，将低频分量顺序分解成大小为 $M\times N$ (如 3×3) 的子图像块，分别记为 A_{lk} 和 B_{lk}，然后分别计算 A_{lk} 和 B_{lk} 的空间频率 SF_A、SF_B 以及对应子块空间频率之间的相关系数 r_{SAB}，则低频域的融合函数为

$$C_{lk}=\omega A_{lk}+(1-\omega)B_{lk} \tag{8.4}$$

式中，ω 为权重因子，取值为

$$\omega=\begin{cases}0.5, & r_{\mathrm{SAB}}\geqslant 0.5\\ 1, & r_{\mathrm{SAB}}<0.5\text{且}\mathrm{SF}_A\geqslant\mathrm{SF}_B\\ 0, & r_{\mathrm{SAB}}<0.5\text{且}\mathrm{SF}_A<\mathrm{SF}_B\end{cases} \tag{8.5}$$

C_{lk} 为融合后的低频小波子块系数；A_{lk} 和 B_{lk} 分别为待融合的图像 A 和图像 B 对应子块的低频小波系数。

这种方法将低频分量顺序分割成多个子块，然后对每个子块进行整体融合操作，对子块中的每个小波系数而言，只是计算其所属子块内的行列频率，没有考虑到相邻子块相邻系数对空间频率的影响。

8.2.2　单一的高频能量或梯度融合缺陷

局部能量是一个反映图像信号变化的绝对强度的特征量，信号变化强度大的点反映了图像的显著特征[155]。定义在图像 A 中以 (x,y) 为中心，在尺度 j 下的方向 i 上的大小为 $M\times N$ 的高频系数矩阵 $\boldsymbol{D}_i^j(a)$，$D_i^j(x,y)$ 为矩阵 $\boldsymbol{D}_i^j(a)$ 在 (x,y) 处的值。因此，尺度 j 下，以点 (x,y) 为中心的区域局部能量为

$$E_j(a)=\sum_{x=1}^{M}\sum_{y=1}^{N}(D_i^j(x,y))^2 \tag{8.6}$$

局部能量能很好地衡量出高频信息的丰富程度，但却没有反映出高频信息的变化程度，所以在一定程度上会引入大量的模糊区域的高频信息，这样会对融合的结果造成影响，会产生重影现象。另外，单以能量作为决策准则，会忽略图像高频信息的变化程度，在与低频进行融合时，反而会减小图像的信息表述能力(即信息量)。

而高频分量中梯度的幅值则能很好地反映出高频信息的变化程度。梯度的定义为

$$\begin{aligned}\text{Grad}(a)&=\sum_{x=1}^{M}\sum_{y=1}^{N}\sqrt{(\varDelta_x D_j(x,y))^2+(\varDelta_y D_j(x,y))^2}\\&=\sum_{x=1}^{M}\sum_{y=1}^{N}\sqrt{(D_i^j(x+1,y)-D_i^j(x,y))^2+(D_i^j(x,y+1)-D_i^j(x,y))^2}\end{aligned} \tag{8.7}$$

在高频能量一定的情况下，梯度越高的图像也就意味着图像的清晰度越高，另外，梯度可以很好地检测出图像的边缘信息，这样可以有效地减少图像的重影。但由于梯度只反映出图像高频分量的变化程度，在没有能量保证的情况下，它很难保证图像信息的丰富程度，继而在与低频相结合时会由于缺乏足够的高频信息，很难保证图像的清晰程度。也就是说会出现图像的高频分量的梯度的幅值很大，然而高频分量却很少的情况，这在一定程度上能造成图像的不清晰，另外也能造成图像信息的缺失。下面将图 8.2 中的两幅图像依据梯度和局部能量所设定的阈值进行融合，通过融合后的熵值来衡量梯度和局部能量对图像融合效果的影响，如图 8.3 和图 8.4 所示。

图 8.3 所示为当两幅图像对应的某个区域的高频梯度差大于所设定的阈值时，采用梯度决策，否则采用能量进行决策。从图 8.3 可以看出，当阈值取为 0 时，融合规则为梯度取大规则，阈值在 0 值附近时，融合规则以梯度取大为主要融合规则。而当阈值较大时，融合图像的熵值较小且稳定，需要采用其他融合规则。图 8.4 所示为当两幅图像对应的某个区域的高频能量差大于所设定阈值时，采用能量取大规则决策，否则采用梯度取大规则进行决策。从图 8.4 中也可以直观地

看出，当阈值为 0 或较大时，其融合图像的熵值要明显小于中间阈值融合图像(即综合能量和梯度的算法)的熵值。

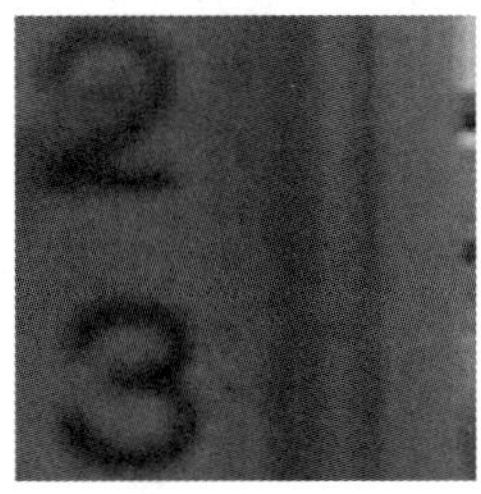

图 8.2　衡量梯度和局部能量对图像融合效果影响的实验图

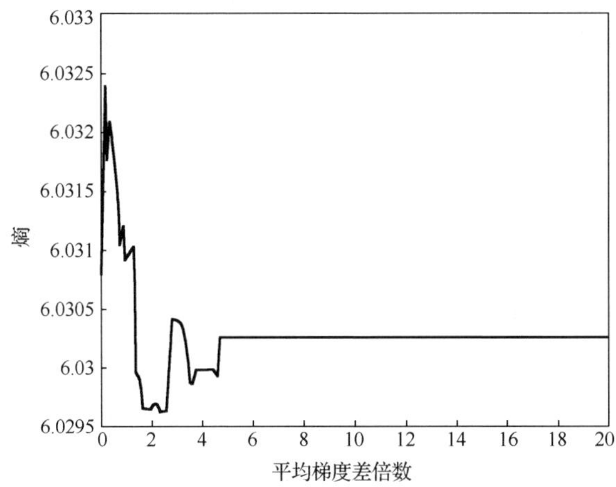

图 8.3　梯度优先算法中阈值的选取对融合结果的影响

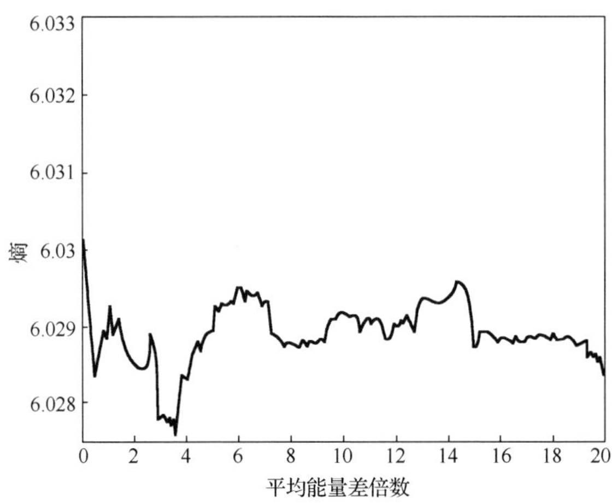

图 8.4　能量优先算法中阈值的选取对融合结果的影响

由图 8.3 和图 8.4 可以看出，单纯的能量算法和梯度算法并不能很好地保证图像信息的丰富程度，其融合效果都要明显低于综合梯度和能量的融合算法的融合结果。所以只能结合两者的特点，兼顾能量和梯度。不但要保证图像高频信息的丰富程度，还要保证图像高频信息的变化程度。在高频系数有一定变化的基础上，再保证高频信息的丰富程度，这样才能有效保证图像融合的结果有足够的信息量。

8.3　基于小波变换方向区域能量与梯度的图像融合算法

由于普通的顺序块空间频率融合以及单一的能量或梯度融合效果不够理想，本章提出一种新的基于小波系数空间频率与方向能量梯度相关性的图像融合算法，具体流程如图 8.5 所示。

(1) 对两幅图像进行配准。

(2) 对配准后的两幅图像分别进行小波变换，分离出高频信息和低频信息。

(3) 对低频近似分量子图按照循环移位子块的空间频率进行融合。

(4) 对高频细节分量子图按照方向区域能量和梯度相结合的融合规则进行融合。

(5) 对处理后的小波系数进行逆变换重构图像，即可得到融合图像。

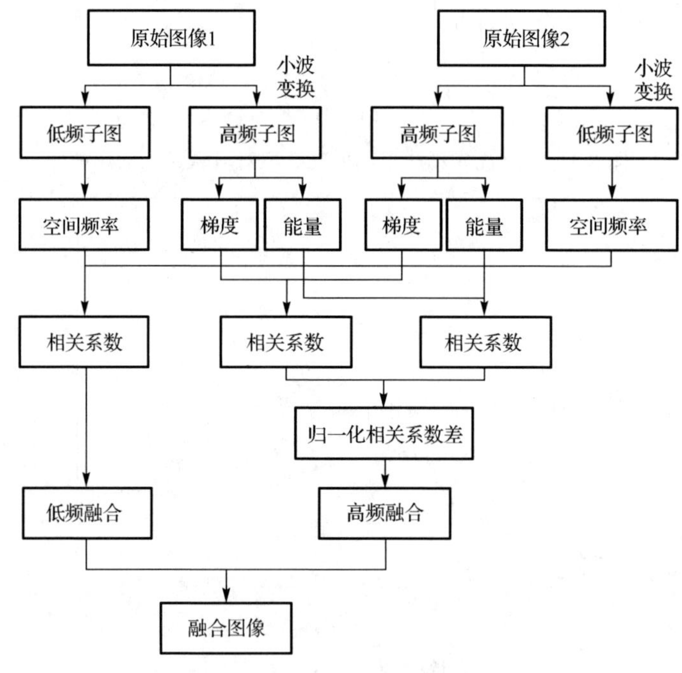

图 8.5　本章算法融合流程

8.3.1　低频融合规则

本章算法对低频分量采用按循环移位子块的空间频率进行融合的规则。

首先将其循环移位分解成大小为 $M \times N$ 的子图像块（3×3），分别记为 A_{lk} 和 B_{lk}，然后按照式(8.3)～式(8.5)分别计算 A_{lk} 和 B_{lk} 的空间频率 SF_A 和 SF_B 和对应子块 A_{lk} 和 B_{lk} 之间的相关系数 r_{SAB}。循环移位分解子块在边缘处进行补零处理，每循环移位一次，将按新图像块的空间频率相关系数自动更新得到融合后的低频系数，相比按块对低频子图进行整块融合操作，这种按块得到的单点融合处理，更细致地照顾到每点在子块中行列频率的参与贡献作用，更加真实地反映出该点的空间频率。

设 ω 为加权因子，低频域的融合函数为

$$C_{lk} = \omega A_{lk} + (1-\omega) B_{lk} \tag{8.8}$$

式中

$$\omega = \begin{cases} 0.5, & r_{\mathrm{SAB}} \geqslant 0.5 \\ 1 - \dfrac{1}{2} r_{\mathrm{SAB}}, & r_{\mathrm{SAB}} < 0.5 \text{且} \mathrm{SF}_A > \mathrm{SF}_B \\ \dfrac{1}{2} r_{\mathrm{SAB}}, & r_{\mathrm{SAB}} < 0.5 \text{且} \mathrm{SF}_A \leqslant \mathrm{SF}_B \end{cases}$$

上面的算法中，局部区域间空间频率的匹配度小于阈值 0.5 时，说明这一特征域在该区域上的空间频率差别较大，算法选择频率大的小波系数作为融合后这一特征域上的小波系数。反之，说明这一特征域在该区域上的空间频率相近或差别不大，采用加权平均融合算子来确定这一特征域在该区域上的中心像素的小波系数。

8.3.2　高频融合规则

本章算法选择方向区域能量和梯度作为高频图像的融合依据[156]。具体做法如下。

(1) 计算子带小波系数在 2^{-j} 分辨率下以 (x,y) 为中心点的 3×3 窗口区域三个方向上的能量 $\boldsymbol{E}_j^k(x,y)$：

$$\boldsymbol{E}_j^k(x,y) = \sum_{m=-1}^{1} \sum_{n=-1}^{1} \boldsymbol{W}(m+2, n+2) [\boldsymbol{D}_j^k(x+m, y+n)]^2 \tag{8.9}$$

式中，j 为小波分解尺度；$k = H, V, D$ 分别表示水平、竖直和对角方向；$\boldsymbol{D}_j^k(x,y)$ 表示原图像在分解尺度上 $k(k = H, V, D)$ 方向上 (x,y) 点的小波系数值；三方向的加权模板 $\boldsymbol{W}$ 各取为

$$\boldsymbol{W}^H=\begin{bmatrix}0&0&0\\1&2&1\\0&0&0\end{bmatrix},\quad \boldsymbol{W}^V=\begin{bmatrix}0&1&0\\0&2&0\\0&1&0\end{bmatrix},\quad \boldsymbol{W}^D=\begin{bmatrix}1&0&1\\0&2&0\\1&0&1\end{bmatrix}$$

(2) 计算两幅图像对应区域内 (x,y) 点的方向能量相关系数 $r_{jE}^k(x,y)$：

$$r_{jE}^k(x,y)=\frac{2\sum_{m=-1}^{1}\sum_{n=-1}^{1}\boldsymbol{W}^k(m+2,n+2)\boldsymbol{D}_{jA}^k(x+m,y+n)\boldsymbol{D}_{jB}^k(x+m,y+n)}{\boldsymbol{E}_{jA}^k+\boldsymbol{E}_{jB}^k} \tag{8.10}$$

(3) 通过 Sobel 水平方向算子 $\boldsymbol{S}^H$ 和竖直方向算子 $\boldsymbol{S}^V$ 计算子带小波系数在 2^{-j} 分辨率下以 (x,y) 为中心点的 3×3 窗口区域的方向梯度 $\boldsymbol{G}_j^k(x,y)$：

$$\boldsymbol{G}_j^k(x,y)=\sum_{i=1}^{M}\sum_{j=1}^{N}\sqrt{(\varDelta_x\boldsymbol{D}_j(x,y))^2+(\varDelta_y\boldsymbol{D}_j(x,y))^2} \tag{8.11}$$

$$\begin{aligned}\varDelta_x\boldsymbol{D}_j(x,y)&=\boldsymbol{S}^H\cdot\boldsymbol{D}_j(x,y)\\ \varDelta_y\boldsymbol{D}_j(x,y)&=\boldsymbol{S}^V\cdot\boldsymbol{D}_j(x,y)\end{aligned} \tag{8.12}$$

$$\boldsymbol{S}^H=\begin{bmatrix}-1&-2&-1\\0&0&0\\1&2&1\end{bmatrix},\quad \boldsymbol{S}^V=\begin{bmatrix}-1&0&1\\-2&0&2\\-1&0&1\end{bmatrix}$$

(4) 计算两幅图像对应区域内 (x,y) 点的方向梯度相关系数 $r_{jG}^k(x,y)$：

$$r_{jG}^k(x,y)=\frac{2\sum_{i=1}^{M}\sum_{j=1}^{N}\sqrt{(\varDelta_x\boldsymbol{D}_{jA}(x,y))^2+(\varDelta_y\boldsymbol{D}_{jA}(x,y))^2}\sqrt{(\varDelta_x\boldsymbol{D}_{jB}(x,y))^2+(\varDelta_y\boldsymbol{D}_{jB}(x,y))^2}}{\boldsymbol{G}_{jA}^k+\boldsymbol{G}_{jB}^k} \tag{8.13}$$

(5) 将方向能量相关系数 $r_{jE}^k(x,y)$ 和方向梯度相关系数 $r_{jG}^k(x,y)$ 进行归一化处理：

$$Nr_{j1}^k(x,y)=\frac{r_{jB}^k(x,y)}{r_{jE}^k(x,y)+r_{jG}^k(x,y)} \tag{8.14}$$

$$Nr_{j2}^k(x,y)=\frac{r_{jE}^k(x,y)}{r_{jE}^k(x,y)+r_{jB}^k(x,y)} \tag{8.15}$$

(6) 计算上述归一化相关系数之差：

$$m(x,y)=Nr_{j1}^k(x,y)-Nr_{j2}^k(x,y) \tag{8.16}$$

(7) 融合规则。

①若 $|m(x,y)|\geqslant T$，采用局部能量或梯度的极大值作为融合结果：

$$\boldsymbol{D}_{jF}^{k}(x,y)=\begin{cases}\boldsymbol{D}_{jA}^{k}(x,y), & m(x,y)\geqslant T\text{且}\ \boldsymbol{E}_{jA}^{k}(x,y)\geqslant \boldsymbol{E}_{jB}^{k}(x,y)\\ & \text{或}m(x,y)<-T\text{且}\ \boldsymbol{G}_{jA}^{k}(x,y)\geqslant \boldsymbol{G}_{jB}^{k}(x,y)\\ \boldsymbol{D}_{jB}^{k}(x,y), & m(x,y)\geqslant T\text{且}\ \boldsymbol{E}_{jA}^{k}(x,y)<\boldsymbol{E}_{jB}^{k}(x,y)\\ & \text{或}m(x,y)<-T\text{且}\ \boldsymbol{G}_{jA}^{k}(x,y)<\boldsymbol{G}_{jB}^{k}(x,y)\end{cases}\tag{8.17}$$

②若 $|m(x,y)|<T$，采用局部能量或梯度的极大值或加权平均作为融合结果：

$$\boldsymbol{D}_{jF}^{k}(x,y)=\begin{cases}\boldsymbol{D}_{jA}^{k}(x,y), & \boldsymbol{G}_{jA}^{k}(x,y)\geqslant \boldsymbol{G}_{jB}^{k}(x,y)\text{且}\ \boldsymbol{E}_{jA}^{k}(x,y)\geqslant \boldsymbol{E}_{jB}^{k}(x,y)\\ \boldsymbol{D}_{jB}^{k}(x,y), & \boldsymbol{G}_{jA}^{k}(x,y)<\boldsymbol{G}_{jB}^{k}(x,y)\text{且}\ \boldsymbol{E}_{jA}^{k}(x,y)<\boldsymbol{E}_{jB}^{k}(x,y)\\ Nr_{j1}^{k}\boldsymbol{D}_{jA}^{k}(x,y)+Nr_{j2}^{k}\boldsymbol{D}_{jB}^{k}(x,y), & \text{其他}\end{cases}\tag{8.18}$$

上述规则中，$T(0<T<1)$ 是一个阈值，一般取为 0.2～0.5。

单一地选极大融合规则适用于两幅图像的局部能量或梯度相关系数比较小，即两幅图像的局部能量或梯度相差比较大时，可充分保留显著图像信号的细节特征。但是，当局部能量或梯度比较接近，即两幅图像的局部能量或梯度相关系数比较大时，这种方式容易导致选择错误，使融合图像不稳定，产生失真。加权平均方式融合规则虽然可使融合图像稳定并减少噪声，但比较保守，显著图像信号的细节特征得不到充分保留，融合图像质量不高。由此分析可知，在整个融合过程中，单独使用选择极大或加权平均规则都不合适。

上述融合规则中，当归一化局部能量或梯度相关系数之差比较大时，即局部能量相关系数或梯度相关系数呈现一大一小的极端现象时，应选取相关系数小值对应的要素作为融合主导，进而取其对应的小波系数最大值作为融合后的系数值；当归一化局部能量或梯度相关系数之差比较小时，按照两幅图像各自的局部能量和梯度分别比较，选取局部能量和梯度都大的小波系数作为融合后的系数值，或两幅图像的局部能量和梯度呈反方向趋势时，则利用归一化的局部能量或梯度相关系数对小波系数进行加权平均融合。这样既可以清晰地保留显著图像信号的细节特征，又避免了失真，减少了噪声，确保了融合图像的一致性。

8.3.3　实验仿真

为了验证本章算法的有效性，采用两组图像利用 MATLAB 编程进行了仿真实验，如图 8.6(a) 和图 8.7(a) 所示。首先对原始图像进行严格的配准和除噪等预处理，然后采用 Daubechies-4 小波对图像进行 3 层分解，再按本章算法进行融合处理，最后得到最终的融合图像。并与小波加权平均融合算法、小波模最大值的图像融合算法、本章低频仅采用传统的子块整体融合算法、本章高频仅采用局部能量融合算法和本章高频仅采用梯度融合算法进行比较。比较结果如图 8.6 和图 8.7 所示。

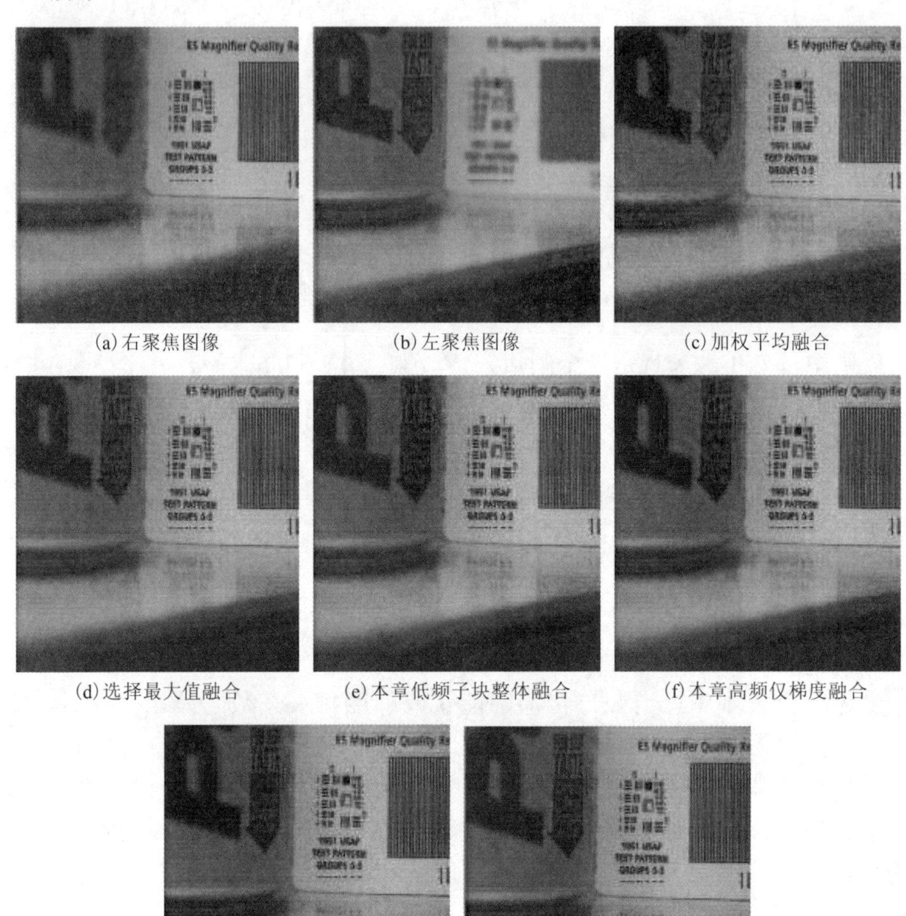

(a) 右聚焦图像　(b) 左聚焦图像　(c) 加权平均融合

(d) 选择最大值融合　(e) 本章低频子块整体融合　(f) 本章高频仅梯度融合

(g) 本章高频仅能量融合　(h) 本章算法融合

图 8.6　左右模糊化图像不同融合方法结果图 1

由图 8.6 和图 8.7 可以看出，融合后的图像目标、细节更加清楚，这是目视得到的结果。为了对本章算法与传统小波融合方法进行客观的综合评价，采用图像偏差、熵值和交叉熵三种参数来评价融合效果，如图 8.8～图 8.10 所示。

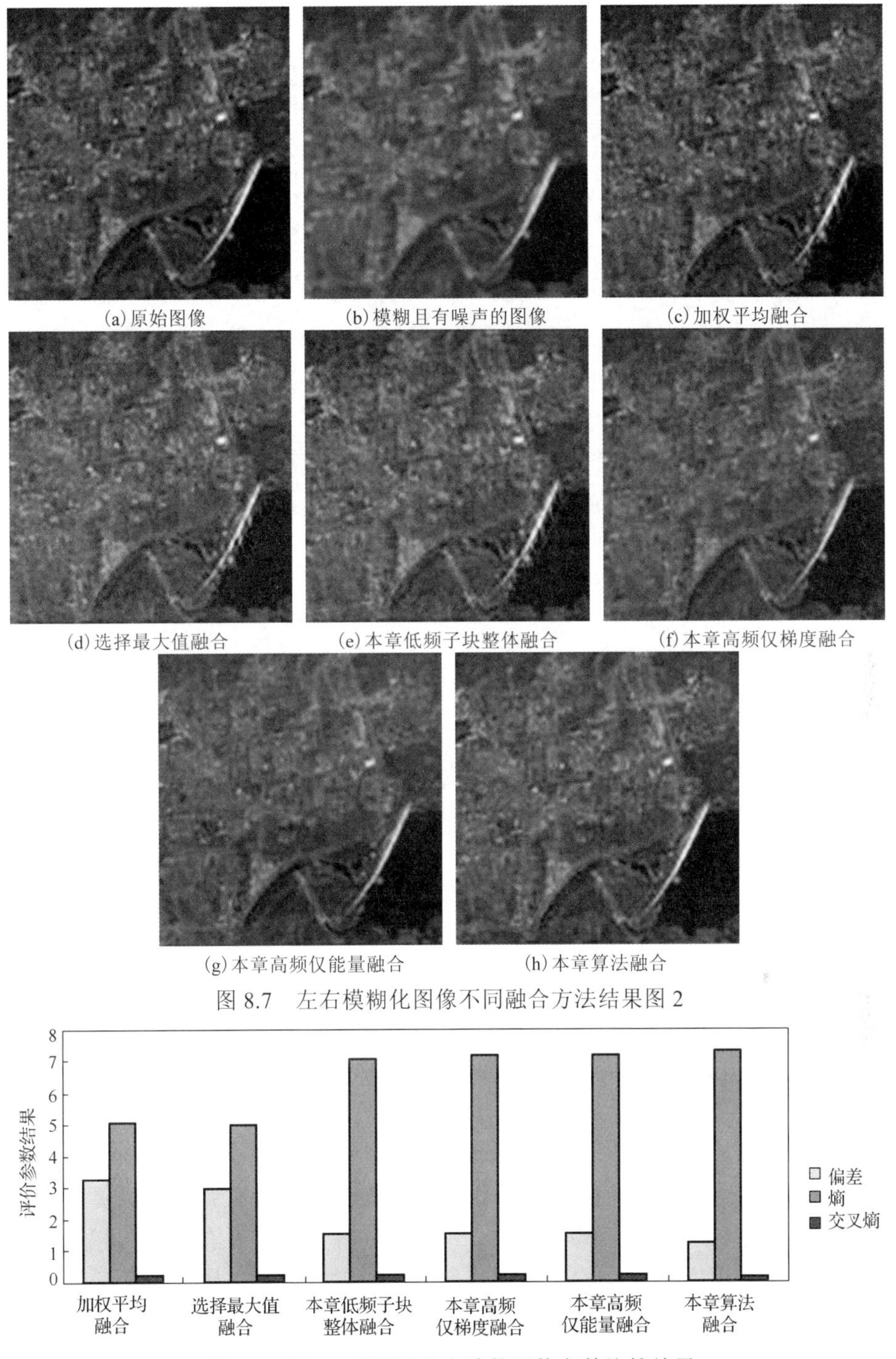

(a) 原始图像　(b) 模糊且有噪声的图像　(c) 加权平均融合

(d) 选择最大值融合　(e) 本章低频子块整体融合　(f) 本章高频仅梯度融合

(g) 本章高频仅能量融合　(h) 本章算法融合

图 8.7　左右模糊化图像不同融合方法结果图 2

图 8.8　图 8.6 不同融合方法的评价参数比较结果

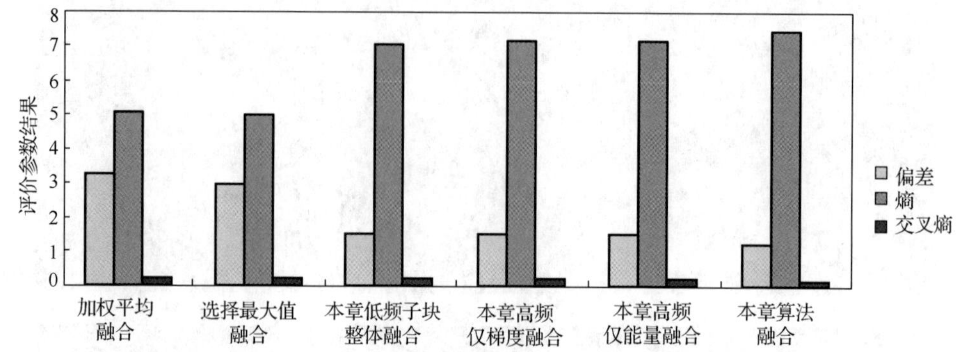

图 8.9　图 8.7 不同融合方法的评价参数比较结果

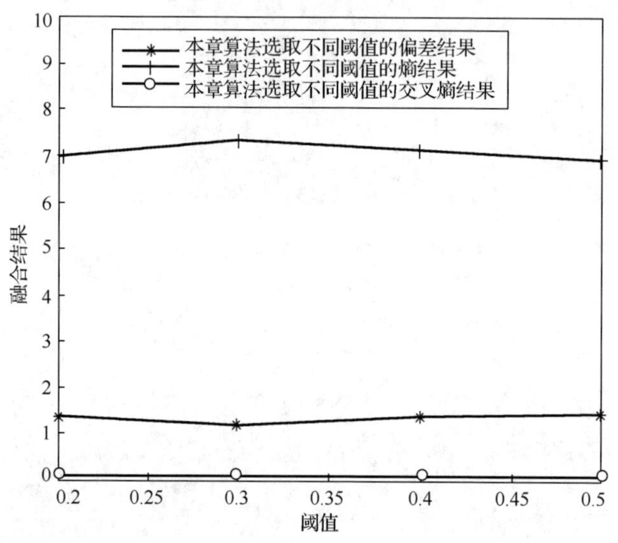

图 8.10　不同阈值的融合评价结果比较

从图 8.8～图 8.10 中的评价指标可以看出，采用本章所提出的算法融合后，图像偏差、熵值和交叉熵三种参数均较小波加权平均、小波模最大值、低频子块整体融合、高频仅采用局部能量融合、高频仅采用梯度融合的图像融合算法有较大提高，具有较好的融合效果，能够较好地保留细节部分，特别是对纹理的方向性较为明显的图像，融合效果更好。由于本章在选择融合规则和融合算子时，充分考虑了小波系数空间频率的相关性以及能量和梯度之间存在的方向相关性，参与融合的系数对于融合图像的主客观质量更为重要和准确，因而融合的效率也得到了很大的提高。

8.4 本章小结

本章介绍了基于小波变换，低频采用空间频率相关系数、高频采用区域方向能量和梯度相关系数相结合的融合策略对图像实现融合。有效利用了图像经小波分解后，低频子带的近似特性，加权因子通过图像块之间空间频率的相关系数确定，且采用循环移位块操作自动更新小波融合系数；而高频子带具有不同的方向特性，对不同方向的子带，采用不同方向的模板，通过计算区域方向能量和梯度的归一化相关系数差，自适应地选择不同的融合规则，即取模极大还是加权平均。相对于传统图像融合规则，该规则在确定高频融合系数的过程中，参与的系数更符合实际、更重要、更显著，进而提高了融合的精度，而且由于参与的相邻系数减少，降低了融合的复杂度。并与小波变换方法的其他融合策略的融合图像进行了分析比较，通过偏差、熵和交叉熵对融合结果进行了客观的评价，可以得出，基于小波变换空间频率和方向能量梯度相关系数的图像融合算法融合效果更好，具有较强的实用性。

第9章　基于刃边函数和维纳滤波的模糊图像复原算法

9.1　概　述

造成图像模糊失真的因素有很多，其中由运动部件与景物之间的相对运动引起的图像模糊称为运动模糊，其模糊参数包括运动模糊角度和运动模糊尺度的估计，根据模糊参数就可以反演出复原图像。维纳滤波是一种常用的图像复原方法，但是采用维纳滤波时，会产生边缘误差，降低了图像恢复精度，所以在运动方向上，边缘附近恢复误差较大。基于最优窗维纳滤波方法的模糊图像复原法，通过加最优窗抑制边缘误差，但图像边缘处L-形条带仍恢复不出。

本章提出了一种基于刃边函数和最优窗维纳滤波的运动模糊图像复原方法。在图像复原技术中，点扩散函数是影响图像恢复结果的关键因素。由于刃边函数对各种运动模糊适应性强，且无须知道运动模糊图像的具体降质模型，可以用来构造点扩散函数和较精确地估计降质函数。本章通过边缘检测拟合刃边函数进而得到降质函数，采用加最优窗的维纳滤波方法可有效地去除噪声和减小边缘误差[157,158]。

本章的组织结构如下：9.2节介绍点扩散函数估计方法；9.3节给出基于刃边函数和最优窗维纳滤波的运动模糊图像复原算法，其中包括9.3.1节介绍最优窗维纳滤波方法，9.3.2节给出点扩散函数的确定方法，9.3.3节给出完整算法的流程，9.3.4节是算法的实验仿真部分，对本章提出的基于刃边函数和最优窗维纳滤波的运动模糊图像复原算法与同类算法相比较；9.4节对本章进行总结。

9.2　点扩散函数估计

点扩散函数表示数字图像每个像素点在积分时间内的扩散，反映了图像的模糊特性，与图像实际运动密切相关，并且影响到图像复原的精度。可以看出，图像复原的关键在于对成像系统点扩散函数或$H(u,v)$的基本了解与正确估计。根据式(1.57)，如果知道了$H(u,v)$，即可解出$\hat{F}(u,v)$，进而解出$f(x,y)$。

在一般情况下，点扩散函数或 $H(u,v)$ 都是根据先验知识或实验测定获得的，文献[23]提出一种通过实验得到 $H(u,v)$ 的方法，即在图像成像系统可测条件下，在原始图像 $f(x,y)$ 端用点冲激函数 δ 作为输入，则在频域均匀分布常数应为 $F(u,v)=1$，这样得到的就是 $H(u,v)$。文献[159]提出了一种更具有普遍意义和实用性的点扩散函数估计方法，归纳出下列五种典型的点扩散函数，如图 9.1 所示。

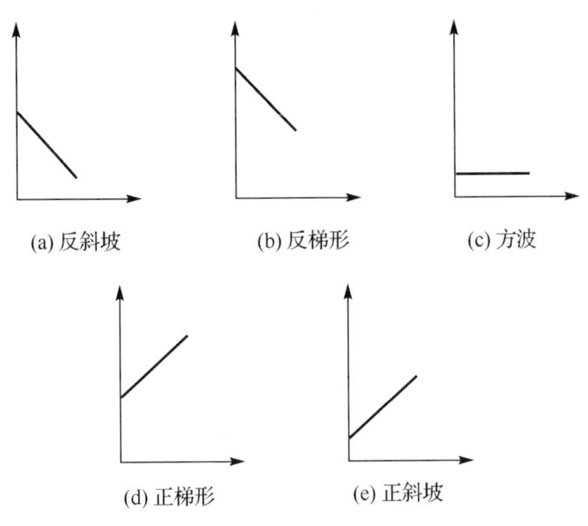

图 9.1　五种点扩散函数

在实际应用过程中，可以根据成像系统特性及运动特点确定适当的点扩散函数。要获得退化函数 $H(u,v)$ 或点扩散函数，就要知道两个未知数，即运动模糊角度 θ 和模糊尺度 L。图 9.2 展示出同一图像不同参数下的运动模糊效果图。

(a) 原始图像

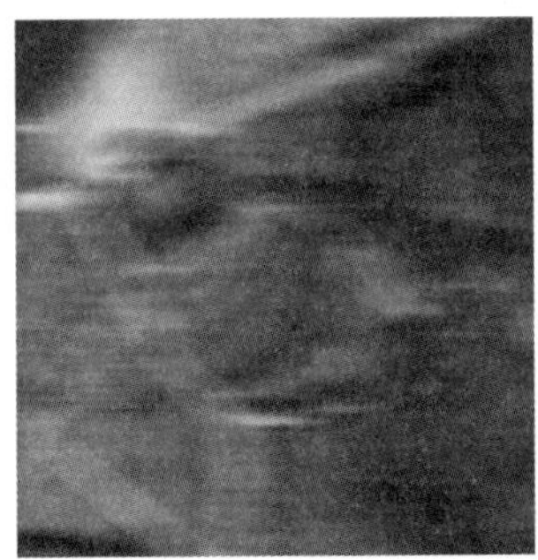

(b) 模糊图像（$L=30$，$\theta=0°$）

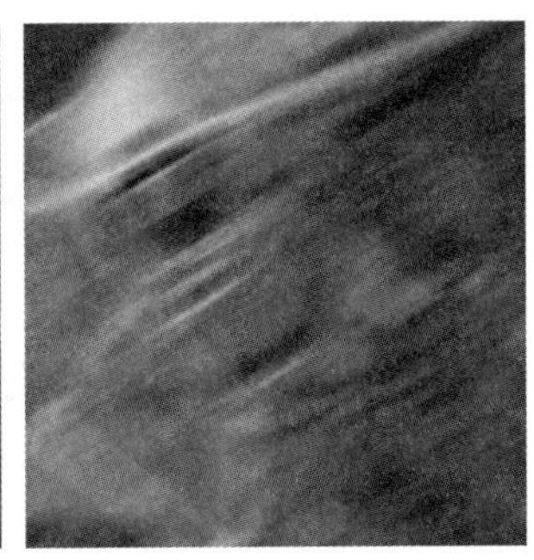

(c) 模糊图像（$L=30$，$\theta=30°$）

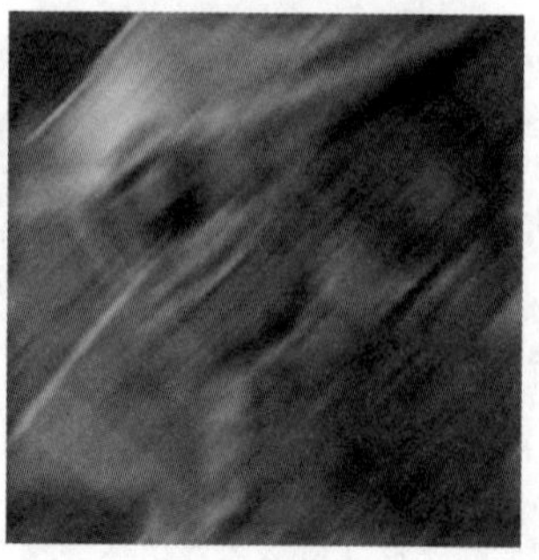

(d) 模糊图像（$L=30$，$\theta=45°$）

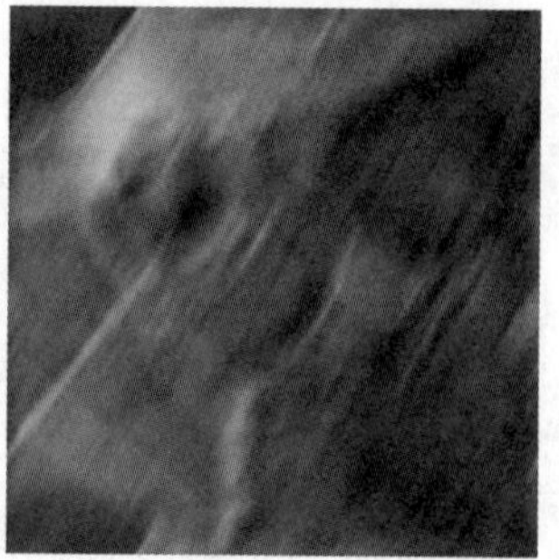

(e) 模糊图像（$L=30$，$\theta=60°$）

图 9.2　不同参数的运动模糊图像示意

由于运动模糊主要降低了运动方向的高频成分，对其他方向的高频成分影响较小，所以可以根据该频率特性进行运动模糊角度的检测。

对于简化的水平方向模糊点扩散函数进行傅里叶变换，有

$$
\begin{aligned}
H(u,v) &= \sum_{x=0}^{L-1}\sum_{y=0}^{0} h(x,y)\mathrm{e}^{-\mathrm{j}2\pi(ux/L+vy)} = \frac{1}{L}\sum_{x=0}^{L-1}\mathrm{e}^{-\mathrm{j}2\pi ux/L} \\
&= \frac{1}{L}\frac{1-\mathrm{e}^{-\mathrm{j}2\pi u}}{1-\mathrm{e}^{-\mathrm{j}2\pi/L}} = \frac{\mathrm{e}^{\mathrm{j}\pi u(1-L)/L}}{L}\frac{\sin(\pi u)}{\sin(\pi u/L)}
\end{aligned} \tag{9.1}
$$

其频谱为

$$
|H(u,v)| = \left|\frac{\sin(\pi u)}{L\sin(\pi u/L)}\right| \tag{9.2}
$$

其频谱曲线图如图 9.3 所示。

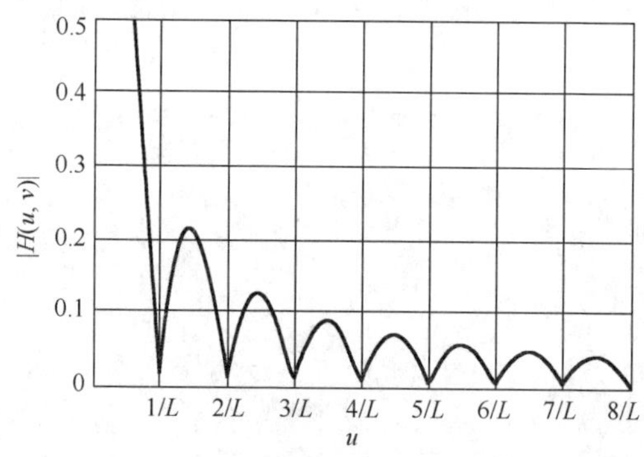

图 9.3　频谱曲线图

可以看出，在 $u=1,2,\cdots,L-1$ 时，频谱值为 0，表现在频谱平面上就是存在一

些垂直于模糊方向的暗黑色直线条纹，且条纹间距与模糊尺度 L 呈反比关系。而模糊图像的频谱为

$$\left|G(u,v)\right| = \left|F(u,v)H(u,v)\right| = \left|F(u,v)\right|\left|H(u,v)\right| \tag{9.3}$$

式(9.3)保持了模糊点扩散函数频谱的特性，频谱的方向与模糊方向垂直。

倒谱是对数倒频谱的简称，图像 $g(x,y)$ 的倒谱定义[160]如下：

$$G_g(p,q) = F^{-1}[\lg\left|G(u,v)\right|] \tag{9.4}$$

式中，$F^{-1}[\cdot]$表示傅里叶逆变换操作。为使 $G(u,v)=0$ 时函数有意义，在实际工程应用中，一幅图像的倒谱通常用下式计算：

$$G_g(p,q) = F^{-1}\{\lg[1+\left|G(u,v)\right|]\} \tag{9.5}$$

无噪声影响时，图像退化的倒谱描述为

$$G_g(p,q) = G_h(p,q)+G_f(p,q) \tag{9.6}$$

式中，各项为式(1.56)去除噪声之后对应的倒谱。可见，空域卷积在倒谱域变成了加法，因此可以比较容易地分离出模糊信息。由于倒谱中沿运动模糊方向会有亮带，所以可以通过检测亮带与水平方向之间的夹角确定运动模糊方向，而此亮带即直线的检测则可以通过 Radon 变换来进行。将倒频谱图根据检测的模糊角度旋转至水平方向，通过求取每列平均值曲线上第一个负值即可确定模糊尺度 L。

Radon 变换的作用是计算指定方向上图像的投影，如图 9.4 所示，对应于二元函数 $f(x,y)$，则是计算该函数在某一个方向上的线积分[161]：

$$R(t,\theta) = \iint g(x,y)\delta(t - x\cos\theta - y\sin\theta)\mathrm{d}x\mathrm{d}y \tag{9.7}$$

当投影方向存在长直线时，对应的 $R(t,\theta)$ 将取得最大值。利用这一性质，对退化图像的频谱图做 0°～180° 的 Radon 变换，取最大值对应的角度就是运动模糊方向。

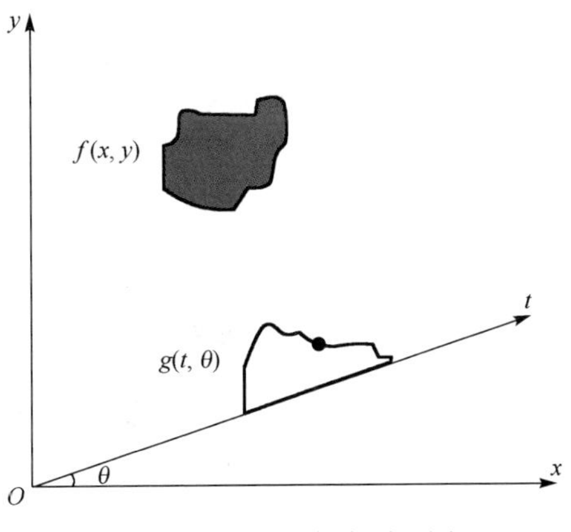

图 9.4　Radon 变换原理图

由于形成图像的系统亮度有限，常出现对比度不足的问题，人眼观看图像时视觉效果很差，通过灰度变换可以改善视觉效果。为了精确地提取出模糊系统信息，需要利用 Canny 边缘检测算子进行边缘提取，之后再进行 Radon 变换。分别采用两组不同尺度不同角度的运动模糊图像进行检测验证，对图 9.5(a)进行 $L=20$，$\theta=45^\circ$ 的运动模糊模拟，通过 Radon 变换计算出运动模糊角度为 45°，运动模糊尺度为 20 的结果如图 9.5(b)～图 9.5(g)所示。对图 9.5(a)进行 $L=40$，$\theta=30^\circ$ 的运动模糊模拟，通过 Radon 变换计算出运动模糊角度为 31°，运动模糊尺度为 40 的结果如图 9.6(b)～图 9.6(f)所示。

(a)原始图像

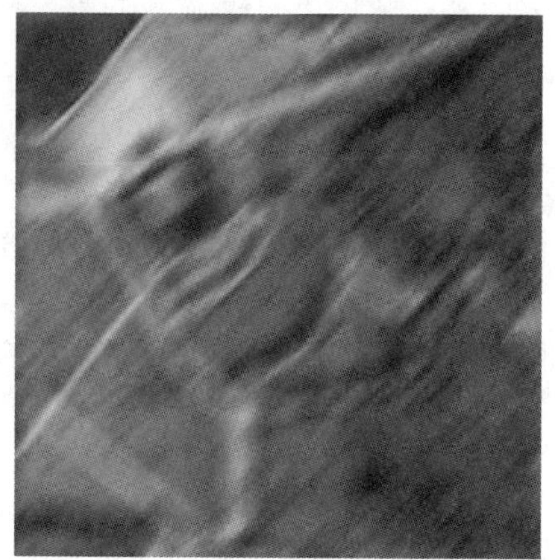

(b)模糊图像（$L=20$，$\theta=45^\circ$）

(c)模糊图像频谱

(d)模糊图像中心倒频谱

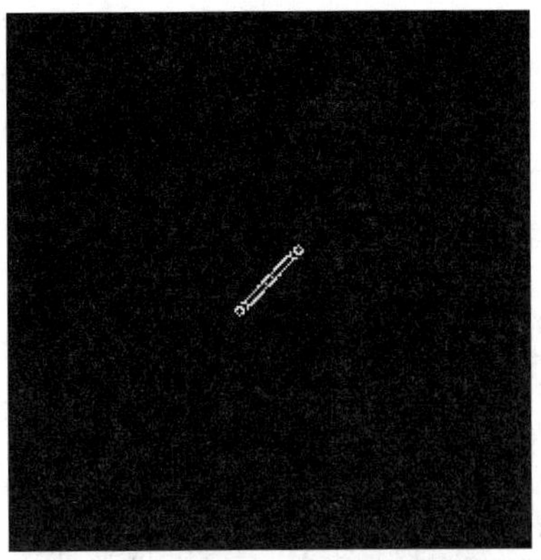

(e) 二值化倒频谱

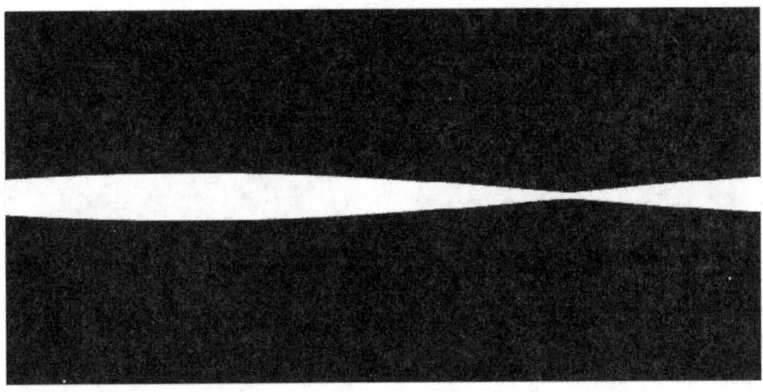

(f) Radon 变换

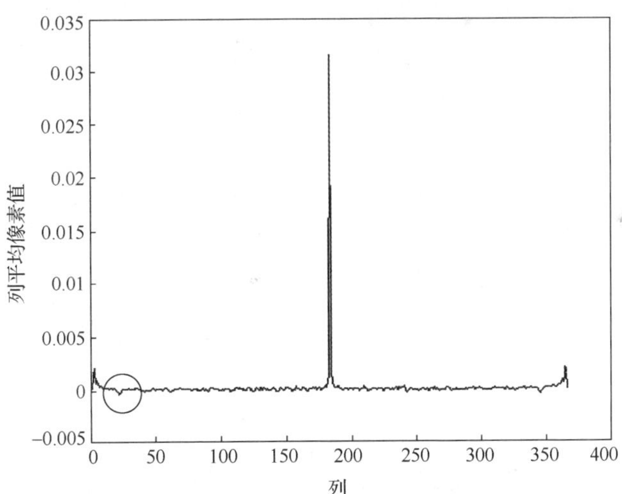

(g) 倒谱域列平均像素值

图 9.5　第 1 组运动模糊参数测试

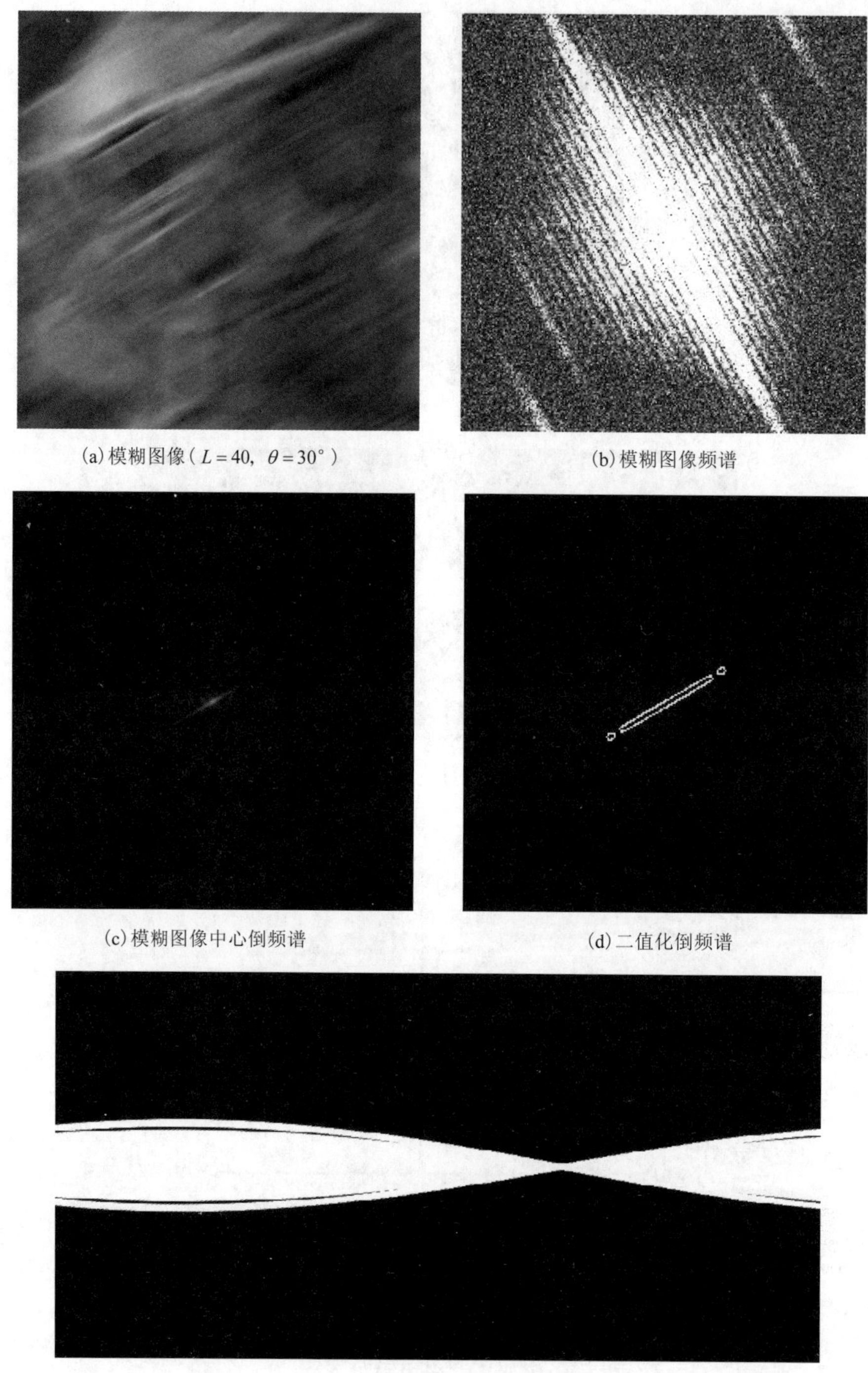

(a) 模糊图像（$L=40$，$\theta=30^{\circ}$）
(b) 模糊图像频谱
(c) 模糊图像中心倒频谱
(d) 二值化倒频谱
(e) Radon 变换

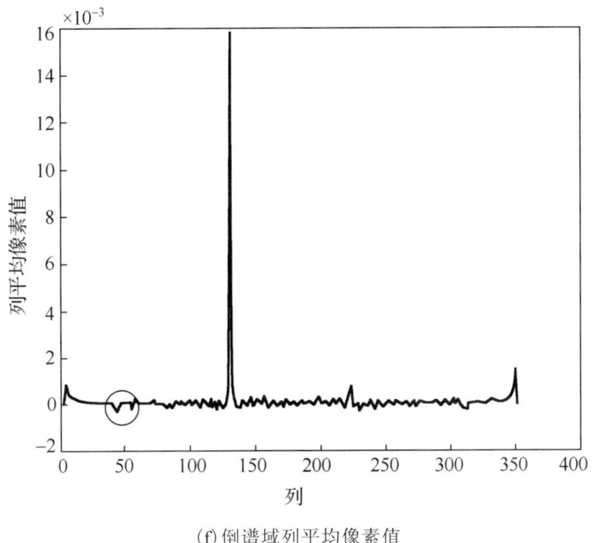

(f) 倒谱域列平均像素值

图 9.6　第 2 组运动模糊参数测试

9.3　基于刃边函数和最优窗维纳滤波的运动模糊图像复原算法

9.3.1　最优窗维纳滤波

为了抑制边缘误差，Lim 等提出了加最优窗的维纳滤波方法[162]。根据运动量分割图像，计算图像各个区域的窗口函数 $\omega(x,y)$，在计算模糊图像 $g(x,y)$ 的离散傅里叶变换时，用窗口函数 $\omega(x,y)$ 作为加权因子。经过最优窗处理，可以提高图像边缘恢复精度。实验结果表明，在图像边缘附近像素灰度值渐变条件下，可获得近乎完美的恢复效果。

最优窗图像恢复法的基本思想为

$$\hat{f}(x,y) = g(x,y) * \omega(x,y) \tag{9.8}$$

式中，窗函数 $\omega(x,y)$ 的尺寸与模糊图像 $g(x,y)$ 的尺寸一致，且窗函数边缘区域处像素值的大小由点扩散函数的值来决定。窗函数中间区域像素值全部为 1，边缘区域像素值渐渐地向 0 靠近，因此窗函数与模糊图像点乘之后也会在边缘处趋于 0。

$$\omega(x,y)=\begin{bmatrix} \sum_{m=0}^{x}\sum_{n=0}^{y}h(m,n) & \sum_{m=0}^{x}\sum_{n=0}^{P_{\mathrm{SFH}}-1}h(m,n) & \sum_{m=0}^{x}\sum_{n=y+P_{\mathrm{SFH}}-H}^{P_{\mathrm{SFH}}-1}h(m,n) \\ \sum_{m=0}^{P_{\mathrm{SFV}}-1}\sum_{n=0}^{y}h(m,n) & 1 & \sum_{m=0}^{P_{\mathrm{SFV}}-1}\sum_{n=y+P_{\mathrm{SFH}}-H}^{P_{\mathrm{SFH}}-1}h(m,n) \\ \sum_{m=x+P_{\mathrm{SFV}}-V}^{P_{\mathrm{SFV}}-1}\sum_{n=0}^{y}h(m,n) & \sum_{m=x+P_{\mathrm{SFV}}-V}^{P_{\mathrm{SFV}}-1}\sum_{n=0}^{P_{\mathrm{SFH}}-1}h(m,n) & \sum_{m=x+P_{\mathrm{SFV}}-V}^{P_{\mathrm{SFV}}-1}\sum_{n=y+P_{\mathrm{SFH}}-H}^{P_{\mathrm{SFH}}-1}h(m,n) \end{bmatrix} \tag{9.9}$$

设二维图像宽度为 H，高度为 V，P_{SFH} 和 P_{SFV} 分别表示在积分时间内图像在水平和竖直方向上的运动分量，最优窗 ω 将图像平面分成 9 个区域，如图 9.7 和图 9.8 所示。

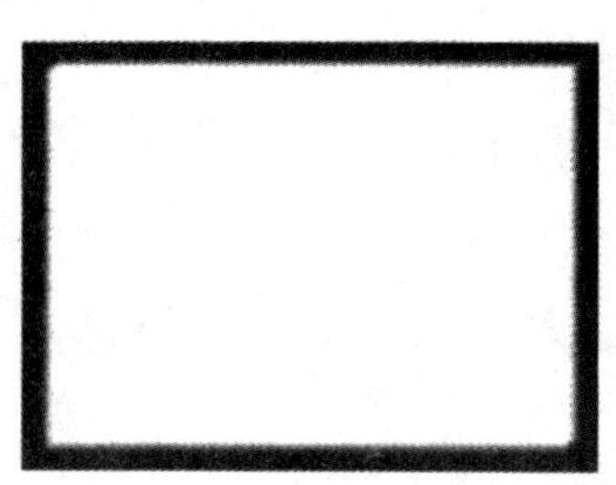

图 9.7　最优窗示意

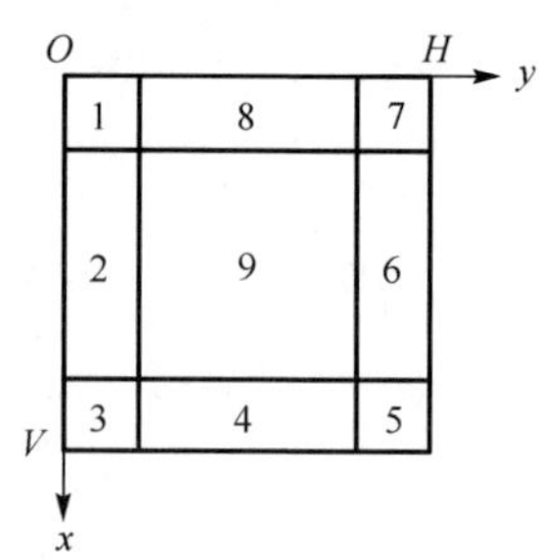

图 9.8　最优窗区域划分

其中，标号 9 区域在图像中央，ω=1。其余编号对应的横纵坐标范围和元素取值分别见表 9.1 和式(9.9)(其中，$h(m,n)$ 为点扩散函数)。

表 9.1　最优窗各区域取值范围和元素取值表

区域编号	横坐标范围(y 轴)	区域编号	纵坐标范围(x 轴)
1、2、3	$[0, P_{\mathrm{SFH}}-2]$	1、8、7	$[0, P_{\mathrm{SFV}}-2]$
4、8	$[P_{\mathrm{SFH}}-1, H-P_{\mathrm{SFH}}]$	2、6	$[P_{\mathrm{SFV}}-1, V-P_{\mathrm{SFV}}]$
5、6、7	$[H-P_{\mathrm{SFH}}+1, H-1]$	3、4、5	$[V-P_{\mathrm{SFV}}+1, V-1]$

这样，对任意方向的运动模糊图像的恢复步骤如下。

(1) 求加窗的模糊图像 $g(x,y)*\omega(x,y)$ 的傅里叶变换 $\overline{G}(u,v)$。

(2) 设置点扩散函数 $h(m,n)$，并求其傅里叶变换 $H(u,v)$。

(3) 求 $\dfrac{\overline{G}(u,v)H^{*}(u,v)}{|H(u,v)|^{2}+k}$ 的傅里叶逆变换，其中 k 取 0.0001～0.01 的值。

这种加最优窗的维纳滤波方法有效抑制了边缘误差，但也有它的缺点，即图

像右部 P_{SFH} 宽的竖条带和底部 P_{SFV} 高的横条带(L-形条带)没有恢复出来，这是图像数据的不完整性造成的。

9.3.2　点扩散函数的确定

在运动模糊图像中，很难得到点物体和线物体的清晰像，但通过边缘检测，可以较容易地得到直边物体的像，从而得到刃边函数。基于刃边函数的点扩散函数确定法就是在图像上选取具有一定反差的两块均匀亮暗区域的直线边界作为刃边，通过测定该刃边函数的模糊情况来确定成像系统的点扩散函数。该方法具有两种优点[163]：其一是无须知道运动模糊图像的具体降质模型，很容易提取出具有刃边的区域，仅需从图像的刃边函数就可构造点扩散函数；其二是对运动模糊的具体形式不敏感，对各种运动模糊的适应性更强。因此刃边法在实际应用中具有较强的实用价值。

物体轮廓线或灰度平坦区中的线条等处的像素灰度变化很大，称为图像的阶跃边缘。在阶跃边缘处，像素灰度值变化幅度即梯度在所有像素中为最大值，如图 9.9 所示。

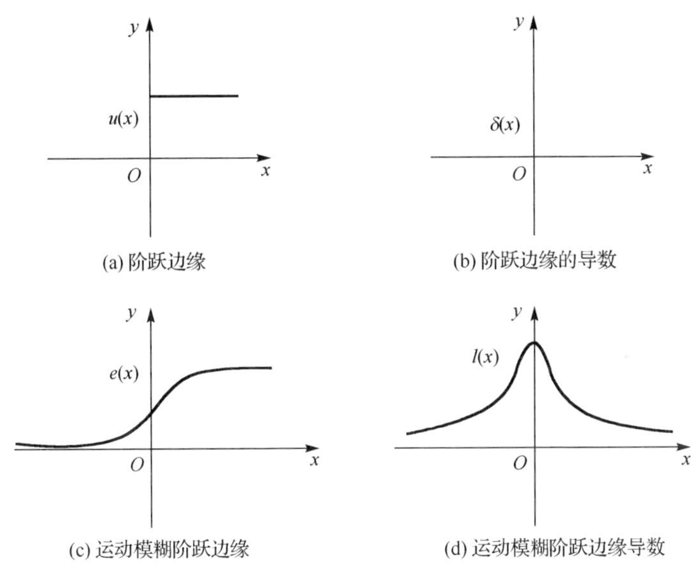

(a) 阶跃边缘　(b) 阶跃边缘的导数

(c) 运动模糊阶跃边缘　(d) 运动模糊阶跃边缘导数

图 9.9　阶跃边缘及其导数

按式(1.56)，假设明暗突变的物体边界用 $f(x,y)$ 表示，噪声为 0，则输出图像 $g(x,y)$ 为

$$g(x,y)=f(x,y)*h(x,y) \tag{9.10}$$

成像系统一般都满足点扩散函数的分离性，则 $h(x,y)$ 又可以表示为

$$h(x,y)=h(x)h(y) \tag{9.11}$$

式中，$h(x)$ 为垂直于刃边方向的一维响应函数；$h(y)$ 为沿刃边方向的一维响应函数。

若垂直于刃边方向的物体边界用一维函数 $f(x)$ 表示，即 $f(x)$ 可用阶跃函数来表示，则该方向上输出图像 $g(x)$ 为

$$g(x)=f(x)*h(x) \tag{9.12}$$

式中，$g(x)$ 称为边缘扩展函数(edge spread function，ESF)。

对上述边缘扩展函数 $g(x)$ 求微分，就可以得到系统的响应函数 $h(x)$：

$$\frac{\mathrm{d}g(x)}{\mathrm{d}x}=\frac{\mathrm{d}f(x)}{\mathrm{d}x}*h(x)=\delta(x)*h(x)=h(x) \tag{9.13}$$

该一维响应函数又称为线扩散函数(line spread function，LSF)，对线扩散函数归一化后进行傅里叶变换，就可以得到成像系统一个方向上的降质函数 $H(u)$ 或 MTF。同理可以获得另一个方向上的 MTF，从而获得系统的 2 维 MTF。对获取的 MTF 进行傅里叶逆变换，就可以得到成像系统的点扩散函数。具体步骤(示例如图 9.10 所示)如下。

(1)根据检测的模糊方向 θ 旋转模糊图像至模糊方向平行于水平方向，并选取一小块具有亮度对比的刃边区域图像。

(2)利用 Sobel 边缘检测算子和最小二乘法拟合出刃边直线。

(3)计算刃边图像中每个像素点 (i,j) 到刃边直线 $y=ax+b$ 之间的距离 d：

$$d=\frac{|a\cdot i-j+b|}{\sqrt{1+a^2}} \tag{9.14}$$

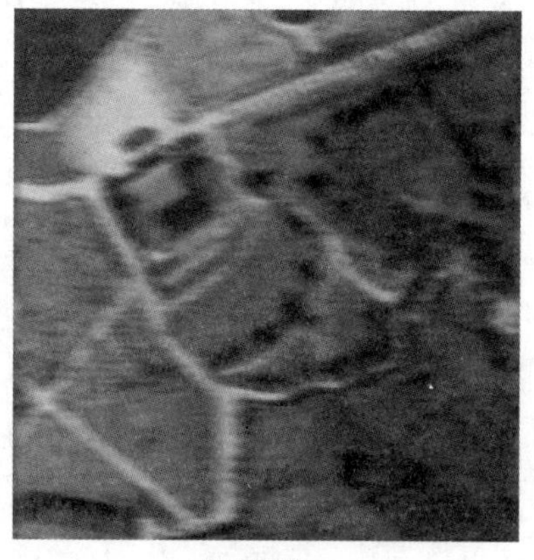

(a) 模糊图像

(b) 边缘刃边提取

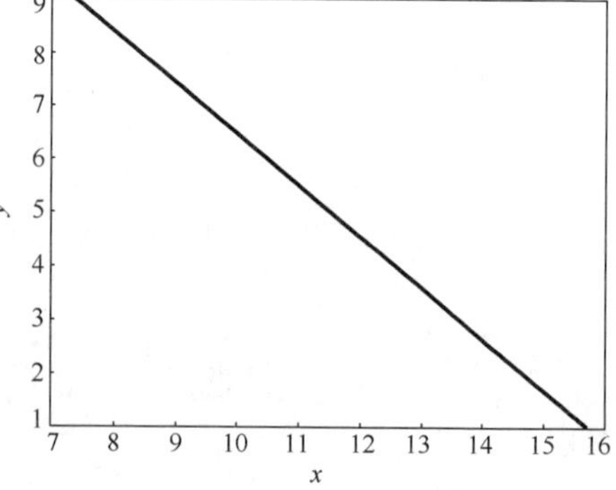

(c) 刃边直线

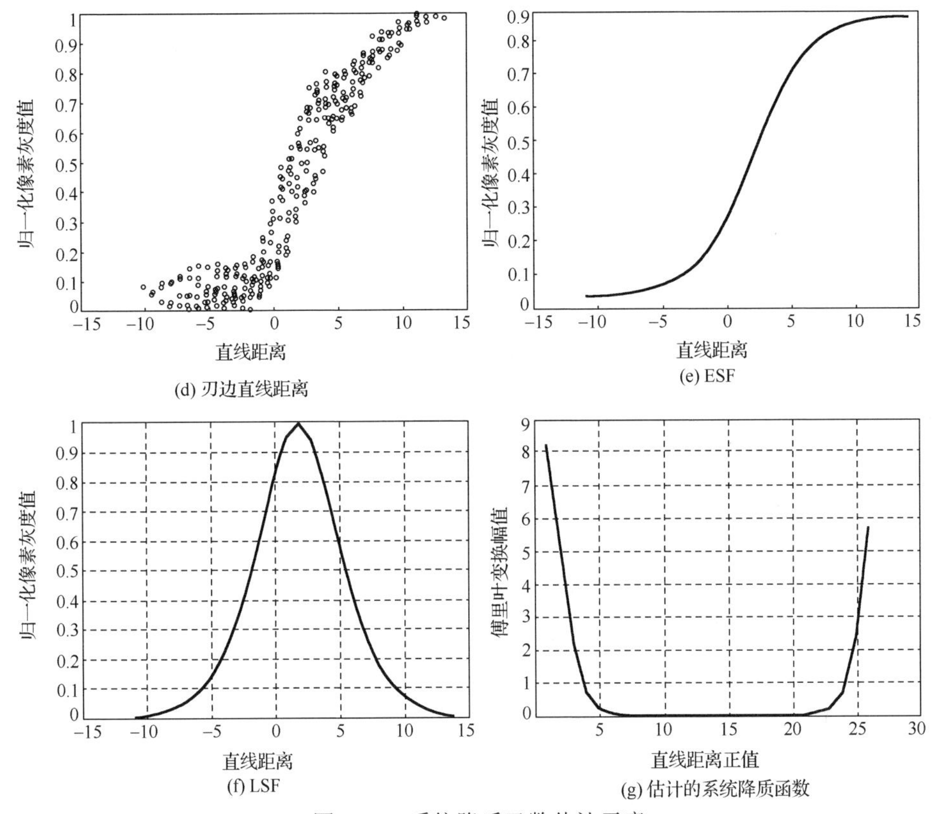

图 9.10　系统降质函数估计示意

(4) 利用 Fermi 函数拟合得到 ESF：

$$F(x)=\frac{a_i}{1+\mathrm{e}^{\frac{x-b_i}{c_i}}}+D \tag{9.15}$$

式中，a_i、b_i、c_i 和 D 都是常数。

(5) 对 ESF 求导得到模糊系统在水平方向的 LSF，即点扩散函数。

(6) 对 LSF 进行傅里叶变换得到系统降质函数。

9.3.3　算法流程

如图 9.11 所示，本章提出的算法流程如下。

(1) 计算模糊方向 θ 和长度 L，并通过分解 θ 和 L 获得水平运动模糊分量 P_{SFH} 和竖直运动模糊分量 P_{SFV}。

(2) 扩展边缘 $\left(M+\frac{P_{\mathrm{SFH}}}{2}\right)\times\left(N+\frac{P_{\mathrm{SFV}}}{2}\right)$ 得到扩展图像。

(3) 对边缘扩展图像添加最优窗。

(4) 检测刃边函数，得到系统降质函数。

(5) 使用维纳滤波得到去模糊图像，并截断边界以获得最终的复原图像。

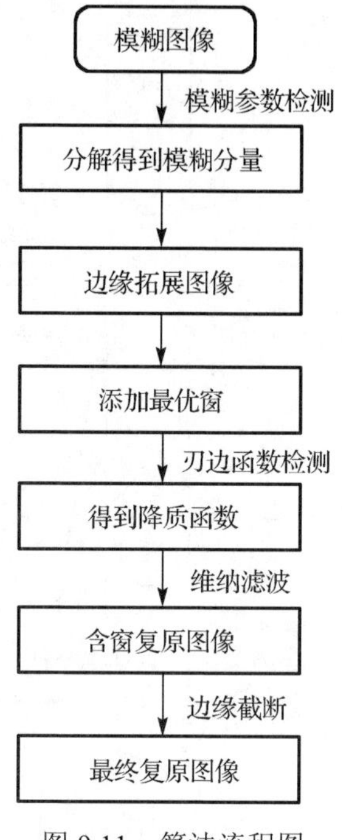

图 9.11　算法流程图

9.3.4　实验仿真

本节使用两个应用场景样本数据来模拟评估所提出的算法。第一组数据由水平运动模糊图像（$L=30$，$\theta=0°$）构成，而第二组数据中的图像由原始清晰、添加任意方向上的运动模糊（$L=30$，$\theta=45°$）构成，如图 9.12(a) 和图 9.13(a)、图 9.13(b) 所示。图 9.12(b)～图 9.12(f) 显示了图 9.12(a) 的处理和复原图像。图 9.13(c)～图 9.13(g) 分别是图 9.13(a) 和图 9.13(b) 的处理图像。图 9.12(b)～图 9.12(f) 和图 9.13(c)～图 9.13(g) 分别显示了如下算法的复原结果：

①基于本章提出算法（边缘校正）的复原结果；

②基于矩形点扩散函数的复原结果；

③基于传统维纳滤波的复原结果；

④基于传统 Richardson-Lucy 的复原结果；

⑤基于传统盲逆卷积的复原结果。

使用上述不同方法分别复原图 9.12 和图 9.13，得到的结果如图 9.14 和图 9.15 所示。

我们使用三个指标(GMG、PSNR、ISNR)来评估恢复效果。在不知原始清晰图像的运动模糊的情况下(图 9.12)，使用 GMG 来评估恢复效果。GMG 值越大，图像越清晰。在具有清晰原始图像的运动模糊情况下(图 9.13)，使用 PSNR 和 ISNR 来评估复原效果。PSNR 和 ISNR 值越大，改进效果越好。

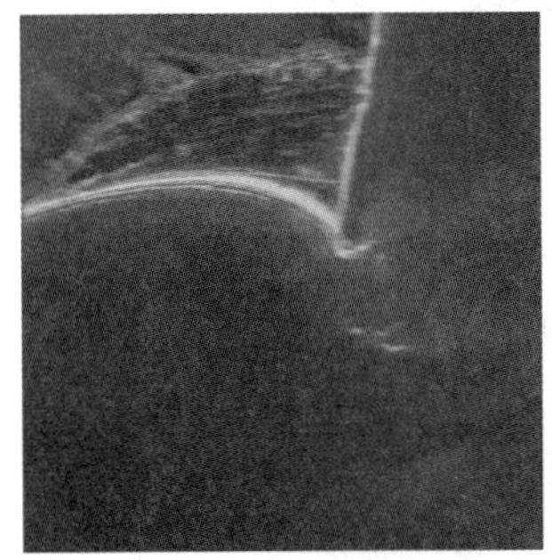
(a) 运动模糊仿真图像

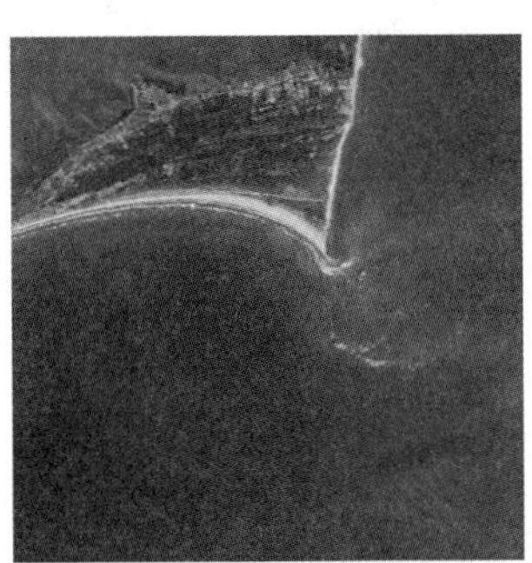
(b) 基于本章算法边缘校正后复原结果

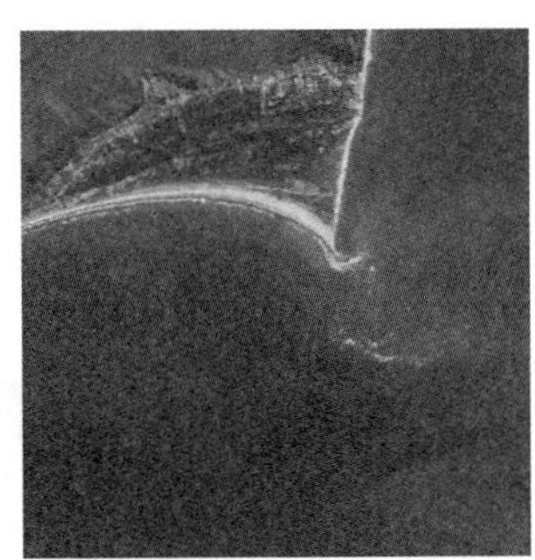
(c) 基于矩形点扩散函数的复原结果

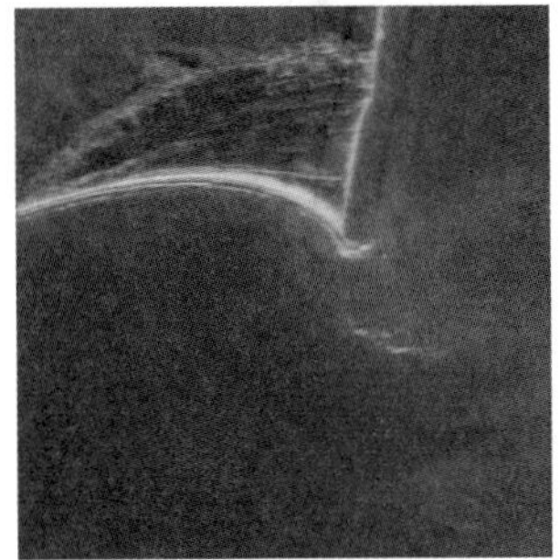
(d) 基于传统维纳滤波的复原结果

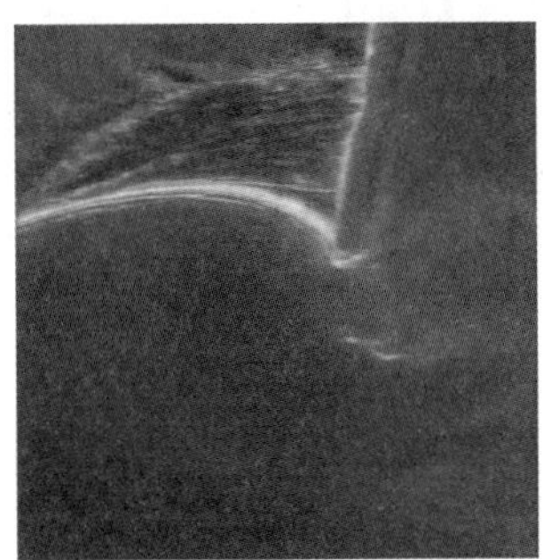
(e) 基于传统 Richardson-Lucy 的复原结果

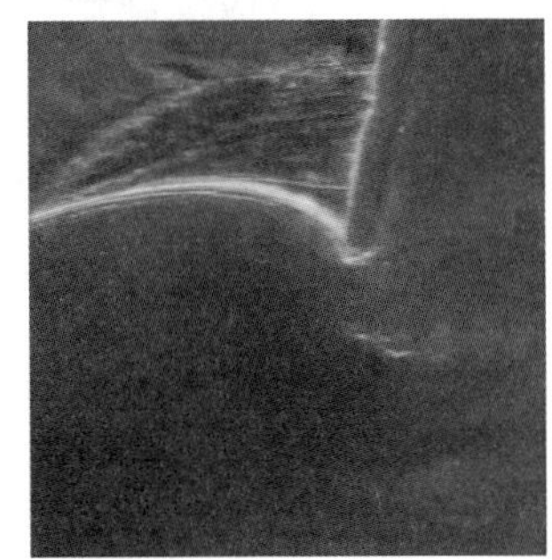
(f) 基于传统盲逆卷积的复原结果

图 9.12　不同的方法对第一幅测试图像的去模糊效果

(a) 原始清晰图像

(b) 运动模糊仿真图像

(c) 基于本章算法边缘校正后复原结果

(d) 基于矩形点扩散函数的复原结果

(e) 基于传统维纳滤波的复原结果

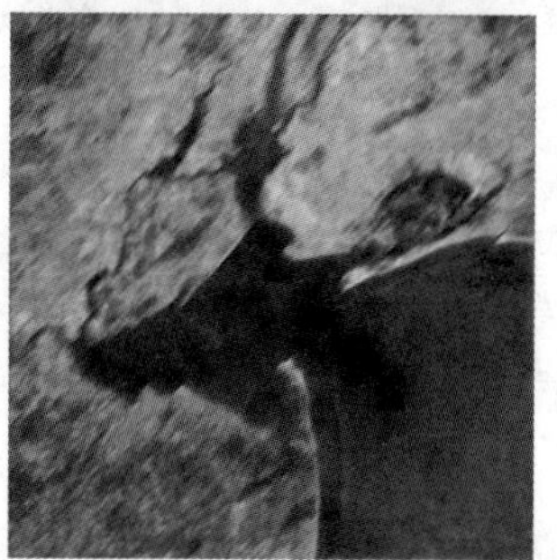
(f) 基于传统 Richardson-Lucy 的复原结果

(g) 基于传统盲逆卷积的复原结果

图 9.13　不同的方法对第二幅测试图像的去模糊效果

从图 9.14 和图 9.15 中可以看出，本章提出的算法的性能优于其他算法，提高了分辨率和对比度参数，细节清晰，图像质量也有了全面提升。

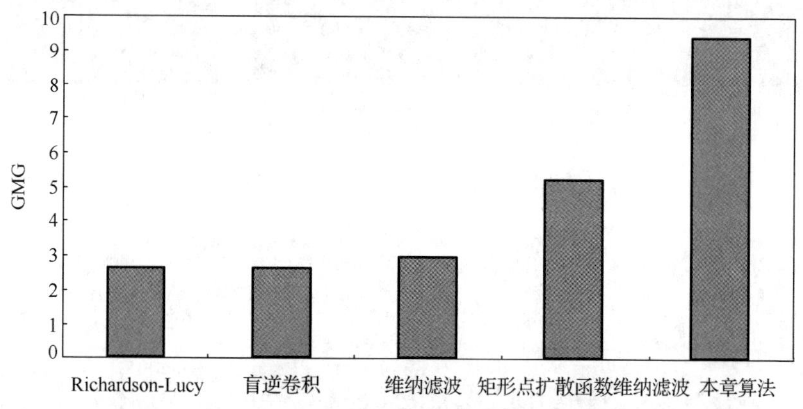

图 9.14　不同方法对图 9.12 的复原评价

可以看出，采用刃边函数充当点扩散函数的最优窗维纳滤波复原方法得到了分辨率和对比度明显改善的复原图像，其复原图像的 PSNR 优于其他四种方法。

复原的图像清晰度较好，没有振铃效应，突出了图像的复原细节，提高了图像的整体质量。但同时可以看出最优窗维纳滤波本身存在的条带边缘效应缺陷。

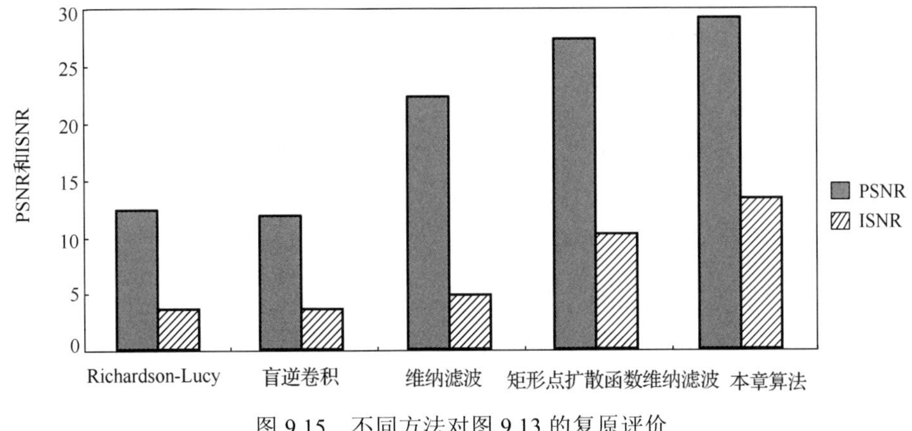

图 9.15　不同方法对图 9.13 的复原评价

9.4　本 章 小 结

由于刃边函数对各种运动模糊适应性强，且无须知道运动模糊图像的具体降质模型，就可以构造点扩散函数和较精确地估计降质函数 H，同时由于最优窗维纳滤波抑制边缘误差的良好效果，本章采用刃边函数充当点扩散函数的最优窗维纳滤波复原方法对运动模糊图像进行了复原，复原图像的分辨率和对比度均得到了明显改善，且细节丰富，没有振铃效应。

第 10 章　基于分块奇异值的图像复原去噪算法

10.1　概　　述

在图像形成过程中，如大气湍流扰动、成像系统不完善、显示失真、噪声的引入等因素的影响，均会引起图像质量的下降和信息的丢失，从而导致目标图像的退化。点扩散函数可以看作这些退化因素的统称。图像复原方法通常可以分为两大类：第一类是经典的图像复原方法，它是在确切知道退化过程的某些先验知识的前提下对退化图像进行复原的，如逆滤波、维纳滤波、等功率谱滤波、约束最小平方滤波等；第二类是基于点扩散函数估计的图像复原方法，由于在实际情况中，通常退化过程是未知或不确定的，需要根据观测到的图像以某种方式提取退化的点扩散函数，进而估计出原始图像，这种方法也称为盲目图像复原。点扩散函数的估计已经有很多方法，如早期的图像复倒谱估计方法、基于近似点扩散函数估计(approximate point spread function examining，APEX)方法的估计算法、基于二维自回归滑动平均(autoregressive moving average，ARMA)模型的估计方法、利用多帧图像序列的维纳滤波方法以及近来经常用到的奇异值分解估计方法。

高斯模糊是一种最常见的图像模糊方式，其中还常伴随着噪声的影响。奇异值分解可用来估计模糊图像的点扩散函数和对图像进行去噪与复原，但未考虑图像的局部差异性，且重组阶数的选取关系着点扩散函数估计的好坏及复原效果。本章提出了一种基于分块奇异值导数的图像复原及去噪算法。首先，基于奇异值分解的性质，从离散退化模型出发，采用理想图像奇异值向量的平均能谱理论，得出用奇异值分解来估计点扩散函数的方法。然后，用逆滤波法来实现图像复原。对复原图像进行分块奇异值分解滤波和组合，得到去噪图像。其中，奇异值重组阶数采用奇异值导数来确定。

本章的组织结构如下：10.2 节介绍基于奇异值分解的点扩散函数估计方法；10.3 节给出基于分块奇异值导数的图像复原去噪算法，其中包括 10.3.1 节介绍奇异值重构阶数选取方法，10.3.2 节是算法的实验仿真部分，对本章提出的基于分块奇异值导数的图像复原去噪算法与同类算法相比较；10.4 节对本章进行总结。

10.2　基于奇异值分解的点扩散函数估计

式(1.56)的图像退化模型的离散形式为

$$g(i,j)=\sum_{k=-K}^{K}\sum_{l=-L}^{L}h(k,l)f(i-k,j-l)+n(i,j) \tag{10.1}$$

式中，$f(i,j)$、$g(i,j)$、$n(i,j)$和$h(k,l)$分别代表$f(x,y)$、$g(x,y)$、$n(x,y)$和$h(x,y)$的离散形式；k和l代表图像在竖直和水平方向上的模糊像素，$k,l\leqslant N$。

对原始图像和退化图像分别进行奇异值分解，则式(10.1)可以变换为

$$\sum_{r=1}^{R_G}s_{rG}\boldsymbol{u}_{rG}\boldsymbol{v}_{rG}^{\mathrm{T}}=\sum_{k=-K}^{K}\sum_{l=-L}^{L}h(k,l)\sum_{r=1}^{R_F}s_{rFkl}\boldsymbol{u}_{rFkl}\boldsymbol{v}_{rFkl}^{\mathrm{T}}+N \tag{10.2}$$

式中，R_G和R_F分别为退化图像和原始图像的秩，$R_G\leqslant N,R_F\leqslant N$；$s_{rG}$和$s_{rFkl}$分别为退化图像和原始图像的第$r$个奇异值；$\boldsymbol{u}_{rG}$和$\boldsymbol{u}_{rFkl}$分别为退化图像和原始图像像移$(k,l)$的左奇异向量；$\boldsymbol{v}_{rG}$和$\boldsymbol{v}_{rFkl}$分别为退化图像和原始图像像移$(k,l)$的右奇异向量；$N$为$N\times N$大小的高斯白噪声。

同样地，点扩散函数h也可以进行奇异值分解，并可以用第一阶重组近似表示：

$$h(k,l)=\sum_{p=1}^{R_h}s_{ph}\boldsymbol{u}_{ph}\boldsymbol{v}_{ph}^{\mathrm{T}}\approx\boldsymbol{u}_{1h}\boldsymbol{v}_{1h}^{\mathrm{T}} \tag{10.3}$$

式中，$\boldsymbol{u}_{1h}$和$\boldsymbol{v}_{1h}$分别表示点扩散函数矩阵的第一个左、右奇异向量。

将式(10.3)代入式(10.2)，观察等式的两边，可以得到图像和点扩散函数的奇异值向量间的卷积关系：

$$\begin{cases}\displaystyle\sum_{r=1}^{R}\boldsymbol{u}_{rG}\approx\sum_{r=1}^{R}\boldsymbol{u}_{1h}*\boldsymbol{u}_{rF}\\ \displaystyle\sum_{r=1}^{R}\boldsymbol{v}_{rG}\approx\sum_{r=1}^{R}\boldsymbol{v}_{1h}*\boldsymbol{v}_{rF}\end{cases} \tag{10.4}$$

为了利用这种时域的卷积关系来估计点扩散函数，可以把它变换到频域后进行处理。式(10.5)给出了理想图像奇异向量平均能谱的指数模型：

$$\hat{S}_{uF}=\hat{S}_{vF}=\mathrm{DFT}(\rho_R^{|n|}),\quad |n|\leqslant\frac{N}{2} \tag{10.5}$$

式中，$\hat{S}_{uF}$和$\hat{S}_{vF}$分别为理想图像原一阶左奇异向量和右奇异向量的平均能谱；R

为选取的奇异向量重组阶数($R \leqslant N$)；ρ_R 表示前 R 阶奇异向量的一步自相关系数平均值，这里根据实验可取为 0. 84。

这样就可以从式(10.4)估计点扩散函数第一阶奇异值向量的频谱，其幅度估计如式(10.6)所示：

$$\begin{cases} \hat{U}_G = \sqrt{\dfrac{\sum\limits_{r=1}^{R} S_{ruG}}{R\hat{S}_{uF}}} \\ \hat{V}_G = \sqrt{\dfrac{\sum\limits_{r=1}^{R} S_{rvG}}{R\hat{S}_{vF}}} \end{cases} \tag{10.6}$$

式中，S_{ruG} 和 S_{rvG} 分别为退化图像第 r 阶左奇异向量和右奇异向量的能谱。奇异向量频谱的相位通常设为零，直到从幅度估计中检测到过零点时跳转为 π 相位。将点扩散函数第一阶奇异向量的幅度和相位估计结果耦合后进行傅里叶逆变换，可以得到相应的时域估计结果，选定奇异向量的边界后再进行重组和归一化，得到点扩散函数的估计值[164,165]。

为了能够自动选取奇异值复原的重组阶数或秩 R，可以采用阶数自动获取方法。

建立奇异值 s_r 的累计和函数：

$$c(i)=\sum_{r=1}^{i} s_r, \quad i=1,2,\cdots,N \tag{10.7}$$

函数曲线如图 10.1 所示。根据 $\{s_r\}_1^N$ 的特点，$\{c(i)\}_1^N$ 组成的曲线可以用两段不同斜率的线段 AC、CB 近似表示，交点 C 到直线 AB 的距离为 CC_R，使三角形 ABC 的面积最大，即 CC_R 最大，此时对应的横坐标为重组阶数 R。

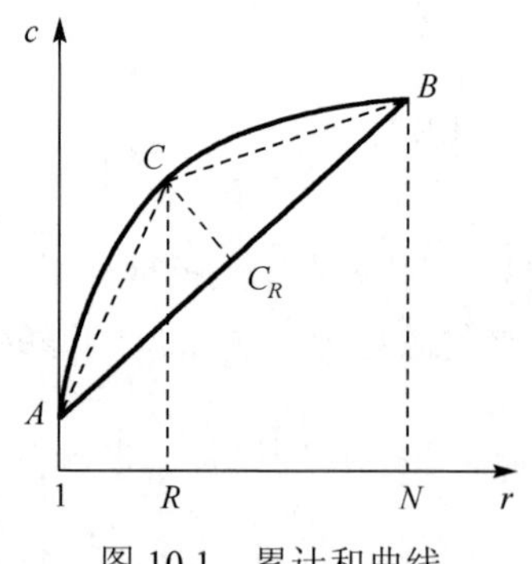

图 10.1　累计和曲线

10.3　基于分块奇异值导数的图像复原去噪算法

传统的奇异值分解去噪方法是对图像整体做奇异值滤波，从而达到去噪的目的。该方法忽略了图像的局部差异。图像信号在不同局部强弱不同，但噪声在各局部的统计表现却是基本一致的，因而对于存在差异的图像局部而言，噪声在其奇异值中的表现存在差异，直接在全局奇异值中筛选无法很好地去除图像中的噪声。另外，重组阶数自动选取法需要先建立奇异值累计和函数，进而计算三角形面积最大值，应用于分块奇异值分解重组中较为复杂，且计算量大，不够直接。因此，本章提出一种对图像进行奇异值分解点扩散函数估计的复原方法。具体流程(图 10.2)如下。

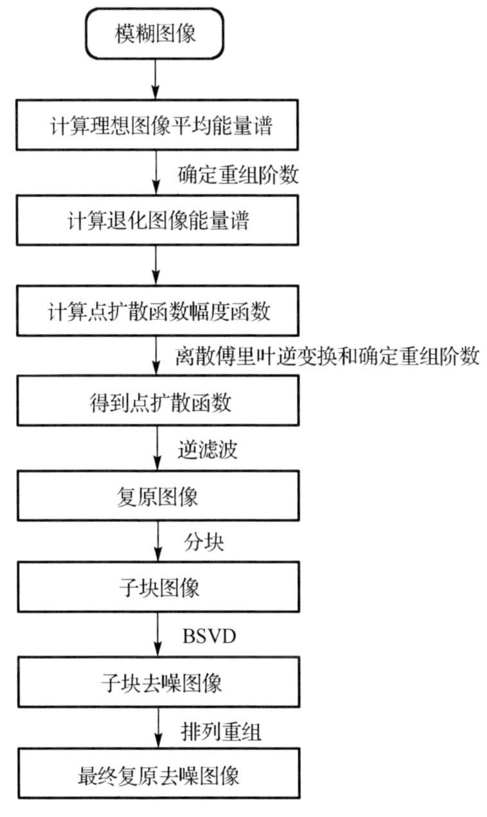

图 10.2　算法流程图

(1) 计算理想原图像左右奇异向量平均能谱的指数模型。

(2) 计算退化图像左右奇异向量的能谱，其中，重组阶数由奇异值函数一阶导数变化率最大值对应的点来确定。

(3)计算点扩散函数中第一阶左右奇异向量对应的频谱，即幅度函数。

(4)对点扩散函数频谱的相位和幅度耦合后进行离散傅里叶逆变换，得到时域估计结果，选定奇异向量的重组阶数进行重组，得到点扩散函数。

(5)采用逆滤波或反卷积复原图像。

(6)将复原图像按顺序分成16×16像素的子块图像，每块子图进行SVD滤波，重组阶数由奇异值函数一阶导数变化率最大值对应的点来确定。

(7)排列组合子块图像，得到最终的复原去噪图像。

10.3.1 奇异值重构阶数选取

奇异值函数的一阶导数即变化率，反映了奇异值的变化趋势，如图10.3所示。可以看出，在横坐标 R_1 左侧，奇异值变化率较大，而在横坐标 R_1 右侧，奇异值变化很小，几乎不变，且接近于0，说明 R_1 之后的奇异值及其所对应的奇异向量，对图像的贡献和对图像质量的影响较小。因此，本章算法选取奇异值函数一阶导数变化率最大值对应的 R 值为重组阶数。

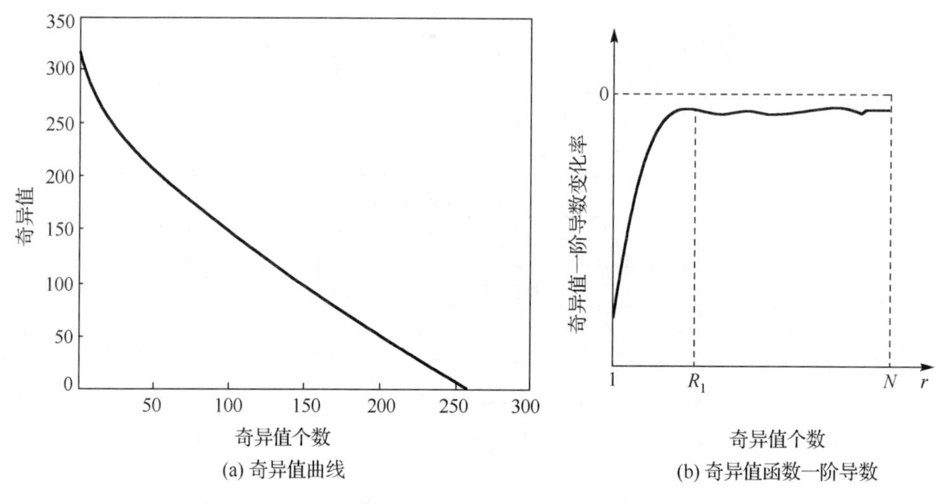

(a) 奇异值曲线　(b) 奇异值函数一阶导数

图10.3　奇异值函数

10.3.2 实验仿真

为了验证本章所提出算法的有效性，本章在添加不同SNR高斯白噪声的测试图像上再添加高斯点扩散函数(大小：3×3像素)，进行了多次实验。附加噪声信噪比分别为45、40、35、30、25和20(单位：dB)。测试图像大小为256×256像素。图10.4和图10.5分别是原始图像和高斯型点扩散函数，图10.6(a)和图10.7(a)是信噪比分别为45dB和20dB的具有点扩散函数和噪声的退化图像。

图 10.4　原始图像

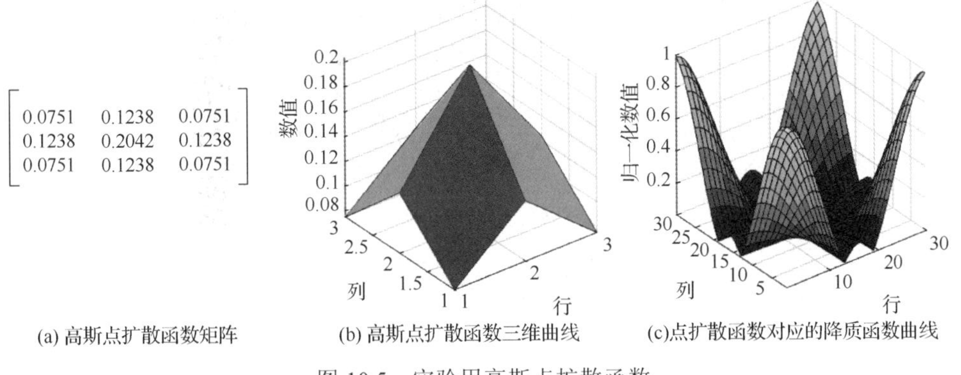

(a) 高斯点扩散函数矩阵　(b) 高斯点扩散函数三维曲线　(c)点扩散函数对应的降质函数曲线

图 10.5　实验用高斯点扩散函数

为了验证估计点扩散函数和基于分块 SVD 的方法，图 10.6(b)～图 10.6(f)和图 10.7(b)～图 10.7(f)分别给出以下几种方法的复原结果。

方法Ⅰ：本章复原去噪算法。

方法Ⅱ：整体 SVD 和固定重组阶数复原去噪算法(R=40)。

(a) 退化图像(SNR=45dB)

(b) 方法Ⅰ复原图像

(c) 方法Ⅱ复原图像

(d)方法Ⅲ复原图像

(e)方法Ⅳ复原图像

(f)方法Ⅴ复原图像

图 10.6　第一幅图像不同方法复原结果

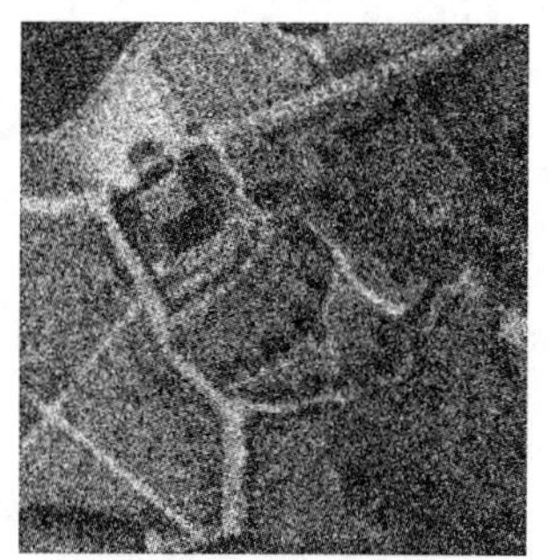
(a)退化图像(SNR=20dB)

(b)方法Ⅰ复原图像

(c)方法Ⅱ复原图像

(d)方法Ⅲ复原图像

(e)方法Ⅳ复原图像

(f)方法Ⅴ复原图像

图 10.7　第二幅图像不同方法复原结果

方法Ⅲ：整体 SVD 和自动重组阶数复原去噪算法。

方法Ⅳ：分块 SVD 和固定重组阶数复原去噪算法(R=40)。

方法Ⅴ：分块 SVD 和自动重组阶数复原去噪算法。

我们使用 PSNR 来评估去噪效果,并用 RMSE 来评估点扩散函数估计的效果。PSNR 和 RMSE 结果分别在图 10.8 和图 10.9 中示出。

图 10.6～图 10.9 中，本章提出的基于分块奇异值导数的图像复原去噪算法，相较于其他方法能更显著地提高 PSNR 和 RMSE，并且保留了更多的细节信息。从图 10.9 中可以看出，该方法具有更精确的点扩散函数估计。

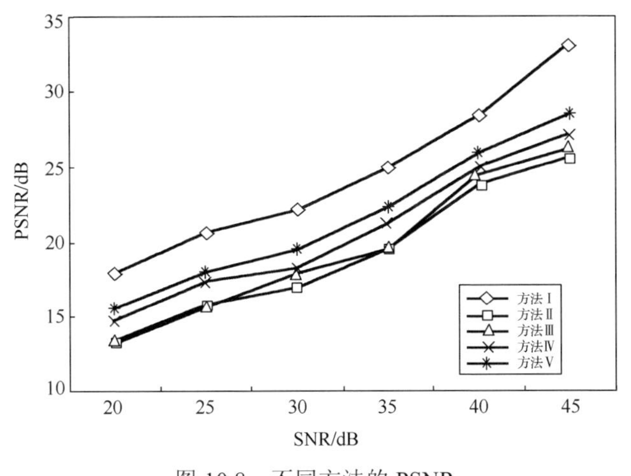

图 10.8　不同方法的 PSNR

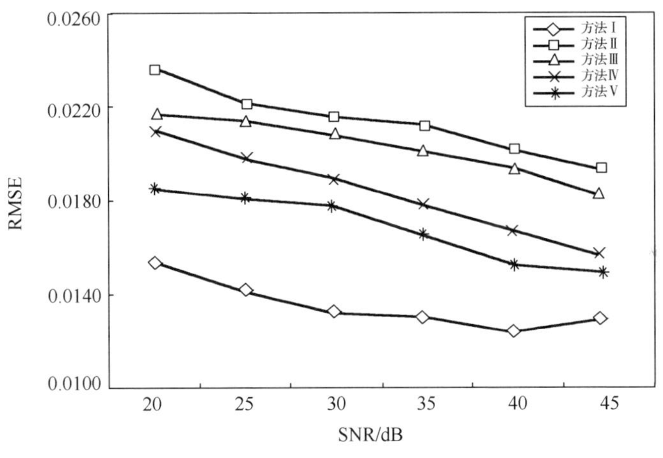

图 10.9　不同方法的点扩散函数 RMSE

10.4　本 章 小 结

针对高斯模糊核以及含有噪声的模糊图像，本章提出了一种基于分块奇异值导数的图像复原去噪算法。基于奇异值分解的性质，从离散退化模型出发，采用理想图像奇异值向量的平均能谱理论，通过奇异值分解方法来估计高斯模糊图像的点扩散函数，进而采用逆滤波法来实现图像的复原。其中，奇异值重组阶数采用奇异值导数来确定。再对复原得到的图像进行分块奇异值分解滤波和组合，得到最终的去噪复原图像。经仿真实验证明，该算法复原的视觉效果和定量评价都优于其他方法。

第 11 章　数字图像预处理技术的应用

实际应用中，数字图像预处理技术的范畴不仅包括前述章节介绍的图像去噪、图像增强、图像融合以及图像复原等主流的预处理环节，还囊括图像进行特征提取、目标识别等中高层次处理操作之前的其他辅助操作，如图像数据的增强扩充、数据降维、尺度归一化、灰度归一化、亮度补偿和颜色改善等细小环节的处理。对于不同的应用领域，可以根据原始图像的质量效果以及应用目的加以不同的预处理技术。

本章针对人脸识别、边缘提取、物体分割以及遥感图像几何校正等常用的数字图像热门研究领域，研究适用的数字图像预处理技术以及完整的应用处理方法。通过三个完整应用案例，详细介绍其中的图像处理技术。具体内容包括基于小波变换和改进的奇异值分解的人脸识别技术[166]、基于小波变换及形态学重构的SAR图像边缘检测算法[167]、基于饱和度和区域一致性的静态水上物体分割算法[168]、基于灰度共生矩阵和小波纹理的 SAR 水面图像分割算法[169]，以及基于城市 GCP 模板的遥感图像几何校正算法[170]研究供读者借鉴。

本章的组织结构如下：11.1 节介绍了基于小波变换和改进的奇异值分解的人脸识别技术，其中 11.1.1 节概括介绍了人脸识别技术的相关概念，11.1.2 节详细介绍了基于小波变换和改进的奇异值分解的人脸识别算法，11.1.3 节对算法进行仿真实验，11.1.4 节为算法小结；11.2 节介绍了基于小波变换及形态学重构的 SAR 图像边缘检测算法，其中 11.2.1 节概括介绍了 SAR 图像边缘检测技术的相关概念，11.2.2 节详细介绍了采用小波变换及形态学重构的 SAR 图像边缘检测算法，11.2.3 节对算法进行仿真实验，11.2.4 节为算法小结；11.3 节介绍了基于饱和度和区域一致性的静态水上物体分割算法，其中 11.3.1 节概括介绍了水上物体分割技术的相关概念，11.3.2 节详细介绍了采用饱和度和区域一致性的静态水上物体分割方法，11.3.3 节对算法进行仿真实验，11.3.4 节为算法小结；11.4 节介绍了基于灰度共生矩阵和小波纹理的 SAR 水面图像分割算法，其中 11.4.1 节概括介绍了 SAR 水面图像分割算法的相关概念，11.4.2 节详细介绍了纹理特征提取方法，11.4.3 节详细介绍了无监督分割方法，11.4.4 节对算法进行仿真实验和结果分析，11.4.5 节为算法小结；11.5 节介绍了基于城市 GCP 模板的遥感图像几何校正研究算法，其中 11.5.1 节概括介绍了遥感图像进行几何校正的意义，11.5.2 节介绍了遥感图像几何失真的原因，11.5.3 节详细介绍了原始图像的校正方法，11.5.4 节介绍了地面控制点模板，11.5.5 节对算法进行仿真实验和结果分析，11.5.6 节为算法小结；11.6 节对本章进行了总结。

11.1 基于小波变换和改进的奇异值分解的人脸识别技术

11.1.1 概述

计算机人脸识别技术是利用计算机分析人脸图像，进而从中提取出有效的识别信息，用来“辨认”身份的一门技术。人脸识别技术应用广泛，可用于公安系统的罪犯身份识别、安全验证系统、信用卡验证、医学、档案管理、视频会议、人机交互系统、驾驶执照及护照等与实际持证人的核对、银行和海关的监控系统及自动门禁系统等。因其巨大的应用前景，以及无可比拟的优越性，人脸识别越来越成为当前模式识别和人工智能领域的一个热点。

要建立一套完整的人脸识别系统(face recognition system，FRT)，必然要综合运用如下几大学科领域的知识，只有把这几大学科的知识综合起来，才能顺利地达到识别目的。需要综合运用的学科有：图像处理、人工智能、模式识别、计算机视觉以及心理学和神经生理学等。其中，图像处理技术在物体检测及识别系统的诸多环节中都有着重要应用，例如，在预处理时可能要对人脸图像去噪，进行对比度增强等；特征提取时要用图像分割技术进行物体分割或提取边缘图像等，或者用图像描述的方法表示人脸五官的形状特征；运用视频流的人脸识别则与运动图像的处理密不可分等。

自动人脸识别的技术优势主要表现在以下方面[171]。

(1) 非接触式数据采集。

人脸图像可以通过标准视频或热成像技术非接触式采集，因而不会对用户造成生理上的伤害，具有非直接侵犯性。

(2) 隐蔽性强。

用于捕获人脸图像的成像设备可以隐蔽安装，特别适合解决重大安全问题、罪犯监控、过滤敏感人物(间谍、恐怖分子)及实施抓捕，是其他基于指纹、虹膜、视网膜、掌纹等生物特征的识别技术所无法比拟的。

(3) 方便快捷及便于事后追踪。

自动人脸识别系统通过非接触方式捕获人脸图像，因而无须用户过多干预。且能够在事件发生的同时记录当事人面部图像，从而确保系统具有良好的事后追踪能力。

(4) 可交互性强。

人类可以轻而易举地识别不同个体在不同时期不同状态下的人脸，而指纹、虹膜、视网膜等其他生物特征常人很难识别。因此与授权用户的交互和主动配合可以从很大程度上提高人脸识别系统的可靠性和可用性。

虽然人类能毫不费力地识别出人脸，但人脸的自动识别却是一个难度极大的课题，迄今为止人脸识别还没有一个非常完美的解决办法。其主要困难如下。

(1) 人脸是由复杂的三维曲面构成的可变形体，存在极强的可塑性，表情、年龄、化妆、整容和意外伤害等因素都会很大程度上改变人脸面部特征，从而大大增加人脸识别的难度，很难用精确的数学模型描述。

(2) 所有人的脸部结构均高度相似，从统计意义上来讲，属于典型的类内散布大于类间散布的统计模式识别问题。

(3) 人脸图像受到各种成像条件的影响，如表情、姿态、尺度、光照和背景等的大幅度变化等。例如，光照的变化会改变人脸图像灰度的相对分布，所以由光照引起的人脸图像变化甚至比因不同的人脸引起的差异还大。

解决光照影响的方法主要可以分为以下几类：第一类是寻找光照变化不敏感的人脸图像表示方法；第二类是对原来的某些不存在光照变化时的人脸识别算法进行改进和推广；第三类是构建图像合成(synthesize)模型，这些模型可以合成与测试图像具有相同或相似光照条件的新图像作为数据库中的图像。

姿态的变化，即图像视角的变化是人脸识别面临的另一挑战。另外，由于人脸是三维的，因此利用人脸图像去合成三维模型也可以显著地提高识别率。这一方面的研究应该是人脸识别技术的突破点之一。

11.1.2　具体方法

通常情况下，一个人脸自动识别系统包括以下三个主要技术环节：人脸检测、特征提取、人脸识别。如若采集到的图像出现不够清晰、颜色较暗、光照不均匀等问题，还需对图像进行图像预处理。

1. 人脸检测

人脸检测利用肤色判断作为人脸检测的主要特征，尽可能排除非肤色区域，分割出可能存在人脸的候选区域，以达到减小搜索空间、提高算法效率、降低误检率的作用。本方法采用 YCbCr 色彩空间作为肤色检测的色度空间。其具体流程如图 11.1 所示。

1) 亮度补偿

在对人脸进行检测时，由于人脸所处的环境光照情况不同，因而增加了检测的难度。一般的人脸检测算法是假定待检测图像是在均匀光照下获得的。而实际上光的照明往往是不均匀的，偏光导致的高光和阴影会使人脸检测的检测率大幅度下降，所以有必要对图像中的光照进行补偿预处理，具体步骤如下。

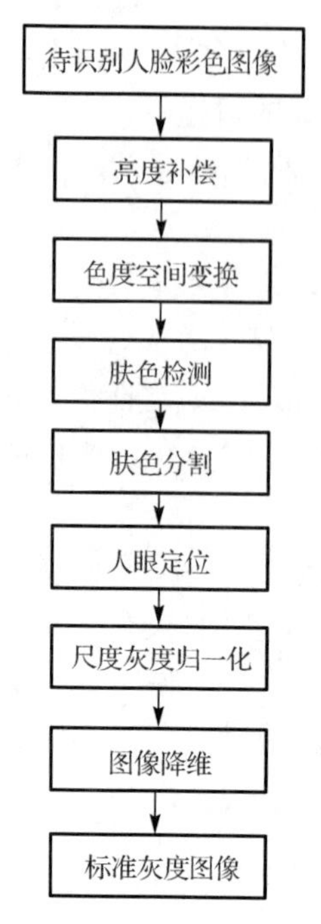

图 11.1　人脸检测流程图

(1) 首先，将整个图像中所有像素的亮度(经过了非线性转换后的亮度)从高到低进行排列；

(2) 取亮度值的前 5%像素，如果这些像素的数目足够多(在本算法中取 100 为阈值)，就将它们的亮度作为“参考白”，即将它们的色彩的 R，G，B 分量值都调整为最大的 255；

(3) 计算出调整因子，将整幅图像的其他像素点的色彩值也都按照这一调整尺度进行变换。

因此人脸检测方法首先对彩色图片进行光线补偿处理，这样在一定程度上消除了光源颜色等客观环境的影响。实验结果表明经过光线补偿处理后的图片比未经处理的图片检测效果明显增强，其算法描述如下。

令参考像素数目门限值 RefPixThreshold=200，具体计算步骤如下：

①计算像素的灰度值以统计获得灰度直方图；

②根据 RefPixThreshold 统计出在 RefPixThreshold 门限范围内的临界灰度级别 GrayOfCritical；

③统计灰度值在[GrayOfCritical，255]范围内的像素的灰度平均值 AvergGray；

④计算补偿系数 $C_{\text{compensate}} = 255.0 / \text{AvergGray}$；

⑤利用补偿系数对所有像素的值进行放大，即放大后的基色值用 R',G',B' 表示，则计算表达式为

$$\begin{cases} R' = R * C_{\text{compensate}} \\ G' = G * C_{\text{compensate}} \\ B' = B * C_{\text{compensate}} \end{cases} \tag{11.1}$$

2) 肤色分割

本算法采用 YCbCr 色彩空间作为肤色检测的色度空间。一般来说，在进行人脸检测的时候，YCbCr 空间中亮度和色度的分离度越大越好，但是在实际的操作中色度值对亮度值总是存在着一定的非线性依赖关系，这种依赖关系在很大程度上影响了图像的检测，所以对 YCbCr 空间又进行了一次非线性转换，用来消除色度对亮度的依赖关系。经过非线性变换得到的色彩空间用 YCb′Cr′ 来表示。YCbCr 空间到空间 YCb′Cr′ 的变换公式[172] 为

$$\mathrm{Ci}'(Y)=\begin{cases}\mathrm{Ci}(Y), & Y\in[K_l,K_h]\\ \mathrm{Ci}(Y)-\bar{\mathrm{C}}\mathrm{i}(Y)\dfrac{W_{\mathrm{Ci}}}{W_{\mathrm{Ci}}(Y)+\bar{\mathrm{C}}\mathrm{i}(K_h)}, & Y<K_l\text{或}Y>K_h\end{cases}$$

其中，i 代表 b 或 r，$\bar{\mathrm{C}}\mathrm{i}(Y)$ 表示肤色区域的中轴线：

$$\bar{\mathrm{C}}\mathrm{b}(Y)=\begin{cases}108+\dfrac{(K_l-Y)(118-108)}{K_l-Y_{\min}}, & Y<K_l\\ 108+\dfrac{(Y-K_h)(118-108)}{Y_{\max}-K_h}, & K_h\leqslant Y\end{cases}$$

$$\bar{\mathrm{C}}\mathrm{r}(Y)=\begin{cases}154-\dfrac{(K_l-Y)(154-144)}{K_l-Y_{\min}}, & Y<K_l\\ 154-\dfrac{(Y-K_h)(154-144)}{Y_{\max}-K_h}, & K_h\leqslant Y\end{cases}$$

其中， K_l和K_h 是非线性变换的分段域值： $K_l=125, K_h=188$ 。 $W_{\mathrm{Ci}}(Y)$ 表示肤色区域的宽度。

$$W_{\mathrm{Ci}}(Y)=\begin{cases}WL_{\mathrm{Ci}}+\dfrac{(Y-Y_{\min})(W_{\mathrm{Ci}}-WL_{\mathrm{Ci}})}{K_l-Y_{\min}}\\ WH_{\mathrm{Ci}}+\dfrac{(Y_{\max}-Y)(W_{\mathrm{Ci}}-WH_{\mathrm{Ci}})}{Y_{\max}-K_h}\end{cases}$$

在人脸建模时用到的主要是 YCb′Cr′ 空间中的色度信息，实现人脸肤色建模的公式为

$$\frac{(x-e_{C_x})^2}{a^2}+\frac{(y-e_{C_y})^2}{b^2}=1 \tag{11.2}$$

$$\begin{bmatrix}x\\y\end{bmatrix}=\begin{bmatrix}\cos\theta & \sin\theta\\ -\sin\theta & \cos\theta\end{bmatrix}\begin{bmatrix}\mathrm{Cb}'-C_x\\ \mathrm{Cr}'-C_y\end{bmatrix} \tag{11.3}$$

可以看出，采用的建模形式是椭圆模型。其中，C_x=114.38，C_y=160.02，θ=253(弧度)，$e_{C_x}=1.60$，$e_{C_y}=2.41$，长轴 a=25.39，短轴 b=14.03。对于图像中的每一点，将其 Cb、Cr 代入式(11.3)，求得 x 和 y，再代入式(11.2)，若式(11.2)左边的所得值与 1.0 的绝对值之差小于一个预先设定的门限值，则判定该点为肤色，否则不是肤色。这样我们就将一副彩色图像二值化为肤色和非肤色的区域。白色代表肤色候选区，黑色代表背景。

3) 平滑和标记联通区域

这样的分割图中，有大量微小的区域，而且在面积较大的连通区域中还有一些微小的空洞，这些是图像中的噪音。因此，需要采用数学形态学中的先开后闭运算来对二值分割图进行平滑处理。

开运算：先腐蚀后膨胀的过程称为开运算。它在具有消除细小物体、在纤细点分离物体、平滑较大物体边界的同时，又不明显改变其面积的作用。开运算定义为

$$B \circ S = (B \otimes S) \oplus S \tag{11.4}$$

闭运算：先膨胀后腐蚀的过程称为闭运算。它具有填充物体内细小空间、连接临近物体、在不明显改变物体面积的情况下平滑其边界的作用。闭运算可定义为

$$B \bullet S = (B \oplus S) \otimes S \tag{11.5}$$

最后，通过一个区域合并与标号的算法，可以计算求出二值分割图中有多少个白色连通区域，以及每个白色连通区域的位置、面积，以此作为人脸候选区的初始信息。本方法采用 8-连通标记，且采用顺序扫描和并行传播相组合的标号算法。选取最大面积的白色连通区域作为人脸候选区域。采用肤色信息的人脸检测的示意图如图 11.2 所示，图 11.2(b) 是图 11.2(a) 的分割结果，图中的矩形框内表示的是人脸候选区。

(a)

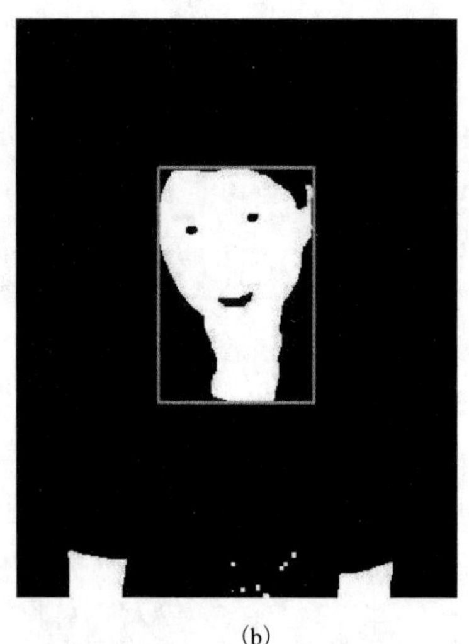

(b)

图 11.2　彩色图像的肤色分割处理(见彩图)

4) 人脸特征定位及人脸验证

经过运动分割和肤色分割后得到的人脸候选区域，还需要验证来进一步去除非

人脸候选区域。鼻、眼、口、眉是人脸的主要特征，而人眼在人脸特征中占有更重要的位置。通过对人眼的定位，不仅可以更精确的定位人脸，方便人脸验证，还可以通过人眼位置对人脸进行旋转变换得到调整，是一种提高识别率的有效方法。

人眼快速定位的具体步骤如下。

(1) 候选人脸图像裁减。根据面部“三庭五眼”规律，人眼在人脸中所处的位置是中上部，因此我们对初检测得到的候选人脸区域进行一些裁减。这样做不会剔除掉可能的人眼区域，同时可以减少计算量，排除颈部和衣领等的干扰。对于宽大于高的区域，不做裁减；而对于高大于宽的区域，我们按宽∶高=1∶1.2 将区域裁减为一个长方形，去掉长方形下面的部分。

(2) 根据眼部特征和灰度投影曲线[173]提取眼部大致区域。

若图像的大小为 $M \times N$，则灰度投影函数定义如下。

垂直灰度投影函数为

$$p_y(x) = \sum_{y=1}^{N} f(x,y) \tag{11.6}$$

水平灰度投影函数为

$$p_x(y) = \sum_{x=1}^{M} f(x,y) \tag{11.7}$$

其中，x, y 分别表示像素的横坐标和纵坐标，$f(x,y)$ 表示对应的像素值，$p_y(x)$ 和 $p_x(y)$ 表示图像在垂直、水平方向上的灰度累加值。

经过眼睛标记之后的人脸图像如图 11.3 所示。

(a)

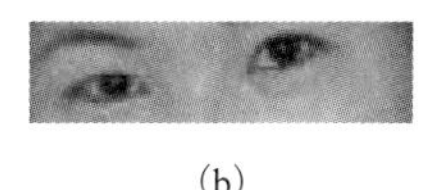

(b)

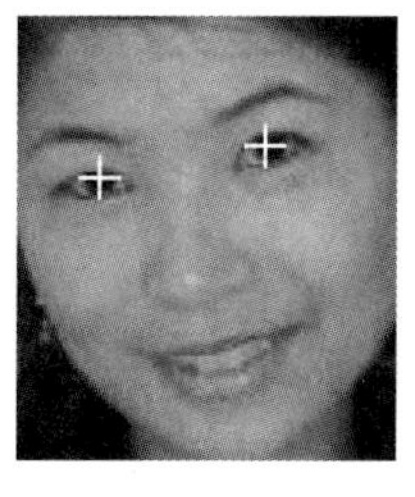

(c)

图 11.3　眼部区域提取及标记示意图

5) 人脸图像标准化

为了保证提取特征对人脸在图像的大小、倾斜等的不变性，以及对光照条件的不敏感性，必须在图像的特征提取和识别之前对样本进行一系列的标准化预处理。其流程图如图 11.4 所示。

(1) 图像的尺度归一化[174]。

得到人眼瞳孔位置后，设人脸正面图像左、右眼中心分别为 $E_l\ (X_l,Y_l)$ 和 $E_r\ (X_r,Y_r)$，其中，X 和 Y 为图像的坐标方向。设两眼中心距离 $\overline{E_lE_r}$ 的中点为 O，并设 $\overline{E_lE_r}$ 的长度为 d。可以通过下述步骤完成图像的尺度归一化。

①图像旋转。就是把原始图像中人脸图像进行平面内的旋转处理，主要是使两眼的连线保持在水平位置。以点 O 为中心旋转，实现 $\overline{E_lE_r}$ 水平。旋转的角度即为

$$\theta = \mathrm{arctg}(|Y_r - Y_l| / |X_r - X_l|) \tag{11.8}$$

这保证了人脸方向的一致性，体现了人脸在图像平面内的旋转不变性。

②图像剪裁。就是把原始图像中包含的人脸校正到统一的大小，主要依据是人眼的坐标。人眼是人面部很重要的一个部位，通过这一处理，能保证两眼间距离相等，从而其他部位如嘴、鼻、脸颊等的位置也保持在相对标准的位置。图 11.5 中，$d = \left|\overline{E_lE_r}\right|$。经过剪裁，在 $2d \times 2d$ 的图像内，可保证 O 点固定于 $(0.5d, d)$ 处。这保证了人脸图像位置的一致性，体现了人脸在图像平面内的平移不变性。

③进行图像缩小和放大变换，得到统一的校准图像。规定校准图像的大小为 160×160 像素点，则缩放倍数为 $\beta = 2d / 160$。这使得 $d = \left|\overline{E_lE_r}\right|$ 为定长，即保证了人脸大小的一致性，体现了人脸在图像平面内的尺度不变性。经过校准，不仅在一定程度上获得了人脸表示的几何不变性，而且还基本上消除了头发和背景的干扰。

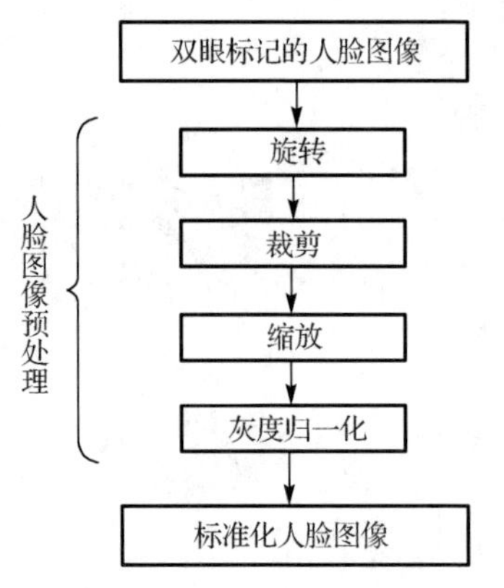

图 11.4　人脸图像标准化预处理流程图

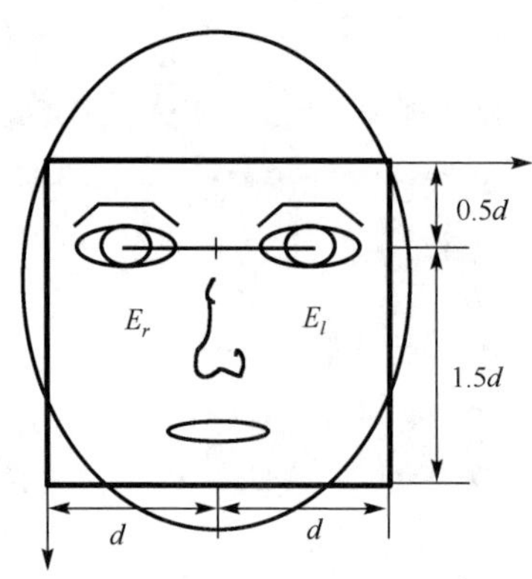

图 11.5　人脸图像裁减比例示意图

(2) 图像的灰度归一化。

由于在不同光照条件下获取的数字图像数据变化较大，且本方法采用人脸特征对图像灰度依赖性较高，需要对图像灰度予以处理，以在一定程度上除去光照条件对人脸识别的影响。本方法将采用直方图增强的方法对图像灰度值归一

化(图 11.6)，对于 8 位灰度图像，有 256 个灰度级，但是数字化后的原图像的实际灰度范围往往没有占满全部灰度级，而是集中在某个区域段，这是对灰度信息的一种浪费，而且图像表现出对比度差的特点。

对于数字图像，设 $G_L = 256$ 为灰度级数，则第 K 级灰度的出现频度为

$$p(k) = N_k / N，其中，k = 0,1,2,\cdots,G_L - 1 \tag{11.9}$$

式中，N_k 为灰度级为 k 像素数，N 为图像中总的像素数。为进行直方图均衡化，可得到直方图变换函数：

$$H(k) = \sum_{i=0}^{k} N_k / N = \sum_{i=0}^{k} p(i) \tag{11.10}$$

灰度级 K 的像素经过直方图变换后的灰度级为 $k' = G_L \times H(k)$；经过直方图修正后，灰度图像可以在一定程度上消除光照影响。

(a) 旋转后的图像

(b) 裁剪后的图像

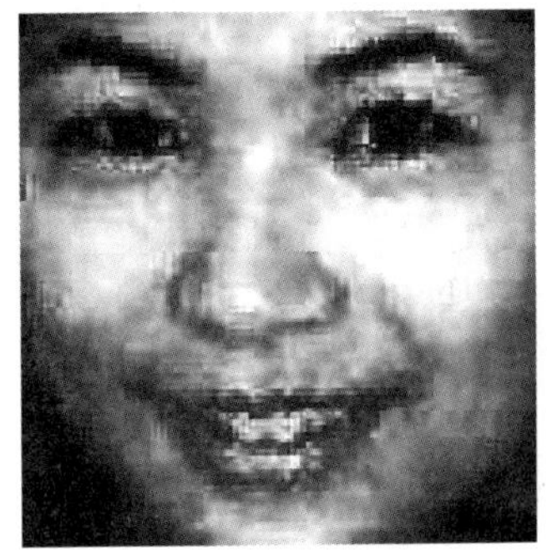

(c) 归一化后的图像

图 11.6　归一化图像

6) 人脸图像压缩

经过归一化后，图像虽然在原图像基础上降低了图像的维数，但是为了后续工作复杂度的降低，需要继续降维。为此，本节采用小波压缩的方法来实现降维的目的。

人脸图像通过小波分解后用小波系数来描述，小波系数体现了原来图像信息的性质，人脸图像经过适当层次的小波分解后，可得到一系列不同分辨率的子图像，不同分辨率的子图像对应的频率是不同的，高分辨率(即高频)子图像上大部分点的数值都接近于 0，越是高频这种现象越明显。而对于一幅图像来说，高频子图对应于人脸的边沿与轮廓，低频子图对应于人脸的主要特征，表征图像的最主要部分是低频部分。因此，利用小波分析能够逐步聚焦到分析对象的任何细节，所获得的人脸低频信息可以较好地描述对分类有用的人脸特征。

对于本节实验分析部分用到的人脸图像，由于维数太大，故做了二层小波分

解达到了满意的压缩效果。如图 11.7 所示。我们可以得到 8 位、具有 256 个灰度级、40×40 的灰度人脸图像低频信息就可以较好地描述对分类有用的人脸特征。

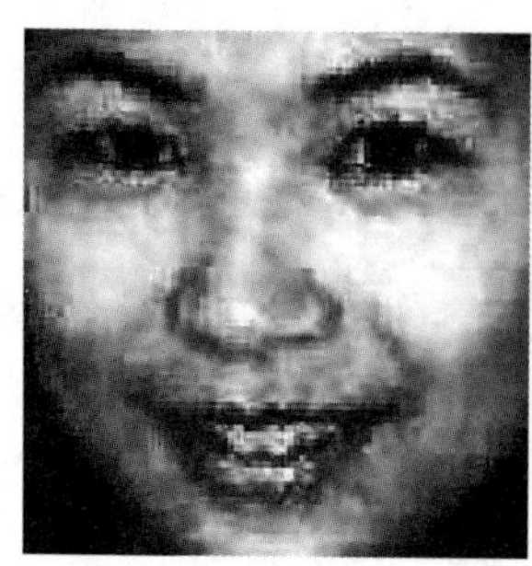

(a) 原图像

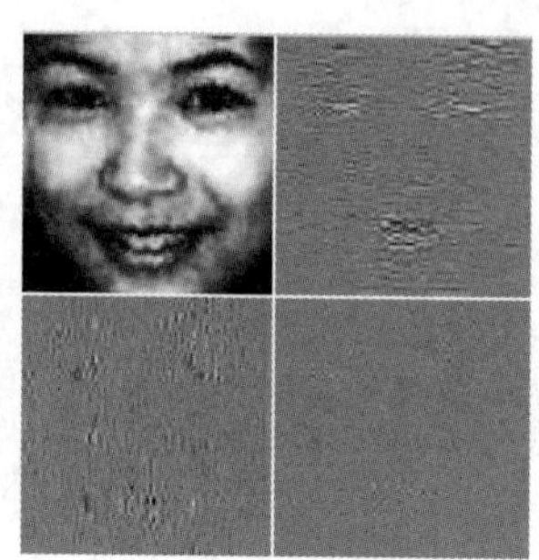

(b) 一层小波变换

(c) 二层小波变换

图 11.7　小波分解数据降维

2. 人脸检测特征提取

人脸图像的数据量相当大，为了有效地进行分类识别，就要对原始图像进行压缩，并得到最能反映分类本质的特征，这就是特征提取过程。考虑到人脸非常相似的特性，寻找稳定和有效的识别特征成为解决人脸识别问题的关键。在模式识别理论中，特征提取的一般原则是所抽取的特征之间相关性越小越好，最好是提取不相关的特征。

选取特征应该满足以下几点原则。

①有效性原则：即特征具有较好的分类性能；

②不变性原则：即特征对由平移、旋转和尺度变化等带来的影响的不敏感性；

③冗余减少原则：即特征之间应该尽可能地去除相关性；

④降维原则：即减少用于识别的数据量。

由于奇异值固有的稳定性、比例不变性和旋转不变性，能有效地反映矩阵特征，在人脸识别中将图像矩阵的奇异值作为识别的特征是很有效的。而图像的奇异值特征只包含了少数信息，更多的有用信息则包含在由奇异值分解得到的两个正交矩阵 $\boldsymbol{U}$ 和 $\boldsymbol{V}$ 中。由于投影变换不同，即选用的基准不同，因而仅采用奇异值特征进行识别是不合理的。

为了克服图像的奇异值特征包含的有效识别信息不足的问题，本节首先将所有整体人脸样本图片投影到同一标准特征矩阵，得到了一种新的基于投影系数的整体代数特征，并以此作为该幅人脸的特征向量。

设标准脸 $\boldsymbol{A}$ 的奇异值分解为 $\boldsymbol{A}=\boldsymbol{U}\boldsymbol{\Lambda}\boldsymbol{V}^{\mathrm{T}}$，$\boldsymbol{U}=[u_1,\cdots,u_m]$，$\boldsymbol{V}=[v_1,\cdots,v_n]$，则人脸 $\boldsymbol{X}$ 在 $\boldsymbol{A}$ 的特征矩阵上的投影可记为

$$W_X = U^{\mathrm{T}} X V = \begin{pmatrix} \boldsymbol{u}_1^{\mathrm{T}} \boldsymbol{X} \boldsymbol{v}_1 & \cdots & \boldsymbol{u}_1^{\mathrm{T}} \boldsymbol{X} \boldsymbol{v}_n \\ \vdots & \cdots & \vdots \\ \boldsymbol{u}_m^{\mathrm{T}} \boldsymbol{X} \boldsymbol{v}_1 & \cdots & \boldsymbol{u}_m^{\mathrm{T}} \boldsymbol{X} \boldsymbol{v}_n \end{pmatrix} \in R^{m\times n} \tag{11.11}$$

矩阵 $\boldsymbol{X}$ 关于 $\boldsymbol{A}$ 的投影特征向量 $\boldsymbol{\sigma}=[\boldsymbol{u}_1^{\mathrm{T}}\boldsymbol{X}\boldsymbol{v}_1,\cdots,\boldsymbol{u}_m^{\mathrm{T}}\boldsymbol{X}\boldsymbol{v}_n]^{\mathrm{T}}$，$\sigma$ 称为 $\boldsymbol{B}$ 关于 $\boldsymbol{A}$ 的投影特征向量，实质上就是矩阵 $\boldsymbol{W}_X$ 的对角线元素。图像投影后其能量保持不变，投影后得到的系数矩阵包含了原始图像所有信息。

人脸 $\boldsymbol{X}$ 的大部分能量集中分布在 $\boldsymbol{W}_X$ 左上角的一子阵 $\boldsymbol{W}_X^k$ 中，其中，

$$\boldsymbol{W}_X^k = \begin{pmatrix} \boldsymbol{u}_1^{\mathrm{T}} \boldsymbol{X} \boldsymbol{v}_1 & \cdots & \boldsymbol{u}_1^{\mathrm{T}} \boldsymbol{X} \boldsymbol{v}_k \\ \vdots & \cdots & \vdots \\ \boldsymbol{u}_k^{\mathrm{T}} \boldsymbol{X} \boldsymbol{v}_1 & \cdots & \boldsymbol{u}_k^{\mathrm{T}} \boldsymbol{X} \boldsymbol{v}_k \end{pmatrix}_F \in R_k^k \tag{11.12}$$

即人脸 $\boldsymbol{X}$ 投影到标准脸 $\boldsymbol{A}$ 的前 k 个最大奇异值所对应的特征矢量 $\boldsymbol{U}^*(u_1,u_2,\cdots,u_k)$，$\boldsymbol{V}^*(v_1,v_2,\cdots,v_k)$ 后所得到的系数集中了大部分的能量，因此可以将 $\boldsymbol{U}^*$ 和 $\boldsymbol{V}^*$ 作为标准特征矩阵。将图像投影到标准特征矩阵(平均脸)即可得到该图像的一种新代数特征 $\boldsymbol{W}_X^k$。

本方法采用前 $k\times k$ 个主元系数作为全部投影系数的近似，可以在保留足够识别信息的前提下达到降维的效果。当 k =16 时，所获得的识别率可以达到 97.5%，而进一步增大 k 值识别率反而有所下降。采用每人前 10 幅人脸图像进行训练得到的实验结果，如图 11.8 所示。

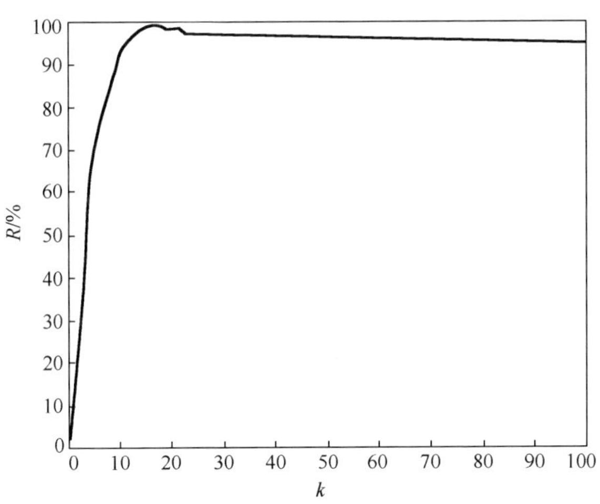

图 11.8　识别率与 k 值之间的关系

基于整幅图像的奇异值分解有一个明显的不足：整幅图像的特征向量反映的是整幅图像的特性，对细节描述不够；另外，图像中人脸表情和位置的变化，只有部分区域的灰度值变化显著，而其他区域变化并不明显，如果将人脸图像进行

分块处理并提取出最能反映个人特点的子图像的部分特征向量作为识别特征，将能更加充分利用图像信息。实际上整体特征和部分特征对于人脸感知与识别都是不可或缺的。整体特征描述通常作为感知的前端输入信息，如果待识别者拥有特别明显的部分特征，则整体描述就会退居到一个比较次要的地位。

由于描述每个人最具“个性”的局部特征最为常见的就是眼睛、鼻子、嘴巴、眉毛等五官面部信息，因此本节选取眼睛、鼻子、嘴巴三个位置的代数特征作为人脸的局部特征(图 11.9)。这些局部特征包含了一个人面部的主要信息。局部区域的切割依赖于人脸特征点(眼角、鼻侧点、嘴角)的准确定位，我们依照三庭五眼规则，以及前述内容中介绍的灰度投影曲线的建立，可以标记出眼睛(因左右眼对称只选取左眼部位即可)、鼻子、嘴巴三个矩形区域，进而对每个小块区域单独做奇异值分解，得到表征该图片的三组局部代数特征。

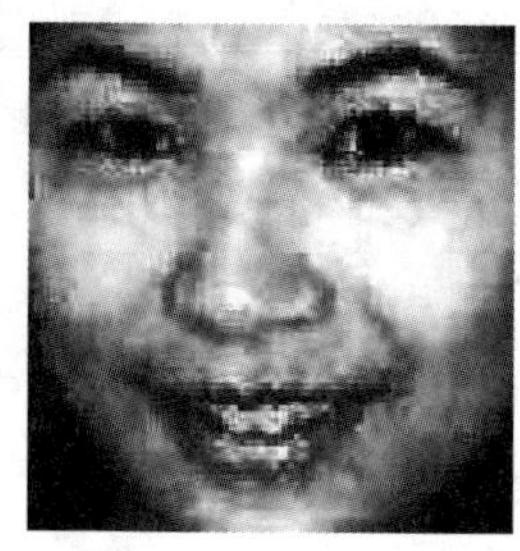
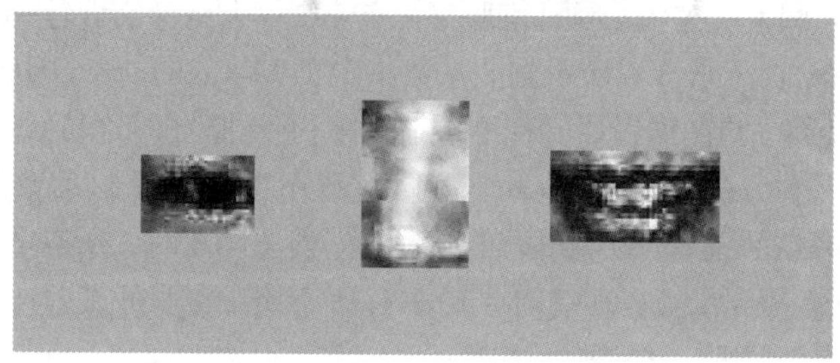

图 11.9　人脸的眼睛、鼻子、嘴三个区域提取图

为了提高识别率，本章将对整幅图片的整体奇异值与三个细节区域眼睛、鼻子、嘴巴的三组部分奇异值进行融合，按顺序提取出前 16 个奇异值作为最终的人脸图片的代数特征，如图 11.10 所示。

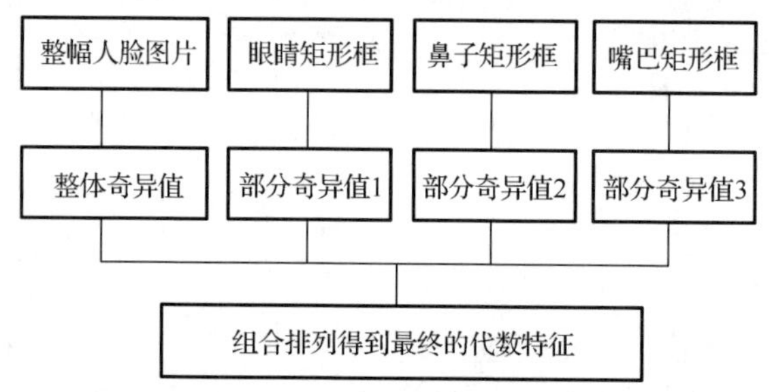

图 11.10　整体与部分奇异值融合结构图

提取人脸整体与局部奇异值特征的步骤可概括为如下过程。

设人脸识别任务中训练样本集为 $\{X_j^i, i=1,\cdots,N, j=1,\cdots,K\} \in R^{m\times n}$，$i$ 表示类别，j 表示每一个人所包含的人脸图片个数，不失一般性设 $m \leqslant n$。

第一步：定义所有训练样本的平均脸 $M=\frac{1}{NK}\sum_{i=1}^{N}\sum_{j=1}^{K}X_j^i$，对其进行奇异值分解：$M=\boldsymbol{U}_M\Lambda_M\boldsymbol{V}_M^{\mathrm{T}}$，得到正交矩阵 $\boldsymbol{U}_M$ 和 $\boldsymbol{V}_M$。

第二步：如式(11.11)将每个样本投影到正交矩阵 $\boldsymbol{U}_M$，$\boldsymbol{V}_M$ 上可得

$$\boldsymbol{W}_j^i=\boldsymbol{U}_M^{\mathrm{T}}\boldsymbol{X}_j^i\boldsymbol{V}_M=\begin{pmatrix}\boldsymbol{u}_1^{\mathrm{T}}\boldsymbol{X}\boldsymbol{v}_1 & \cdots & \boldsymbol{u}_1^{\mathrm{T}}\boldsymbol{X}\boldsymbol{v}_n\\ \vdots & \cdots & \vdots\\ \boldsymbol{u}_m^{\mathrm{T}}\boldsymbol{X}\boldsymbol{v}_1 & \cdots & \boldsymbol{u}_m^{\mathrm{T}}\boldsymbol{X}\boldsymbol{v}_n\end{pmatrix}\tag{11.13}$$

第三步：不失一般性假设 $m\leqslant n$，所以提取 $\boldsymbol{W}_j^i$ 的对角线元素排列成一列向量 $\boldsymbol{\sigma}_j^i$：$\boldsymbol{\sigma}_j^i=[\boldsymbol{u}_1^{\mathrm{T}}\boldsymbol{X}\boldsymbol{v}_1,\cdots,\boldsymbol{u}_m^{\mathrm{T}}\boldsymbol{X}\boldsymbol{v}_m]^{\mathrm{T}}$，$\sigma_j^i$ 作为测试样本的特征就是本节提出的基于投影变换的奇异值特征。

第四步：将测试样本 $\boldsymbol{X}_{\text{test}}$ 投影至平均脸 $\boldsymbol{M}$ 奇异值分解后得到的正交矩阵，得到相应的投影特征：$\boldsymbol{\sigma}_{\text{test}}=[\boldsymbol{u}_1^{\mathrm{T}}\boldsymbol{X}_{\text{test}}\boldsymbol{v}_1,\cdots,\boldsymbol{u}_m^{\mathrm{T}}\boldsymbol{X}_{\text{test}}\boldsymbol{v}_m]^{\mathrm{T}}$。

第五步：在经预处理后得到的标准人脸图片上，根据三庭五眼规律、人眼所在的坐标及长度 d 的大小，截取出左眼所在矩形邻域，以及鼻子、嘴巴所在矩形区域。

第六步：分别对左眼、鼻子、嘴巴每一个分块进行奇异值分解，得到相应的奇异值向量，每个向量截取前 5 个较大的奇异值，并将这些数值按照从大到小的顺序排列组合成一个新的向量，作为该图像的局部特征向量。

第七步：将第三步得到的整体与第五步得到的局部奇异值特征向量组合成为一个总体的奇异值向量，并按照从大到小的顺序排列，取前 16 个值作为最后的奇异值向量。

接下来将第七步得到的最后的奇异值特征向量作为识别向量，根据训练样本与测试样本的特征采用相应的分类器进行分类识别。

3. 模式识别

模式的分类是模式识别中很重要的一个问题，它是把被识别的对象归并分类，确认其为何种模式的过程。它的实质是找出输入数据空间到输出类别空间的映射关系。在数学上，这种映射关系可以用一个非线性函数来表示，即用它可以将不同类别的数据集合分割开来，其几何意义是高维空间中的一个非线性超平面。由于人工神经网络[175]具有较强的容错能力、较强的自适应学习能力，以及并行信息处理结构、速度快等优势，故本节选用最精华的标准三层 BP 神经网络作为人脸识别系统的模式识别[176]分类器。

目前，在人工神经网络的实际应用中，绝大部分的神经网络模型都是采用 BP

网络及其变化形式，它是前向网络的核心部分，也是人工神经网络最精华的部分。Hinton 和 Williams 的反向传播算法是多层前向神经元网络最初使用的学习算法，它实际上是一种梯度下降(gradient descent)的最小化方法。反向传播算法(back propagation，BP)网络主要用于函数逼近、模式识别、数据压缩等领域。

BP 算法的基本思想是：BP 神经网络的学习过程由信号的正向传播与误差的反向传播两部分组成。正向传播时，输入样本从输入层输入，经各隐含层逐层处理后，传向输出层。若输出层的实际输出与期望的输出(教师信号)不符，则转入误差的反向传播阶段。误差的反向传播是将输出误差以某种形式通过输出层向隐含层逐层反传，并将误差分摊给各层的所有单元，从而获得各层单元的误差信号，以此误差信号来修正各单元权值。这种信号正向传播与误差反向传播调整各层权值的过程是周而复始地进行的。权值不断调整的过程，也就是网络的学习训练过程。此过程一直进行到网络输出的误差减少到可接受的程度，或进行到预先设定的学习次数为止。

BP 算法的数学语言表示如下。

通过正向传播求得输入信号 x_p 网络的输出 y_p 。设 e_p^m 表示在输入信号 x_p 时输出层第 m 个单元实际输出 y_p^m 与期望输出 d_p^m 的误差：

$$e_p^m = d_p^m - y_p^m \tag{11.14}$$

定义输入信号 x_p 时输出端的期望误差函数为

$$E_p = \frac{1}{2}\sum_{m=1}^{M}(e_p^m)^2 \tag{11.15}$$

对于 P 组学习样本 (x_p, d_p) (p=1,2,…,P)，误差的均值为

$$E = \frac{1}{P}\sum_{p=1}^{P}E_p \tag{11.16}$$

对于式(11.16)，它是权值 w 的函数。如果激活函数是连续可微的，则误差函数 $E(w)$ 也是连续可微的。BP 算法中首先给定一组初始的权值 w_0 ，在误差的反向传播过程中求得 E 关于 w 的梯度 ∇E ，按照下式进行权值的更新：

$$w_{k+1} = w_k - \eta\nabla E(w_k) \tag{11.17}$$

其中，正常数 η 称为神经网络的学习率。神经网络学习的目的是使得网络误差式(11.16)达到最小，BP 算法的实质是采用梯度下降算法来极小化式(11.16)。在这一过程中，∇E 是主要计算部分。误差反传播过程中 ∇E 可以按以下公式计算：

$$\nabla E = \frac{1}{p}\sum_{p=1}^{P}\nabla E_p \tag{11.18}$$

其中，最主要的步骤就是计算 $\dfrac{\partial E_p}{\partial w_{kj}^l}$，可以由链式微分法则得到。

如果 l 为输出层，则

$$\begin{cases} \dfrac{\partial E_p}{\partial w_{kj}^l} = -\delta_k^l y_j^{l-1} \\ \delta_k^l = e_k^p \cdot \varphi'(v_k^l) \end{cases} \tag{11.19}$$

如果 l 是隐含层，则

$$\begin{cases} \dfrac{\partial E_p}{\partial w_{kj}^l} = -\delta_k^l y_j^{l-1} \\ \delta_k^l = \sum_{t=1}^{L_l} \delta_t^{l+1} w_{tk}^{l+1} \end{cases} \tag{11.20}$$

在迭代公式中，将所有训练样本全部输入到网络中，然后对当前权值做一步处理的训练方法称为批处理学习方法。但是在实际应用中，样本数常常很大，上述做法不够经济，因此广泛应用的是在线学习法——每输入一对训练样本即对权值进行调整。在线学习法能引起随机扰动，有助于逃脱局部极小，通常要比批处理方法更快、更有效，特别是对于样本数很大的情况。但对于高精度映射的情况，批处理的方式能够精确的计算出梯度向量。其流程图如 11.11 所示。

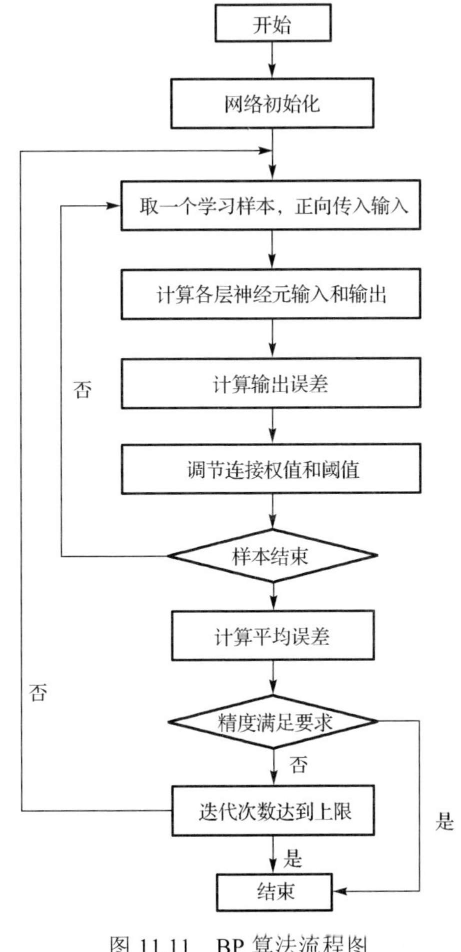

图 11.11　BP 算法流程图

在对人脸图像进行特征提取后，我们用这些特征向量和相应的教师信号来训练 BP 网络。如图 11.12 所示。

我们所用的 BP 网络是标准的 3 层网络，下面对人脸识别中 BP 神经网络的训练分类过程进行详细的讨论、分析。

关于网络层数的选择，理论上早已证

明：具有偏差和至少一个 S 型隐含层加上一个线性输出层的网络，能够逼近任何有理函数。增加层数主要可以进一步地降低误差、提高精度，但同时也使得网络复杂化了，从而增加了训练的时间。同时，误差精度的提高实际上也可以通过增加隐含层的神经元数目来实现。而关于隐含层的神经元数 H 的选取尚无理论上的指导。一般地，隐含层的神经元较多，则网络的冗余性大，网络一次训练的时间将增加，尽管使得网络收敛的训练次数会减少，但会降低分类器的推广能力。比较实际的做法是通过对不同神经元数进行训练比较后适当地增加一点修正量。为了保证分类器的稳定性，实验表明选择隐层神经元数目为训练样本数的一半左右时能取得满意效果。

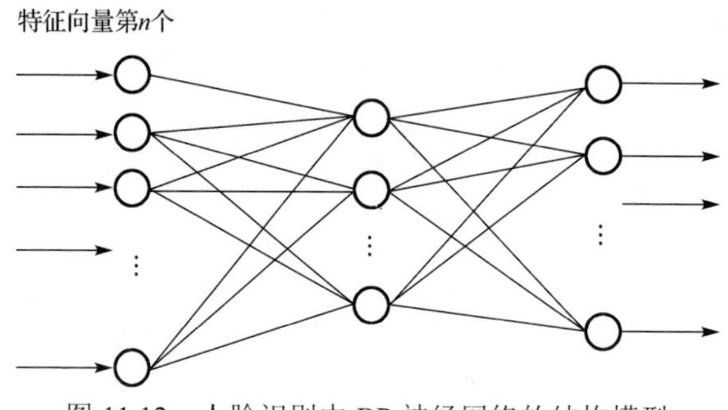

图 11.12　人脸识别中 BP 神经网络的结构模型

若记输入层的神经元数为 I，隐含层的神经元数为 H，输出层神经元数为 O。对于人脸类别数为 P 的人脸识别问题，若提取出的特征分量的维数是 M，则网络输出层的神经元数 O 就取为人脸类别数 P，输入层的神经元数取为 M。在对 BP 网络进行训练时，如果输入的特征向量是从第 m 幅人脸图像提取出的，则相应的 BP 网络的输出层的期望输出是第 m 个神经元的输出为 1，而其他神经元的输出都为 0，所以教师信号可以表示为

$$\text{out} = [0,0,\cdots,\underset{(m)}{1},0,\cdots,0]^{\mathrm{T}} \quad \text{（向量的第 } m \text{ 个元素是 1）} \tag{11.21}$$

由于系统是非线性的，BP 网误差曲面上有很多平坦区和局部极小点，因此网络的初始权值对于学习是否达到局部最小、是否能够收敛以及训练时间的长短很重要。如果初始值太大，有可能会使加权后的输入落在激活函数的饱和区内，从而导致其导数非常小，调节过程几乎停顿下来。所以一般总是希望经过加权后的每个神经元的输出值都接近于零，这样可以保证每个神经元的权值都能够在它们的激活函数变化最大处进行调节。所以我们在训练开始前，一般把初始权值取为(–0.3，0.3)之间的随机数。

当网络收敛以后，把网络的权值保存，则网络训练完成。在进行人脸识别时，

把经过奇异值分解得到的待识别人脸图像的特征向量输入到已训练完成的人工神经网络，观察神经网络输出层各个节点的输出值，它与 BP 网络的期望输出通常都存在一定的差别。期望输出的第 i 个输出节点为 1、其余输出节点均为 0，而实际输出值围绕期望值‘0’或‘1’对应的某一数值区间的某一个具体数值。至于两者之间的差别，则完全取决于 BP 网络训练时的误差容限，误差容限设置得较大，实际输出与期望输出之间差别就大；误差容限设置得较小，两者之间的差别就小，但并不是说 BP 网络训练时误差容限设置得越小越好。相反，我们希望通过增大 BP 网络训练时的误差容限来提高网络的计算效率，正确地解决 BP 网络的实际输出映射成一个具体类别的问题。为此，本节采用竞争选择，将输入样本类别判定为 BP 网络实际输出中具有最大值的节点对应的类别。

综上所述用对 BP 网络进行训练的算法简单描述为如下过程：

①初始化神经网络的权值为(–0.3，0.3)之间的随机数；

②输入训练样本及期望输出；

③逐层计算输出；

④从输出层开始，调整权值，并反向调整误差；

⑤若误差小于设定值，则结束；否则转③，继续学习。

网络训练完毕达到稳定状态后，保存网络的连接权值，用于后面对输入的图像进行人脸识别。

11.1.3　仿真实验

人脸识别门禁系统的工作过程如图 11.13 所示。首先建立一个人脸图像数据库，通过肤色检测算法对人脸图像去除背景取出人脸部分并进行预处理(包括小波变换)，提取特征，并训练 BP 神经网络。训练好的人工神经网络即为人脸分类器。将待识别人脸图像从人脸图库中取出，同样的需经过肤色检测、图像预处理、特征提取，送到人脸图像分类器中识别，人脸图像分类器输出的结果就是人脸识别的结果。具体的工作流程如图 11.14 所示。

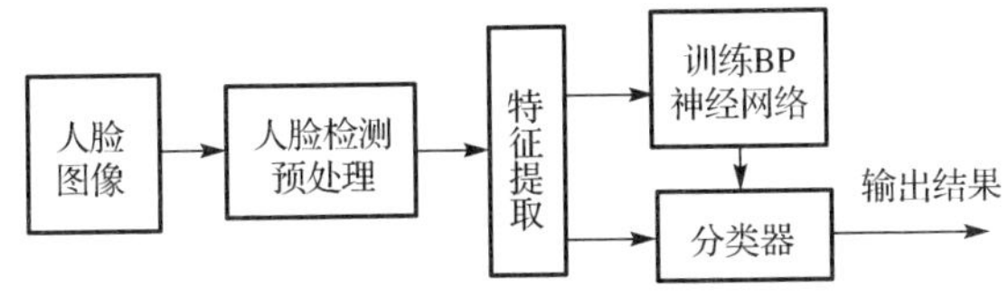

图 11.13　人脸识别系统框架图

本实验使用图像是在室内正常光照条件下以墙壁为背景使用数码相机进行拍摄的，拍摄过程中要求人脸与相机的距离变化不宜太大，人脸相对相机的方向可有轻微的转动，拍摄的角度尽量接近正面，人脸的表情基本保持自然状态，并且拍摄的图像中至多存在一张人脸。

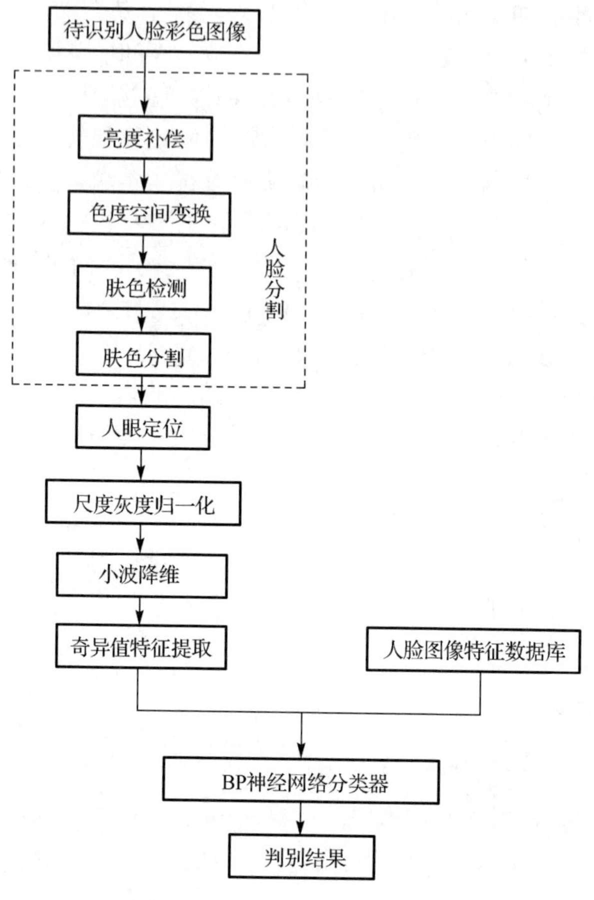

图 11.14　人脸识别系统流程图

本实验使用的图像是自行拍摄的 8 人 160 幅正面人脸图像，每人 20 幅 260×340 的彩色照片(前 10 幅用来训练，后 10 幅用来识别)，图 11.15 是该人脸数据库中的部分图像示例，摄取的图像按照彩色 JPG 文件格式存放，这些图像用于分类器的设计。对摄取的每幅人脸图像按照肤色检测算法检测出脸部图像，再通过旋转校正以及尺寸和灰度的归一化、小波变换等预处理，最终得到 40×40 大小的灰度图像，组成人脸特征库，如图 11.16 所示。

本节的完整算法是在 MATLAB 环境下基于图形用户界面(graphical user interfaces，GUI)实现的。人脸识别仿真门禁系统程序运行主界面如图 11.17 所示。各部分的具体说明如下。

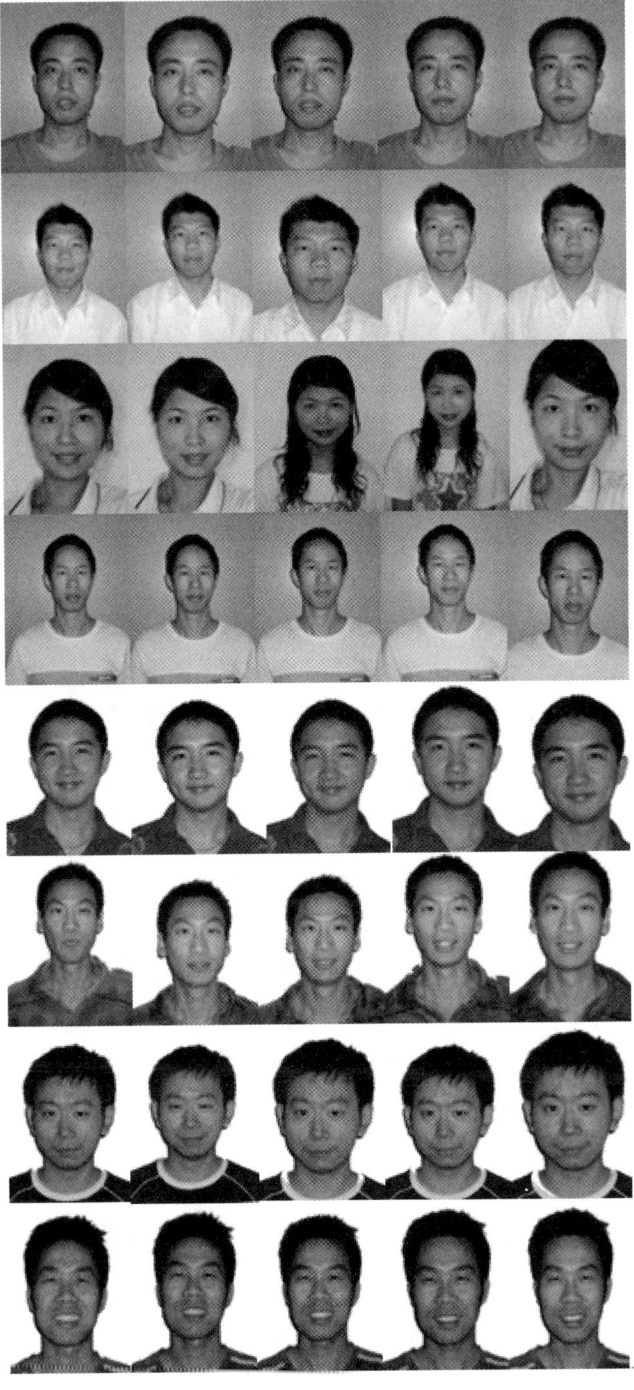

图 11.15　人脸图像数据库(见彩图)

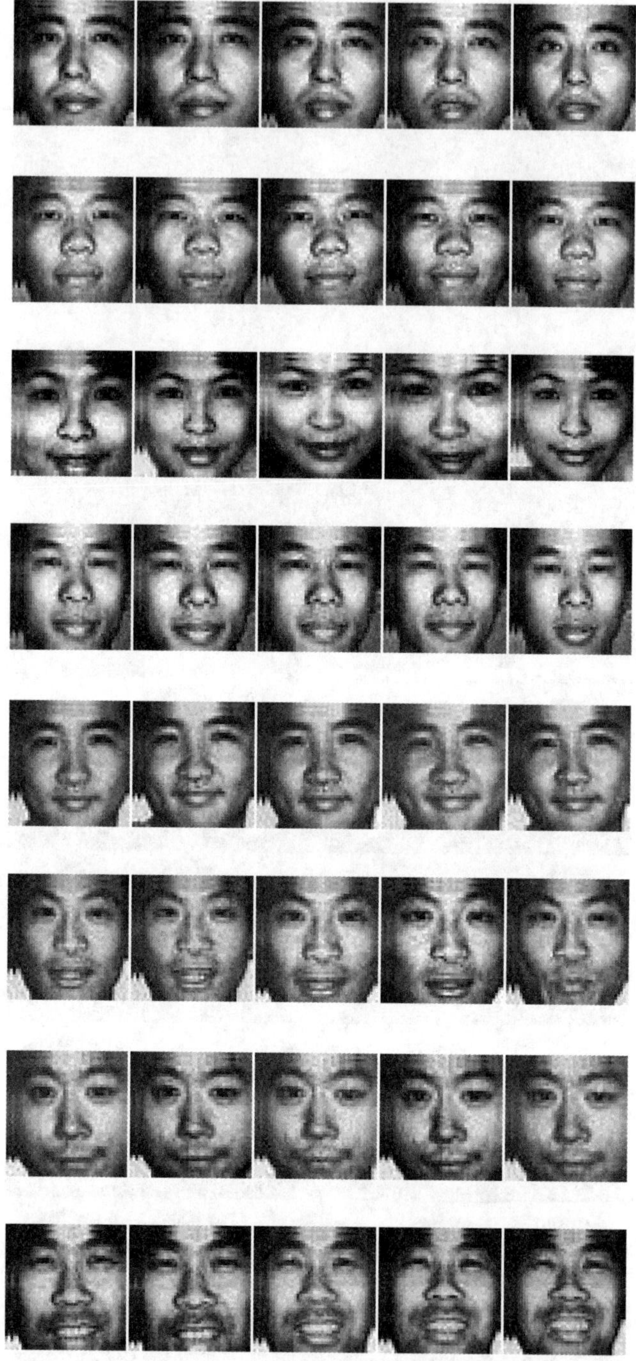

图 11.16　预处理后的标准图像(见彩图)

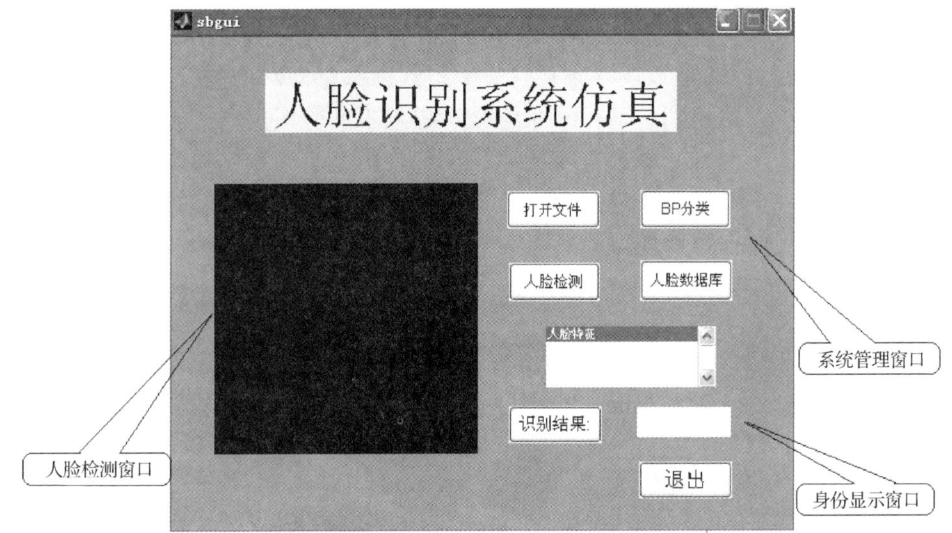

图 11.17　程序运行主界面(见彩图)

(1) 人脸检测部分。

人脸检测部分是采用基于肤色的人脸检测方法，通过肤色将人脸图像从整幅图像中分割出来，再定位出眼睛的位置，即可以对图像标准化，进而进行小波降维，最后对小波变换后得到的图片整体奇异值以及眼睛、鼻子、嘴巴三组局部奇异值融合后，取得该人脸的代数特征，并显示在界面上的列表中。

(2) BP 分类器部分。

BP 分类器部分是基于 BP 神经网络训练已有人脸样本，并对要检测的人脸特征进行测试，确定其分类，并将其分类结果自动显示在界面上。

(3) 人脸数据库部分。

该部分存储着实验室所有已知人员的人脸特征向量，每人 10 幅不同的图片，每幅图片取 16 个奇异值特征向量。

其文档结构图如图 11.18 所示。

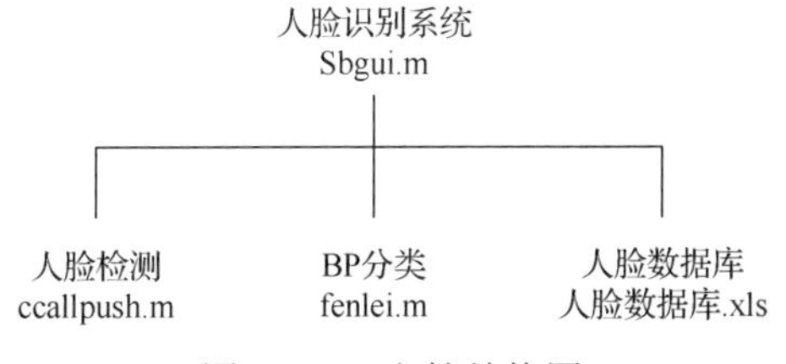

图 11.18　文档结构图

在本系统中，已事先保存一个完整的实验室人脸数据库标准化的纯脸图像特征数据“人脸数据库.xls”，该标准化的纯脸图像的生成办法采用基于肤色的人脸检测方法,以列向量的形式按顺序存放实验室人脸数据库对应的纯脸图像特征值。

本节构建的人脸识别仿真门禁系统是对进入本实验室门口的人员进行身份自动认证识别，即实时判断站在本实验室门前的人员是否为本实验室的内部组成人员。本节分别对实验室的八位同学进行了实验测试，图 11.19 是对作者本人王敏、师弟康郑，以及同门邵明明同学进行测试得到的实验结果。

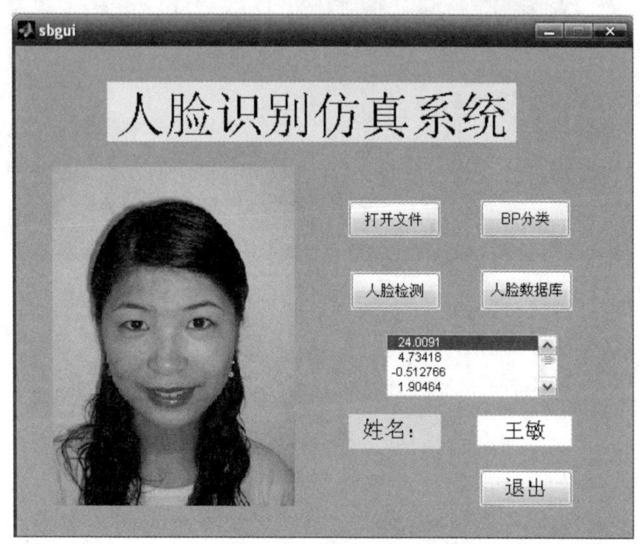

(a)

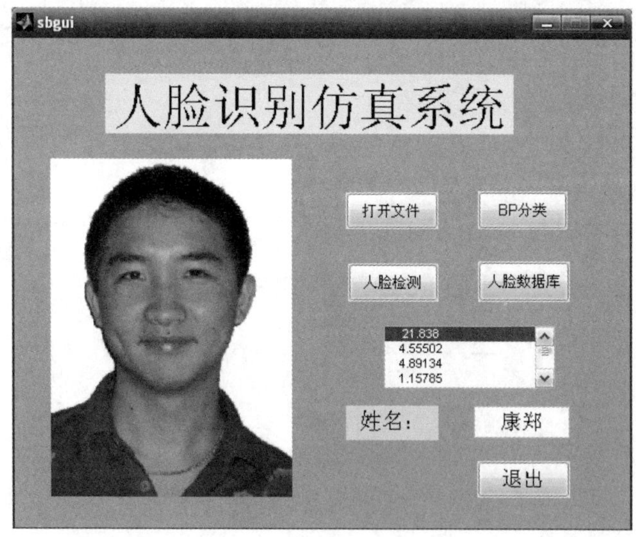

(b)

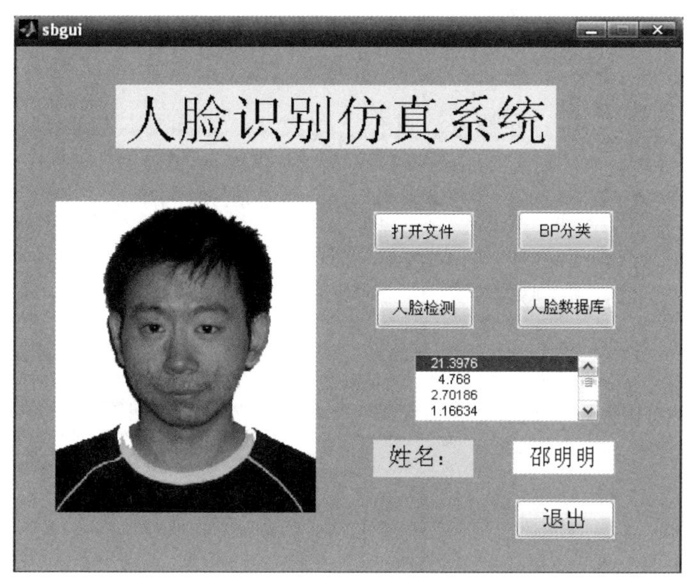

(c)

图 11.19　系统识别结果演示(见彩图)

由于不同人的人脸数据库之间的输入条件各异,不同识别程序之间很难比较,因此,人脸识别率的对比一般情况下要和采用相同人脸图像库进行人脸识别的方法进行比较。本节在本实验室采集的人脸图像库(8 个人每人 10 幅共计 80 幅人脸图片)的基础上,采用原有的整体 SVD+BP 神经网络的方法、仅基于局部(眼睛、鼻子、嘴巴区域)SVD+BP 神经网络的方法,与本节基于整体与部分 SVD+BP 神经网络的人脸识别技术的研究方法在相同的实验条件下分别进行了人脸识别的实验。将三种方法的识别率进行比较,结果如表 11.1 所示。

表 11.1　不同方法的正确识别率比较

人脸识别方法	测试识别率/%
本节方法	87.5
部分 SVD+BP 神经网络	81
整体 SVD+BP 神经网络	76.8

通过三种不同的识别方法进行实验分析,从仿真实验结果表 11.1 来看,本节采用的基于整体与部分的奇异值相结合的特征提取方法,并以 BP 神经网络作为分类器,具有良好的识别率,测试样本识别率达到了 87.5%,识别率略高于其他两种方法,是一种切实可行的方法。

11.1.4 小结

本节对原有的奇异值分解方法进行了改进，一方面将其投影到标准特征矩阵上得到新的代数特征，另一方面采用整体与部分局部奇异值分解相结合的特征提取算法，有效的提取出反映该图像最有效的代数特征，实验验证了该方法的识别率高于普通常用的方法。但由于人脸识别影响的因素繁多，且仅采用改进的奇异值分解的提取方法，检测效果受限。后期可以考虑多种特征融合的提取方法，提高识别率。

11.2 基于小波变换及形态学重构的 SAR 图像边缘检测算法

11.2.1 概述

随着遥感技术的发展，合成孔径雷达(synthetic aperture radar，SAR)图像分割在 SAR 图像的应用中显得越来越重要，而 SAR 图像的分割、识别、压缩、恢复等都依赖于找出图像的边缘，即边缘检测。图像的边缘是图像平面灰度值或颜色发生突变的点连接成的曲线段。通过边缘检测可以保留有关物体边界形态的结构信息，而且极大地降低了图像处理的数据量，简化了图像的分析过程。

图像边缘检测算法很多，常用的有基于算子(如 Sobel、Canny 等)的检测、基于数学形态学的检测、基于梯度模的检测等方法，但在降低噪声和增强边缘之间进行种种折中，不能精确提取图像的有用边缘，反而会得到很多的虚假边缘。且由于 SAR 图像含有相干斑噪，纹理信息丰富，传统的边缘检测方法效果不太理想。目前，SAR 图像的边缘检测都不是直接进行的，而是首先降低图像分辨率，获取原始图像的低分辨率图像；然后利用低分辨率的图像得到一个粗糙的初始边缘；最后，结合原来高分辨率的图像和提取出的初始边缘，检测出精确的边缘。此方法在准确性和连续性上有待改进。小波变换能得到原图像的低分辨率图像，又因为图像的边缘信息在频域中表现为高频分量，所以可以利用小波变换进行图像去噪预处理进而提取图像的边缘[177]。小波变换具有良好的时频局域化特性及多尺度分析能力，可以通过对不同尺度下的边缘图像进行边缘融合，实现图像边缘的检测。在各种小波当中，样条小波具有对称性、最小可能的支撑区长度等优良特性[178]。

本技术充分结合利用边缘信息的多方向特性和小波变换的特点，将不同方向的小波变换系数利用数学形态学和软阈值法进行去噪预处理后，再利用数学形态学和边缘检测算子分别检测子图像的边缘，最后将四种边缘系数重构出最终的有用边缘图像，为今后的图像分割做好准备。

11.2.2　具体方法

1. 数学形态学基本原理

数学形态学是一种非线性滤波方法，应用数学形态学可以简化图像数据，保持它们基本的形状特征(如边缘特征)，并除去不相干的结构。采用数学形态学方法检测图像边缘[179]，不像微分运算对噪声敏感，同时提取的边缘比较光滑，图像的骨架连续，能够有效地反映图像的特征信息。下面是数学形态学中 4 个基本运算的定义。

结构元素 g 对信号 f 的腐蚀(或侵蚀)定义为

$$(f\Theta g)(x)=\max\{y:g_x+y\ll f\} \tag{11.22}$$

信号 f 被结构元素 g 灰度膨胀(或扩张)定义为

$$(f\oplus g)(x)=\min\{y:g_x+y\gg f\} \tag{11.23}$$

结构元素 g 对信号 f 的开启定义为

$$f\circ g=(f\Theta g)\oplus g \tag{11.24}$$

结构元素 g 对信号 f 的闭合定义为

$$f\bullet g=(f\oplus g)\Theta g \tag{11.25}$$

对图像作用时，开运算具有删除细小物体的作用，闭运算具有填充分离物体和平滑较大物体的作用，故对含有噪声的图像，可以采用先开后闭的运算对图像去噪。另一方面，腐蚀使图像朝灰度值变小的方向收缩，而膨胀使图像朝灰度值升高的方向延伸。图像的边缘点是灰度值局部变化最大的点，故两种数学形态学运算对边缘点引起的变化最大。正是基于这一点，可以对灰度图像先做腐蚀或膨胀运算，得到的图像与原图像做绝对差，就得到灰度值局部变化最大的点，即边缘点。

2. 小波变换域图像去噪预处理

SAR 图像经过一次离散正交小波变换后，图像被分解为 4 幅，其中，左上角一幅是原图像的平滑逼近(低频 LL)，其余为细节高频信息：左下角为垂直边缘细节部分 LH，右上角为水平边缘细节部分 HL，右下角为原图像的边缘细节部分 HH。但原图像存在的大部分噪声同时也被分解到了高频子图中，需要对分解后的小波域分量进行去噪预处理。

为得到平滑理想的高频边缘，对于即将进行边缘检测的高频图像先利用 Donoho 的软门限阈值去噪[180]。对低频近似分量，则采用先开后闭的数学形态学运算进行去噪处理。

3. 小波域边缘检测

由于经过小波变换去噪后的高频子图像对应着原图像的边缘部分，即灰度值变化比较陡峭的地方，且具有三个分开的单方向：水平方向、垂直方向和对角线方向。因此采用具有单方向性的边缘检测算子：用 Sobel 边缘检测算子检测水平方向高频信息和竖直方向高频信息；用 Roberts 边缘检测算子检测对角线方向高频信息。

低频近似子图像经过去噪处理后，利用膨胀运算进行边缘检测。结构元素的一般尺寸采用 3×3，5×5，7×7，其中，3×3 窗口速度最快，边缘提取得最精细，因此选择 3×3 平面型的结构元素。上述过程可归纳为

$$\mathrm{BW}=[(f\circ g)\bullet g]\oplus g-(f\circ g)\bullet g \tag{11.26}$$

图 11.13(a)是一幅典型的 SAR 图像(包括陆地和河流，尺寸为 256×256)，对其进行小波变换和边缘检测后的结果如图 11.20(b)和图 11.20(c)所示。

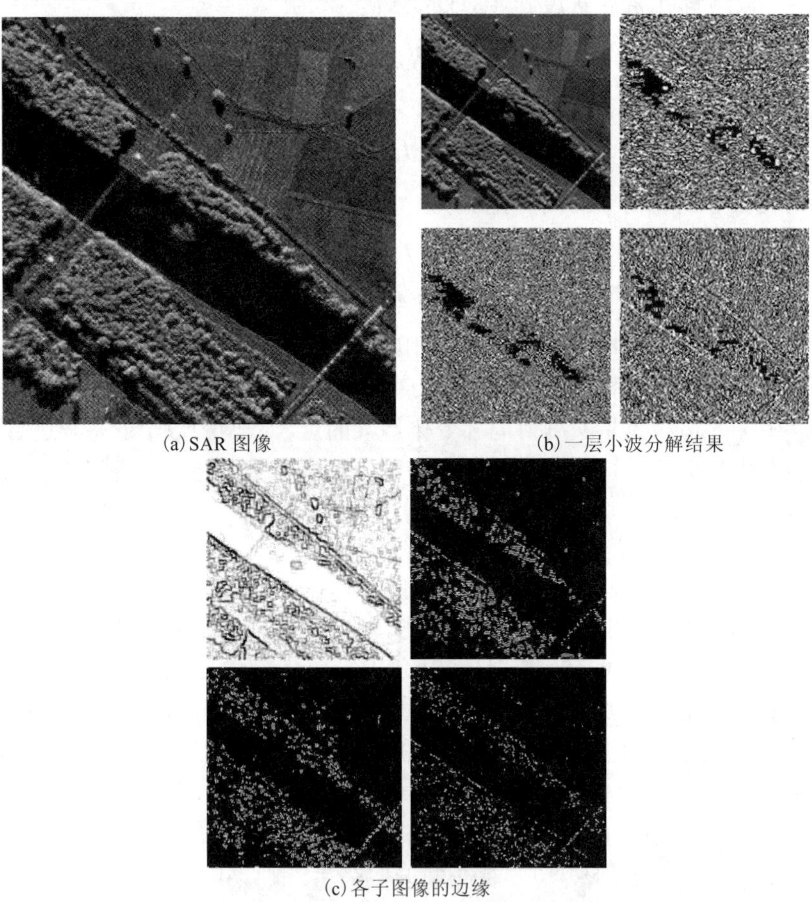

(a) SAR 图像　　(b) 一层小波分解结果

(c) 各子图像的边缘

图 11.20　SAR 图像边缘检测结果

4. 具体步骤

本节算法流程图如图 11.21 所示。

①对一幅 SAR 图像进行一层小波分解，得到原图像的 LL 低频近似子图像及 HL、LH、HH 四个高频边缘细节子图像；

②针对 LL 低频近似子图，利用数学形态学的先开后闭运算去噪滤波后，接着采用腐蚀运算进行边缘检测，得到该子图的边缘图像；

③针对 LH 水平高频子图，先利用 Donoho 的软门限阈值去噪，接着利用 Sobel 水平方向算子检测其边缘图像；

④针对 HL 垂直高频子图，先利用 Donoho 的软门限阈值去噪，接着利用 Sobel 垂直方向算子检测其边缘图像；

⑤针对 HH 对角线高频子图，先利用 Donoho 的软门限阈值去噪，接着利用 Robets 边缘算子检测其边缘图像，仿真得到的各子图像边缘如图 11.20(c)所示。

⑥对②～⑤四个步骤中获得的边缘小波系数进行小波逆变换，最终得到重构后的边缘图像。

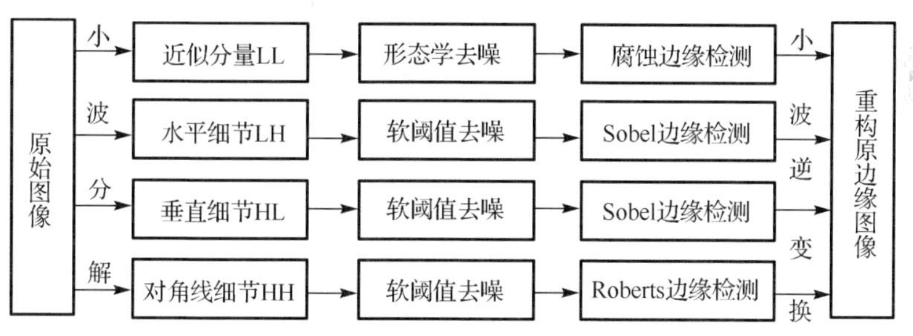

图 11.21　本文边缘检测流程

11.2.3　仿真实验

为了验证本节提出的边缘检测方法的有效性，对图 11.20(a)的 SAR 图像进行了边缘检测实验。利用 MATLAB 工具对该图进行基于小波分解多方向边缘检测的仿真实现，其检测结果如图 11.22(b)所示。同时与之前一些常用的边缘检测算法进行比较，如图 11.22 所示。从图中可以看出，本节方法检测出的边缘清晰突出，由于进行小波分解使得子图像的分辨率增大，得到叠加各子图边缘的增强型边缘，自然边缘线也较粗。其他方法均有未检测到的边缘，且存在间断点等缺陷，故本节方法在边缘检测中确实具有很好的检测效果。

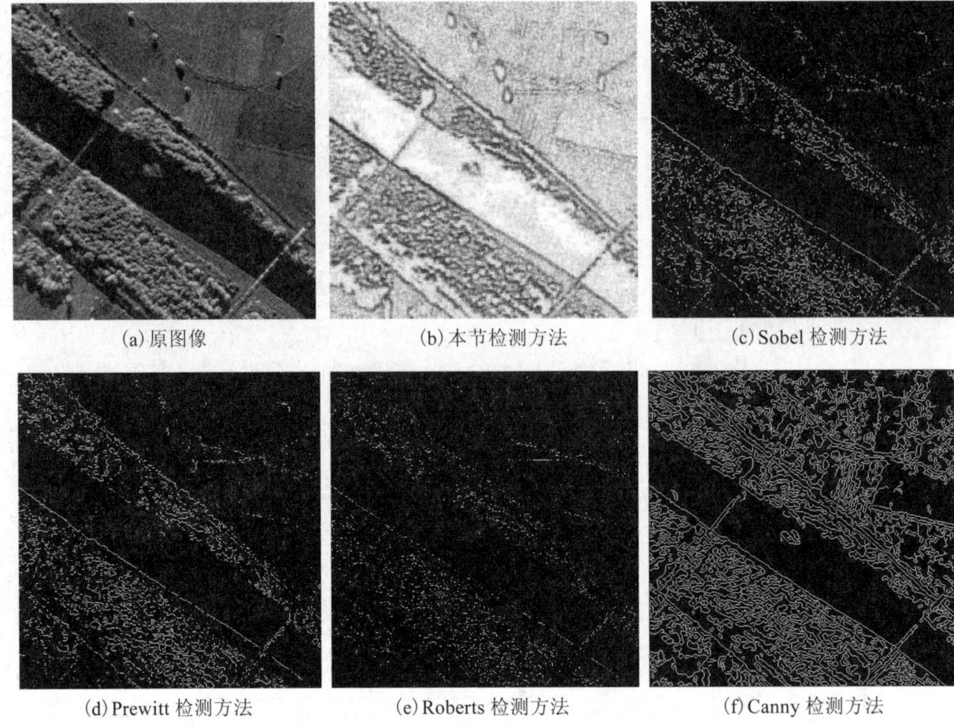

(a) 原图像　(b) 本节检测方法　(c) Sobel 检测方法

(d) Prewitt 检测方法　(e) Roberts 检测方法　(f) Canny 检测方法

图 11.22　不同图像检测方法结果对比

11.2.4　小结

本节提出一种改进的边缘处理方法，结合了小波变换和数学形态学的优点。对原SAR 图像进行二维小波变换分解后，得到图像水平方向、垂直方向和对角线方向的边缘细节信息。针对有方向性的边缘采用有方向的边缘检测算子，得到了不同方向的图像边缘；而对于低频近似图像则采用数学形态学的开闭运算去噪后，利用腐蚀运算得到低频近似图像边缘；最后利用边缘小波系数重构出原图像的边缘位置。此算法不需要人为设定阈值，从而显著提高了算法的泛化能力。从实验结果来看，该算法确实突出了主要区域的边缘细节，区域边缘定位准确、连续，更好地保持了图像的空间分辨力，是一种有效的图像边缘检测算法，为下一步的图像区域分割奠定了基础。

11.3　基于饱和度和区域一致性的静态水上物体分割算法

11.3.1　概述

随着计算机和图像处理技术的发展，视频图像监测在金融、交通、安全部门等领域得到广泛的应用，如何从视频序列中提取监测的运动目标是当前研究的热点[181]。目前，国内外的水上目标检测方案大致可以分为遥测遥感法和近距离识别法。对小面积水体的检测一般采取近距离识别法。分割是图像识别的关键步骤，因此，精确而高效的分割方法对水面图像处理来说非常重要。

目前，存在着众多的图像分割方法和技术，如基于图像灰度阈值的分割方法、基于边界的分割方法、基于统计模型的分割方法等。这些分割方法都有其固有的优势和不足[182]。近年来，基于区域一致性分析的边缘分割方法在图像分割方面取得了很大的成功。因此，在对静态单幅图像水上目标物体检测分割而言，本节采用下述三个环节进行检测：利用饱和度检测水面区域、区域一致性检测边缘、目标物体标记定位。

11.3.2　具体方法

1. 基于饱和度特征的水面区域检测

经实验统计发现，和周围物体相比，图像中水面的饱和度[183]相对较低，一般在 0.1 以内，而周围物体的饱和度一般为 0.2 或者更高。据此，可以对图像进行基于饱和度的特征提取。实验表明，图像中饱和度较低的部分是水面的可能性远大于饱和度高的部分。

实现步骤如下：先将图像从 RGB（红/绿/蓝三原色）空间转换到 HSI（色调/饱和度/强度）空间。转换后可得饱和度分量。然后采用基于 K-均值聚类法[184]，将每个像素根据饱和度大小进行特征提取，计算流程如图 1.23 示。算法采用欧氏距离作为对象间距离的描述，其意义为当前饱和度和设定值之间差值的绝对值。欧氏距离的计算公式如下：

$$d(i,j)=\sqrt{(\left|x_{i1}-x_{j1}\right|^2+\left|x_{i2}-x_{j2}\right|^2+\cdots+\left|x_{ip}-x_{jp}\right|^2)} \tag{11.27}$$

聚类初始化时，设置了 5 个饱和度在 0.3 以内的初始值，并呈等间隔分布。这样的设置可以有效减少计算的迭代次数。聚类开始后，定义相似性测度为欧氏距离可明显加快计算速度[185]。大量实验表明，聚类完成后取结果中饱和度最小的两类而得到的水面区域最完整。

2. 基于区域一致性的水面区域边缘检测

(1) 浮雕预处理。

由于水面光影的边缘比较模糊[186]，常用的边缘检测方法都以提取出准确边缘为目的，从而丢失了过多信息，所以采用浮雕操作去除光影，又可以尽可能多地保留图像边缘信息。浮雕显示是指通过一定的特殊处理，对一幅二维平面图像中的有效内容和物体增加立体显示效果。它能艺术地再现图像，平面图像中的轮廓边缘得到有效加强，凸现了景物及其层次，提高视觉冲击力，给人以凝重的艺术风格与感染力。浮雕[187]概念是指标绘图像上的一个像素和它左上方的那个像素之间差值的一种处理过程，为了使图像保持一定的亮度并呈现灰色，在处理过程中为这个差值加了一个数值为 128 的常量。

$$f(i,j) = f(i,j) - f(i-1,j-1) + 128 \tag{11.28}$$

由于浮雕特效突出了边缘像素，而水面光影没有明显的边缘，所以基本上被消除了，且图像信息也没有过多丢失，如图 11.24 所示，这对接下来的处理非常有利。

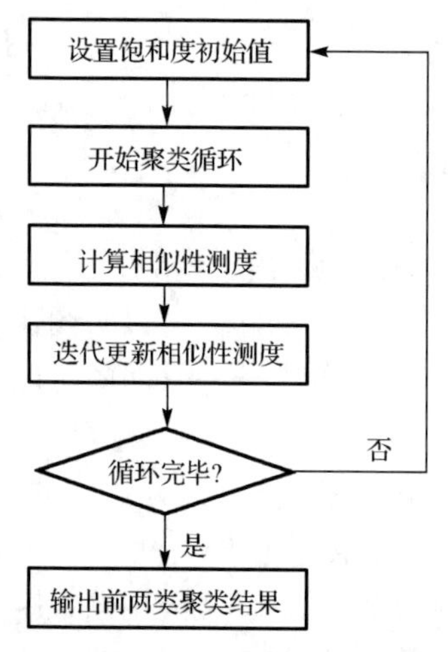

图 11.23　饱和度特征提取流程图

图 11.24　浮雕处理图

(2)边缘检测。

平均梯度(gradient of averages，GOA)[188]边缘检测算子是基于图像局部统计性的一种边缘检测算法，以 5×5 窗口为例，4 种不同的计算方向如图 11.25 所示。

以图像的每一个像素点为待检测点，取一个滑动窗口，对于过该点的 4 个直线方向，计算窗口内两侧不重叠区域的像素点的灰度均值 $P_i'Q_i'$，其中，$i=1,2,3,4$，该像素点处相应方向上的梯度值分别为

$$G_i = \text{abs}(P_i - Q_i), \quad i=1,2,3,4 \tag{11.29}$$

则取该像素点处的梯度值为

$$G = \max(G_1, G_2, G_3, G_4) \tag{11.30}$$

由 G 的定义可以看出，G 越小，则两区域灰度均值差别越小，越可能同属一块均匀区域；反之 G 越大，则两区域灰度均值差别越大，待计算点越可能处于两

区域的边界上。在实际使用的过程中，根据图像大小的不同，可以选择 3×3，5×5，7×7 等不同尺寸的滑动窗口。滑动窗口的尺寸越大对噪声越不敏感，但对细小的边缘检测能力较弱；相反滑动窗口的尺寸越小，对小的边缘定位越准确，但抗噪性能较差。因此，可以考虑对图像在不同的窗口尺度上进行处理，以更好地定位各种边缘。对于视觉上具有一致性的均匀区域，各像素点处具有较小的 G 值，而对于一些边界区域，各像素点具有较大的 G 值，因此，可使用图像的 G 值图来表示其局部区域一致性。

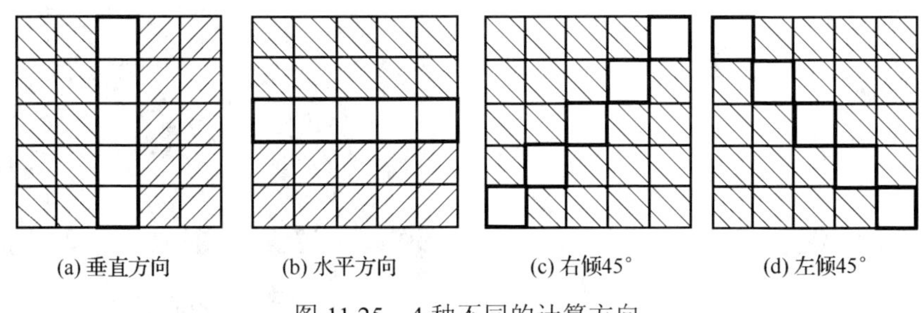

(a) 垂直方向　(b) 水平方向　(c) 右倾45°　(d) 左倾45°

图 11.25　4 种不同的计算方向

3. 目标标记

(1) 目标分割。

一般来说，像素点小于 8 个的连通区域可以认为是噪声引起，则像素个数少于 8 的区域将被抛弃。水面图像的噪声一般是由光照等因素造成的。采用数学形态学先腐蚀后膨胀的方法进行处理，消除目标内部的空洞，得到完整的只剩下含有目标的二值化图像。最后利用连通检测方法标记前景图像中独立的前景区域的位置[189]。对二值图像的非零部分根据目标的连通性和最近邻方法进行分割，求得各连通区域的最小外接矩形。

(2) 目标定位。

为了准确获取各个目标在前景图中的位置矢量，充分利用提取到的目标灰度形状尺寸和最小外接矩形尺寸。利用 MATLAB 仿真可以得到：各个目标对象的灰度重心 (x_H, y_H)，以及最小外接矩形的左上角的像素点位置 (x_0, y_0)、矩形的长 L、宽 W。

目标灰度重心位置 $P_H = (x_H, y_H) = (M^{10} / M^{00}, M^{01} / M^{00})$，而图像的 pq 阶矩为 $M^{pq} = \sum\sum f(i,j) i^p j^q$；最小外接矩形重心位置，即矩形重心位置 $P_R = (x_r, y_r) = ((x_0 + L/2), (y_0 + W/2))$。那么，物体在图像平面中的位置 P 取为最小外接矩形的几何中心位置和灰度重心的加权值，即 $P = P_H \times t + P_R \times (1-t)$，考虑到灰度重心经常受到背景影响而出现误差，所以根据现场实际情况设定加权系数 t。

11.3.3　仿真分析

实验中采用一幅真实的水面包含运动物体图像进行实验仿真，如图 11.26(a)所示。原始图像尺寸为 251×214。采用上述操作对该图像进行处理，监测结果如图 11.26(b)和图 11.26(c)所示。

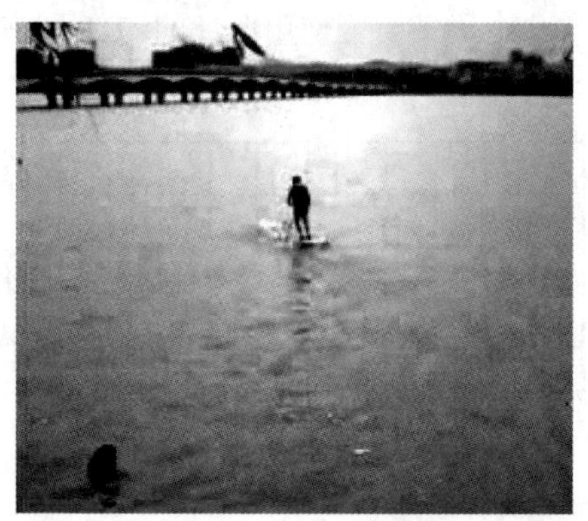

(a)原图

(b)边缘检测图

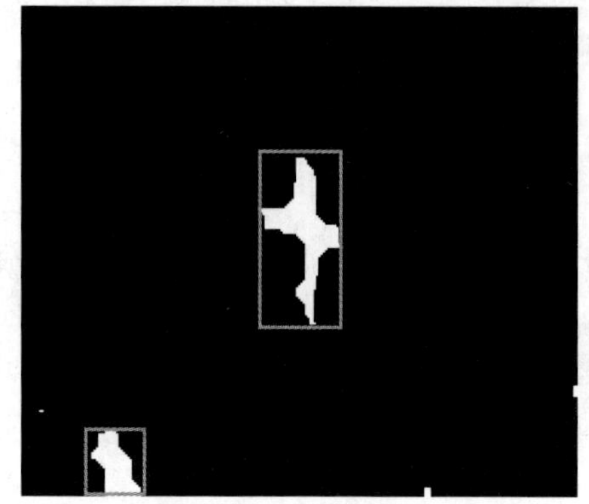

(c)分割标记图

图 11.26　图像分割结果

11.3.4　小结

本节采用基于水面饱和度和包含图像区域一致性的图像分割算法，对含有丰富纹理和动态信息的水面图像实现了水上目标物体较好的检测分割功能。但本节所采用的原始图还比较简单，对于水纹波动性很严重的图像，效果不够理想。因此，研究一种更能反映图像区域一致性的分割算法是下一步的工作重点。

11.4　基于灰度共生矩阵和小波纹理的 SAR 水面图像分割算法

11.4.1　概述

SAR 具有良好的分辨能力和全天候探测能力，SAR 的出现为人们检测、研究、开发和利用海洋提供了新的方法和手段。SAR 提供的海洋图像，信息含量巨大。利用 SAR 图像对波浪、浮冰块、内波、海底地形、船舶及其航迹等的研究都取得了很大的进展，充分展示了 SAR 探测海洋的能力和潜力[190]。但是这些研究的首要前提是获取水面信息，水面分割成为遥感应用的一个重要方向。

本节选择包含陆地和水域的 SAR 图像，结合 SAR 图像水陆灰度比和小波纹理信息的特点，提出了一种新的 SAR 图像水面分割方法。首先对分块后的 SAR 子图像提取基于灰度共生矩阵的特征信息，其次对分块子图像利用小波变换提取 l_1 范数和平均偏差作为小波纹理特征信息；据此将两类纹理测度组合建立起适于图像分离的多维特征空间。最后采用 K 均值聚类算法对 SAR 图像进行水面分割。为海洋环境监测和海洋现象识别提供途径。

11.4.2　纹理特征提取

图像中的不同区域很多情况下是根据图像纹理而不是形状或强度均匀性来识别的。物体的物理表面特性，如粗糙度、方向性走向等，或表面对光照所体现的反射差异(如颜色)，都可以导致纹理的产生。由于 SAR 图像亮度范围较大，且含有丰富的纹理结构信息，因此可以利用纹理分割辅助原图像进行分类，以提高分类精度。

纹理分割过程主要包括 2 个步骤：特征提取和基于特征向量的一致性分割。特征提取的目的是获得每一个像素的特征向量，进而根据特征向量来区分不同的纹理。所提取的纹理特征能否很好地表征一种纹理直接关系到纹理分割的结果。因此，特征提取在纹理分割中具有更重要的作用。

1. 水体和陆地的微波遥感机理

众所周知，雷达图像的亮度值代表雷达回波强度的大小，它定量地由雷达后向散射系数决定，而雷达系统和地物目标都影响后向散射系数值大小。在 SAR 图像上高密度陆地一般呈现较亮色调，而水体对于 SAR 的波长而言，属于光滑表面，因而在图像上呈暗色或黑色，且色调较为均一[191]。陆地和水域具有不同的纹理特征，在进行 SAR 图像信息提取时，可以通过加入它们的纹理特征来增强陆地和水域的专题信息。

2. 基于灰度共生矩阵的纹理特征提取

灰度共生矩阵[192]（gray level co-occurrence matrix，GLCM）是一种基于图像的灰度联合概率矩阵的纹理特征提取方法，它不仅反映亮度的分布特性，也反映具有同样亮度或接近亮度的像素之间的位置分布特性，是有关图像亮度变化的二阶统计特征。由灰度共生矩阵 $\boldsymbol{P}$ 可以生成多种统计值作为纹理特征的度量。由于陆地在 SAR 图像上的表征总体上呈现亮色调，而水体呈暗色或黑色，因此选择能反映图像灰度分布均匀程度和纹理粗细度的角二阶矩或能量（angular second moment，ASM）、均值（mean ends analysis，MEA）[193]两个纹理测度可以将陆地和水域与其他信息区分开来。

$$\mathrm{ASM}=\sum_{i=1}^{N}\sum_{j=1}^{N}(P(i,j))^2 \tag{11.31}$$

$$\mathrm{MEA}=\sum_{i=1}^{N}\sum_{j=1}^{N}i\times P(i,j) \tag{11.32}$$

$P(i,j)$ 为灰度共生矩阵的元素，N 为矩阵的大小。实际应用中，常常通过计算分块窗口 w（大小为 $n\times n$ 像素）的灰度共生矩阵来得到 w 的中心像元的纹理测度值。

3. 基于小波的纹理特征提取

特征提取既可以在空域中进行，又可以在变换域中进行。在变换域中是对变换系数值进行某种操作以提取特征，不仅鲁棒性强，而且能很好地反映纹理信息。典型的变换包括傅里叶变换、Gabor 变换和小波变换等。小波变换可以在时频两域都具有表征信号局部特征的能力，是一种窗口大小固定，但时间、频率窗都可改变的时频分析方法。这使得小波变换具有信号的自适应性，小波的这些特征是傅里叶变换和 Gabor 变换所不具备的。因此，近年来小波变换得到了广泛的应用及良好的结果。

人类视觉系统是以多尺度的方法来处理图像的，为了提取图像的多尺度信息，充分利用小波良好的时频局部特征、多尺度变化特征和方向特征，可以采用基于小波变换的纹理特征[194]提取方法。基于小波变换的纹理测度指标一般采用 l_3 范数、平均能量和熵等，本节采用小波分解频带图像的 l_1 范数和平均偏差作为纹理测度，计算公式为

$$e_1=\frac{1}{MN}\sum_{i=1}^{M}\sum_{j=1}^{N}\left|w(i,j)\right| \tag{11.33}$$

$$e_2=\frac{1}{MN}\sum_{i=1}^{M}\sum_{j=1}^{N}\left|w(i,j)-\overline{w}\right| \tag{11.34}$$

式中，$M \times N$ 为频带图像的大小；i 和 j 分别表示图像的行和列；w 为该频带小波系数；$\overline{w}$ 表示该频带小波系数的均值。

考虑到 Daubechies3 小波的高纹理性能及其正交性、紧支性和低复杂性，本节选择 Daubechies3 小波进行二层小波分解得到 7 个小波子图像，分别是第 1 次小波分解所得的 3 个高频图像、第 1 次小波分解所得的低频图像进行第 2 次小波分解所得的 3 个高频子图像、1 个低频子图像。

由此可见，对于分解层数为 L 的小波分解，就可以为每个像素构造一个维数为 $D=2\times(3\times L+1)$ 的特征向量。当对图像做二层小波变换时，则分解图像的每个像素的特征向量可以表示为

$$\boldsymbol{e}=\{e_1^k, e_2^k\}, \quad k=1,2,\cdots,7 \tag{11.35}$$

11.4.3　无监督分割算法

图像中各像素的特征确定后，用 K-均值聚类实现无监督分割，其中，相似性度量采用欧氏距离。所提出的纹理图像无监督分割算法的流程图如图 11.27 所示，具体步骤如下。

①将 SAR 原图像(256×256)进行小波滤波后，按区域窗口(16×16)分割成 256 个子块图像；

②根据式(11.31)、式(11.32)计算各分块图像灰度共生矩阵的能量、均值纹理特征；

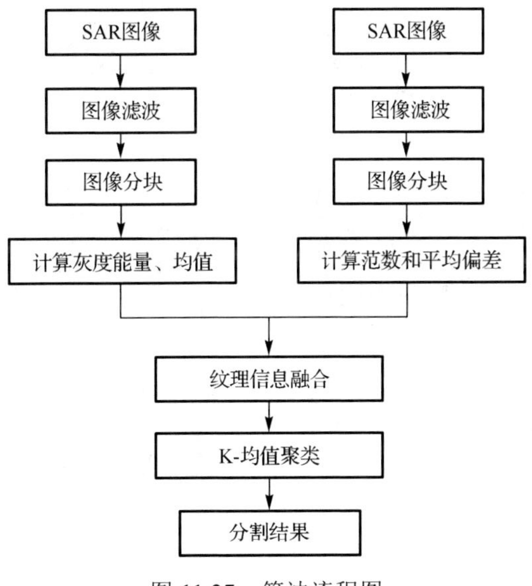

图 11.27　算法流程图

③对 SAR 原图像(256×256)同样按区域窗口(16×16)分割成子块图像；

④采用 Daubechies3 小波对各个子图像进行二层小波分解，并据式(11.33)、式(11.34)求其 7 对相应频带图像系数的 l_1 范数和平均偏差纹理特征；

⑤将上述步骤②和步骤④中求得的灰度能量、均值、l_1 范数和平均偏差组合成最终的纹理特征；

⑥确定纹理数目 n=2(本节将图像分成水陆两类)，基于特征向量用 K-均值算法聚类产生分割结果。

11.4.4　仿真实验及结果分析

为了检验本节提出的分割算法性能及有效性，将其用于 SAR 图像分割进行了仿真实验。利用 MATLAB 工具对该图进行基于灰度共生矩阵和小波纹理的 SAR 水面图像分割的仿真实现。SAR 图像大小为 256×256，该图像分割的目的是将陆地区与水面区域分割开来，即将图像分割成两类。将本节的分割结果与单独使用灰度共生矩阵的测度信息分割方法、单独使用小波域能量聚类分割方法进行了比较。SAR 图像及分割对比结果如图 11.28 所示。

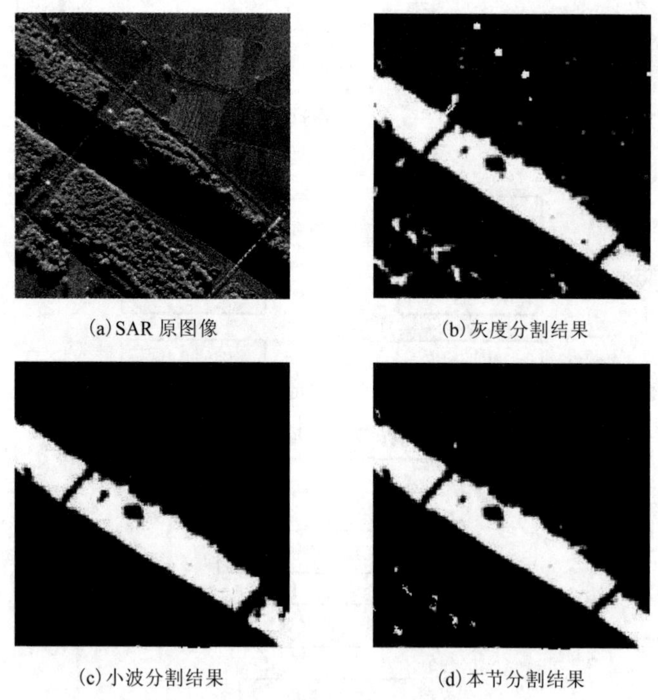

(a) SAR 原图像　(b) 灰度分割结果

(c) 小波分割结果　(d) 本节分割结果

图 11.28　各种算法分割结果

这里用分割正确率、运行时间来评价分割效果，其中，分割正确率的评价是定量的，定义为

$$\text{preci} = n / (M \times N) \tag{11.36}$$

其中，n 为正确分割的像素数；M，N 为测试图像的大小。表 11.2 列出了这 3 种方法的分割正确率。

从分割结果可以看出，无论从视觉效果还是统计效果，相对于单独使用灰度共生矩阵的测度信息分割方法、单独使用小波域能量聚类分割方法，本节算法具有更优的分割结果和更完整的分割区域，并且区域一致性很好。从表 11.2 也可以看出，本节的分割正确率也较能量法的分割正确率好。

表 11.2　不同分割算法性能比较

图像分割方法	运行时间/s	分割准确率/%
分块灰度与小波分割(本节方法)	11.5	95.6
分块灰度分割	7.6	73.5
分块小波分割	9.3	81.2

11.4.5　小结

水面分割是海洋环境监测和海洋现象识别的首要前提。本节从小波变换域内提取其范数、平均偏差作为其中一类纹理测度信息，其次考虑到水域、陆地之间的灰度差异，辅以灰度共生矩阵的能量、均值作为另一类纹理测度信息，将二者结合，发挥各自的优点，弥补对方的缺点，更完整地提取出代表水域的纹理信息，从而可利用 K-均值聚类算法对 SAR 图像的水陆两地进行有效的分割。

11.5　基于城市 GCP 模板的遥感图像几何校正研究算法

11.5.1　概述

利用卫星图像获得地面二维坐标是卫星遥感图像处理的重要研究方向，对地球资源系统调查、监控及地形图测图、更新具有相当重要的意义，由于遥感图像形成获取的内在规律，决定了遥感图像[195]存在几何畸变，为消除这些畸变还原图像的真实地理坐标，传统定位技术是在卫星图像上人工寻找一些有特征的地面控制点(GCP)来进行与地图之间的定位配准，不可避免的增加了定位时间及错误率。

研究发现，对于中国区域的卫星遥感图像而言，大中型城市都是以一些高亮度像素点密集形成的圆点表示，而这些城市的分布都是严格的几何分布关系。基

于此，本节提出基于自动匹配的 GCP 进行定位的方法。将大型城市几何分布关系制作成模板，让其在待定位图像上逐行划过，找到匹配的城市点作为 GCP，进而进行后续的定位匹配环节。

本节提出了一种自动寻找地面控制点进行遥感图像几何校正和配准定位的方法。首先分析遥感图像产生几何畸变的原因，介绍几何校正的原理和方法；由于中国区域大城市分布具有确定的几何关系，故可以将城市分布图作为模板自动在待校正图像上匹配相应的城市地面控制点，进而利用已匹配的 GCP 对遥感图像进行校正和定位。仿真结果表明，该算法不需要人为寻找 GCP，运行速度快，结果令人满意。

11.5.2 遥感图像几何失真的原因

地物目标发出的电磁波被卫星上所载传感器接收，这些电磁波上记录和传达了地物目标的信息，这是遥感图像成像的过程也是它的内在规律[196]。在这个过程中图像的几何畸变也随即产生了，其中原因很多，主要有以下四个方面。

第一，传感器方面的原因。包括扫描镜线速不均匀、扫描镜起止采样时间不同造成扫描长度的不一致、检测器采样延迟造成各个波段间的不配准与同一波段扫描之间的错动，以及全景畸变。此类误差都属于内部误差，一般很小，通常不作考虑。

第二，遥感平台(卫星等)方面的原因。包括遥感平台的高度变化、速度变化、运动造成图像歪斜以及拍摄时姿态变化造成图像的畸变。

第三，地球本身的原因。包括地球的自转、地形高程变化以及地球表面曲率等引起图像的畸变。

第四，大气折射的影响。整个大气圈的折射率不断变化，当地物发出的电磁波穿越大气圈时，经折射后的传播路径不再是直线而是一条曲线，从而导致传感器接收的像点发生位移。

11.5.3 原始影像的校正方法

上述遥感图像的总体畸变实际上可以看作是挤压、扭曲、缩放、偏移以及更高次的基本变形的综合作用的结果，因此几何校正的主要任务是建立一种与失真图像相匹配的几何校正数学模型，根据已知条件确定模型中的未知参数。遥感影像的几何校正[197]主要通过两种方法：多项式模型校正和基于传感器物理模型的校正。

1. 多项式模型校正

多项式模型校正(或者称为多项式转换)是通过若干控制点，建立原始影像坐标(行，列)与地理参考坐标之间纯粹的多项式空间变换和像元插值运算，来实现影像几何变形的校正，并没有考虑影像传感器模型[198,199]。此方法原理简单，计算方便，特别是在地形较为平坦的情况下，具有较高的校正精度。多项式模型的方程形式为 $u=f(x,y), v=g(x,y)$，(x,y) 和 (u,v) 分别为参考图像和待校正图像中的控制点坐标，N 为多项式次数。具体方程式如下：

$$u=\sum_{i=0}^{N}\sum_{j=0}^{N-i}a_{ij}x^i y^j \tag{11.37}$$

$$v=\sum_{i=0}^{N}\sum_{j=0}^{N-i}b_{ij}x^i y^j \tag{11.38}$$

例如，当 N=2 时，方程为

$$u=a_{00}+a_{10}x+a_{01}y+a_{11}xy+a_{20}x^2+a_{02}y^2 \tag{11.39}$$

$$v=b_{00}+b_{10}x+b_{01}y+b_{11}xy+b_{20}x^2+b_{02}y^2 \tag{11.40}$$

控制点的个数是按未知数的多少来确定的。对于 N 次多项式，控制点的最少数目为 $(N+1)(N+2)/2$。在实际遥感影像校正中，为保证影像几何校正精度，通常选用较高的阶数和大量地面控制点。

校正后的像元在原图像中分布是不均匀的，即输出图像像元点在输入图像中的行列号不是或不全是整数关系。因此需要根据输出图像上的各像元在输入图像中的位置，对原始图像按一定规则重新采样，进行亮度值的插值计算，建立新的图像矩阵[200]。常用的内插方法包括以下几种。

(1) 最邻近法是将最邻近的像元值赋予新像元。该方法的优点是输出图像仍然保持原来的像元值，简单，处理速度快。但这种方法最大可产生半个像元的位置偏移，可能造成输出图像中某些地物的不连贯。

(2) 双线性内插法是使用邻近个点的像元值，按照其距内插点的距离赋予不同的权重，进行线性内插。该方法具有平均化的滤波效果，边缘受到平滑作用，而产生一个比较连贯的输出图像，其缺点是破坏了原来的像元值。

(3) 三次卷积内插法较为复杂，它使用内插点周围的个像元值，用三次卷积函数进行内插。这种方法对边缘有所增强，并具有均衡化和清晰化的效果，当它仍然破坏了原来的像元值，且计算量大。

2. 基于传感器物理模型的校正

基于传感器物理模型的校正，则是对影像获取过程中观测条件的重构来实现影像校正。重构模型可以以三维方式关联一个影像点与地面上的相应点，并且考虑了来自传感器的主要变形。因此使用这种方法首先必须知道相应影像的各种获取参数，如卫星的轨道参数、传感器的参数等，然后通过少量或者不需要 GCP 建立较为精确的影像重构物理模型。在这里可以利用数字高程模型(digital elevation model，DEM)来实现正射校正，因而通常能利用少量的 GCP 获得较为满意的校正效果[201-202]。其缺点是由于传感器的位置和姿态角的精度直接影响了最后的校正精度。但是随着全球定位系统(global positioning system，GPS)的出现，传感器的位置和姿态能够很精确的得到，使得校正精度大幅提高。

11.5.4　地面控制点模板

GCP 是对航空像片和卫星遥感影像进行各种几何校正和地理定位的重要数据源。GCP 的数量、质量和分布等指标直接影响了影像校正的精确性和可靠性，对于遥感数据后续处理的意义非同小可。

地面控制点的选取要以地图配准对象为依据，以此 GCP 建立待分配的两种坐标系的关系，控制点应选取地形图与遥感图像上易于分辨且较精细的特征点，如道路、河流的交汇点及拐弯点、湖泊边缘、城廓边缘等。本节选取城市中心点作为地面控制点，其模板如图 11.29 所示。

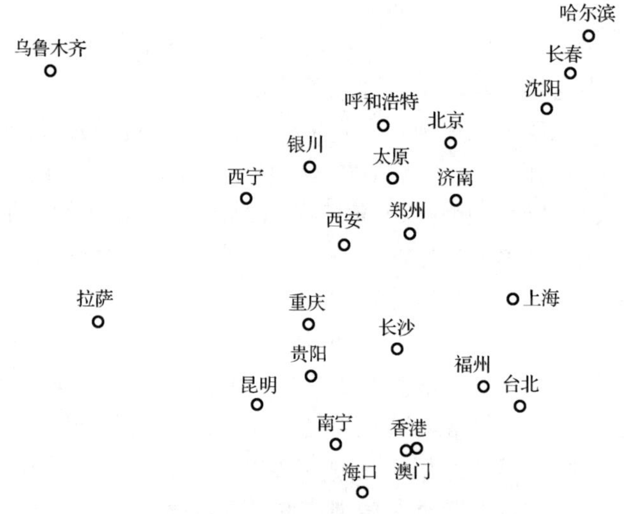

图 11.29　城市地面控制点模板

11.5.5　本节算法与实验结果

综上所述，本节应用城市 GCP 模板进行遥感图像校正的算法可描述如下。

(1)将 GCP 模板按照待校正图像比例进行缩放；

(2) 将缩放后的 GCP 模板逐行依次划过整个待校正图像，并在 360 度范围内旋转，直到具有三个以上的 GCP 与待定位图像上像素点匹配为止；

(3) 利用第 (2) 步中找到的城市点 GCP，根据其已知的地理经纬度坐标进行基于 GCP 向地图图像的配准，得到校正图像；

(4) 向校正图像叠加地理经纬网。

算法流程如图 11.30 所示。

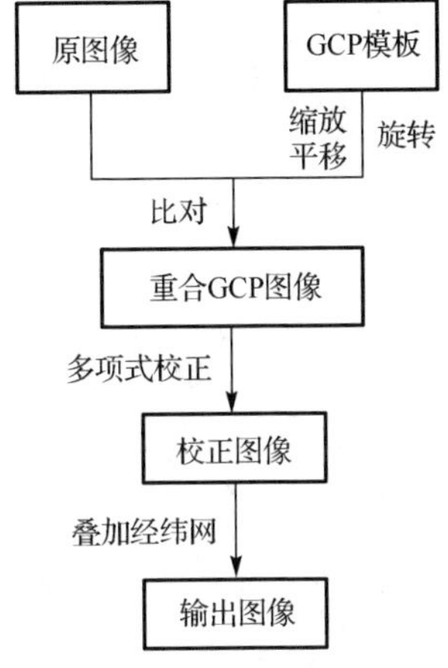

图 11.30　本节算法流程图

为了验证本节提出算法的可行性和有效性，采用图 11.31 (a) 的卫星遥感图像进行仿真，该图像像素比例为 1∶2.7km，分为可见光和红外两个波段，该图显示为可见光部分。采用交互式数据语言 (interactive data language，IDL) 语言进行仿真，其 GCP 匹配图如图 11.31 (b) 所示。经多项式校正，重采样之后的配置定位图及城市地理坐标如图 11.31 (c) 所示。从图 11.31 (c) 可看出，标定后的图像地理坐标较为满意。

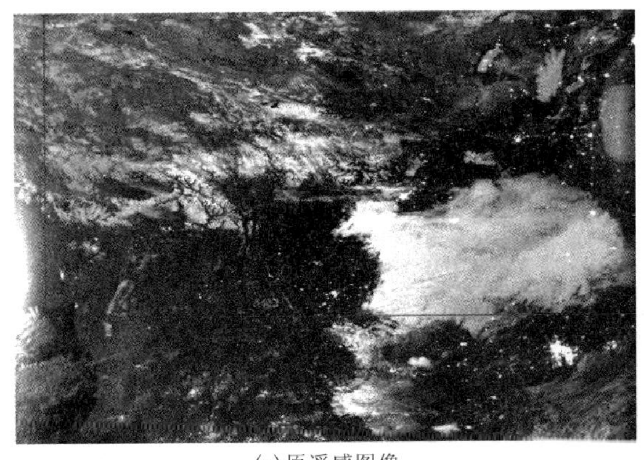

(a) 原遥感图像

(b) 匹配 GCP 模板的遥感图像

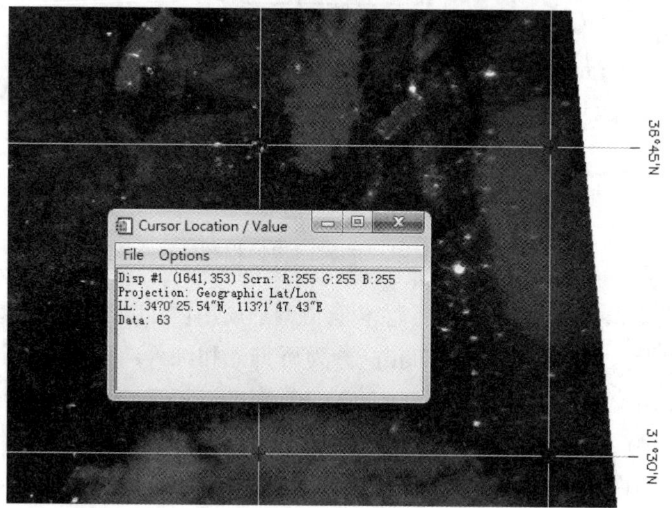

(c) 校正并叠加经纬网的遥感图像的经纬度坐标

图 11.31 遥感图像校正(见彩图)

11.5.6 小结

目前利用 GCP 进行图像向地面匹配定位方法需人工选取 GCP，具有较长的处理周期且效率不高。本节研究自动选取 GCP 的卫星遥感图像的几何校正与配准定位可以解决处理时间长的问题，节约人力物力，同时也能更好地保证遥感信息的现实性，更好地为国民经济服务。

11.6 本 章 小 结

本章针对人脸识别、边缘提取、物体分割以及遥感图像几何校正等常用的数字图像热门研究领域，研究了完整的图像应用处理技术及其中涉及的图像预处理技术。分别提出了基于小波变换和改进的奇异值分解的人脸识别技术、基于小波变换及形态学重构的 SAR 图像边缘检测、基于饱和度和区域一致性的静态水上物体分割算法、基于灰度共生矩阵和小波纹理的 SAR 水面图像分割算法，以及基于城市 GCP 模板的遥感图像几何校正算法。可以看出，根据不同的应用场合以及获取的图像质量，可以采取不同的图像预处理技术，获得清晰化、对比度明显、颜色层次丰富的高质量图像，进而为高层次的图像目标识别和解译等应用奠定技术基础。

第 12 章　总结与展望

12.1　本 书 总 结

本书针对图像在获取、存储及传输过程中由于成像系统、传输系统和设备的不完善、噪声干扰以及大气湍流影响等，图像质量会有退化和失真，如图像含有噪声、对比度不高、不够聚焦以及含有模糊畸变等问题，现有的图像去噪、图像增强、图像融合以及图像复原技术存在算法复杂、效果不够理想等缺点，着重研究了基于小波变换和奇异值分解方向特性的三种图像去噪方法、基于优化算法及单尺度 Retinex 算法的三种图像增强算法、基于局部能量与梯度结合的图像融合算法，以及基于刃边函数和最优窗维纳滤波的运动模糊图像复原和利用奇异值分解复原高斯模糊图像的两种复原算法，为后续的模式识别和图像解译提供实时、高清晰度的图像。研究了人脸识别、边缘检测和物体分割三个领域中相关的数字图像预处理技术，详细展示了数字图像预处理技术在具体应用中的作用。具体研究内容如下。

(1)研究了基于奇异值分解和小波变换的图像去噪方法。通过对小波变换和奇异值分解的深入研究，发现了小波变换和奇异值分解的方向特性，并基于此方向特性提出了三种图像去噪方法，具体包括：①一种利用小波变换与奇异值分解增强方向特征的图像去噪算法；②一种基于小波域奇异值差值模型的图像去噪算法；③一种基于分块旋转奇异值分解的图像去噪算法。并通过实验验证了上述三种去噪算法的有效性和可行性。

(2)研究了基于优化算法和单尺度 Retinex 算法的图像增强算法。将人工鱼群和粒子群两种优化算法相结合，以及将粒子群优化进行突变改进，提出了两种非线性变换图像增强算法：①基于人工鱼群与粒子群混合的图像自适应增强算法；②基于突变粒子群算法的图像自适应增强方法。通过小波变换去除薄雾，利用单尺度 Retinex 算法对图像颜色进行改善，提出了一种基于亮度小波变换和颜色改善的图像去雾增强算法。并通过实验验证上述三种种增强算法的有效性和可行性。

(3)研究了基于小波变换方向区域能量与梯度的图像融合算法。通过对单一采用小波变换方向区域能量或梯度的图像融合算法的缺陷以及低频空间频率相关系数融合规则的研究，提出了结合小波变换方向区域能量与梯度的图像融合算法。

并通过实验验证了该图像融合算法的有效性和可行性。

(4) 研究了基于刃边函数和奇异值分解的模糊图像复原算法。基于刃边函数和奇异值分解方法，估计出系统点扩散函数，进而利用最优窗维纳滤波和逆滤波对模糊图像进行复原。具体包括：①基于刃边函数和最优窗维纳滤波的运动模糊图像复原处理算法；②基于分块奇异值导数的图像复原去噪方法。并通过实验验证了复原算法的有效性和可行性。

(5) 研究了人脸识别、边缘检测、物体分割和遥感图像几何校正四个领域中相关的数字图像预处理技术，分别提出了：①基于小波变换和改进的奇异值分解的人脸识别技术；②基于小波变换及形态学重构的 SAR 图像边缘检测算法；③基于饱和度和区域一致性的静态水上物体分割算法；④基于灰度共生矩阵和小波纹理的 SAR 水面图像分割算法；⑤基于城市 GCP 模板的遥感图像几何校正算法。并通过实验验证了算法的有效性和可行性。

本书的具体创新点如下。

(1) 通过对小波变换和奇异值分解方向特性的深入研究，发现了小波变换高频三个方向的强烈相关性以及奇异值分解的行列方向特性，据此设计了多种基于小波变换和奇异值分解方向特性的图像去噪处理新算法，为获取高清晰度的图像奠定了理论和技术基础。

(2) 通过对人工鱼群和粒子群优化两种优化算法缺陷的研究，以及将粒子群优化进行突变改进，提出了两种非线性变换图像增强算法，为获取高对比度的图像奠定了理论和技术基础。

(3) 通过对单一采用小波变换方向区域能量或梯度的图像融合算法的缺陷的研究，提出了结合小波变换方向区域能量与梯度的图像融合算法，为获取全信息的图像奠定理论和技术基础。

(4) 通过对点扩散函数的估计研究，将刃边函数、最优窗维纳滤波器以及奇异值分解多种手段进行结合，设计了多种图像复原处理新方法，为获取高质量的图像奠定理论和技术基础。

(5) 通过对人脸识别、边缘检测、物体分割、几何校正技术的研究，采用多种手段对上述领域图像进行预处理，设计了完整的图像识别处理方法，为获取高精度的模式识别结果奠定理论和技术基础。

12.2 研究展望

数字图像处理是一个新兴的技术领域，它具有面向应用、多学科交叉等特点，当前在数字图像处理研究方面仍有非常大的空间，值得进一步探索。本书针对图像去噪、图像增强、图像融合以及图像复原问题开展了一定的研究工作，但受实验条件、研究时间和个人水平的限制，目前仍然存在诸多技术难题亟待解决。以下是对未来研究工作的一些展望。

(1) 加强软件研究、算法开发，注意移植和借鉴其他学科的研究和技术成果，开创新的处理方法。本书对小波变换和奇异值分解图像去噪的方向特性及其去噪算法进行了多角度的设计和深入研究，取得了良好的效果。但由于小波理论已经发展得较为成熟和完善，目前涌现了如泛函变分、深度学习等热门的新理论及方法，日后可采用这些热门的新方法对图像进行去噪算法的研究；对于模糊图像的复原算法，本书是从后端对成像后的运动模糊图像进行点扩散函数的检测后再复原，日后可与运动部件上陀螺仪等传感器检测的运动方向结合，从运动学与动力学入手，对图像进行模糊复原工作。

(2) 进一步提高精度的同时着重解决处理速度问题。巨大的数据量及算法的实时性与处理精度互相矛盾，要提高处理算法的精度，算法势必会复杂，进而延长算法的处理时效。如何在提高精度的同时解决处理速度是亟待解决的重要问题。

(3) 加强边缘交叉学科的研究工作，促进数字图像处理技术的发展。例如，人的视觉特性、心理学特性等的研究，如果有所突破，将对数字图像处理技术的发展起到极大的促进作用。

(4) 由于数字图像的数据量大、信息量大，所以在对图像信息的建库、检索和交流方面存在许多问题。现在有关计算机图像处理的软、硬件种类繁多，并且无统一平台，成为阻碍其发展的绊脚石。日后可着手对建立图像信息库、统一存放格式、建立标准子程序、统一检索方法等方面的工作进行研究。

参 考 文 献

[1] 冈萨雷斯. 数字图像处理[M]. 3 版. 阮秋琦, 译. 北京: 电子工业出版社, 2007.

[2] 贾永红. 计算机图像处理与分析[M]. 武汉: 武汉大学出版社, 2001.

[3] 孙正. 数字图像处理与识别[M]. 北京: 机械工业出版社, 2018.

[4] Donoho D L. Ideal spatial adaptation via wavelet shrinkage[J]. Biometrika, 1994, 81: 425-455.

[5] Gersho A, Ramaurthi B. Image coding using vector quantization[C]//IEEE International Conference on Acoustics, Speech and Signal Processing. IEEE Xplore, 1982, 5: 430-432.

[6] Zhang C J, Wang X D, Zhang H R. Global and local contrast enhancement algorithm for image using wavelet neural network and stationary wavelet transform[J]. Chinese Optics Letters, 2005, 3(11): 636-639.

[7] 康志亮. 基于小波的红外图像增强算法研究[D]. 成都: 电子科技大学, 2005.

[8] 王立文. 基于非线性多小波自适应阈值斑点噪声抑制方法[J]. 激光与红外, 2006, 36(2): 155-157.

[9] 章琳, 汪胜前, 谢志华, 等. 基于遗传算法的多小波自适应阈值去噪研究[J]. 激光与红外, 2008, 38(2): 186-190.

[10] Andrews H, Patterson C. Singular value decomposition(SVD) image coding[J]. IEEE Transactions on Communications, 1976, 24(4): 425-432.

[11] Yang R G, Ren M W. Wavelet denoising using principal component analysis[J]. Expert Systems with Applications, 2011, 38(1): 1073-1076.

[12] Seshadrinathan K, Soundararajan R, Bovik A C, et al. Study of subjective and objective quality assessment of video[J]. IEEE Transactions on Image Processing, 2010, 19(6): 1427-1441.

[13] Dijk A M V, Martens J B. Subjective quality assessment of compressed images[J]. Signal Processing, 1997, 58(3): 235-252.

[14] 何斌. Visual C++数字图像处理[M]. 北京: 人民邮电出版社, 2001.

[15] Belkacem-Boussaid K, Beghdadi A. A new image smoothing method based on a simple model of spatial processing in the early stages of human vision[J]. IEEE Transactions on Image Processing, 2000, 9(2): 220-226.

[16] Pohl C, van Genderen J L. Multisensor image fusion in remote sensing: Concepts, methods and applications[J]. International Journal of Remote Sensing, 1998, 19(5): 823-854.

[17] Yang B, Li S T. Pixel-level image fusion with simultaneous orthogonal matching pursuit[J]. Information Fusion, 2012, 13(1): 10-19.

[18] Jeon B, Landgrebe D A. Decision fusion approach for multitemporal classification[J]. IEEE Transactions on Geoscience and Remote Sensing, 1999, 37(3): 1227-1233.

[19] Cannon M. Blind deconvolution of spatially invariant image blurs with phase[J]. IEEE Transactions on Acoustics, Speech and Signal Processing, 1976, 24(1): 58-63.

[20] Moghaddam M E, Jamzad M. Motion blur identification in noisy images using mathematical models and statistical measures[J]. Pattern Recognition, 2007, 40(7): 1946-1957.

[21] Talebi H, Zhu X, Milanfar P. How to SAIF-ly boost denoising performance[J]. IEEE Transactions on Image Processing, 2013, 22(4): 1470-1485.

[22] Varghese G, Wang Z. Video denoising based on a spatiotemporal Gaussian scale mixture model[J]. IEEE Transactions on Circuits System for Video Technology, 2010, 20(7): 1032-1040.

[23] Starck J L, Candes E J, Donoho D L. The curvelet transform for image denoising[J]. IEEE Transactions on Image Processing, 2002, 11(6): 670-684.

[24] Vidakovie B, Lozoya C B. On time-dependent wavelet denoising[J]. IEEE Transactions on Signal Processing, 1998, 46(9): 2549-2554.

[25] 查宇飞，毕笃彦. 基于小波变换的自适应多阈值图像去噪[J]. 中国图象图形学报，2005, 10(5): 567-570.

[26] 田沛，李庆周，马平，等. 一种基于小波变换的图像去噪新方法[J]. 中国图象图形学报，2008, 13(3): 394-399.

[27] 李庆武，陈小刚. 小波阈值去噪的一种改进方法[J]. 光学技术，2006, 6: 831-833.

[28] 陈晓曦，王延杰，刘恋. 小波阈值去噪法的深入研究[J]. 激光与红外，2012，42(1): 105-110.

[29] 周昌顺，张欣，文章，等. 一种逐层变化的阈值和改进的小波阈值去噪算法[J]. 通信技术，2018, (3): 563-568.

[30] 龚昌来. 基于小波变换和均值滤波的图像去噪方法[J]. 光电工程，2007, 34(1): 72-75.

[31] 吴亚东，孙世新. 基于二维小波收缩与非线性扩散的混合图像去噪算法[J]. 电子学报，2006, 34(1): 163-166.

[32] 周先春，伍子锴，石兰芳. 小波包与偏微分方程相结合的图像去噪方法[J]. 电子测量与仪器学报，2018, 7: 61-67.

[33] 曲从善，许化龙，谭营. 一种基于奇异值分解的非线性滤波新算法[J]. 系统仿真学报，2009, 21(9): 2650-2653.

[34] Gardiner J D. Fundamentals of matrix computation[J]. SIAM Review, 1993, 35(3): 520-521.

[35] Napa S, Somkait U. Adaptive block-based singular value decomposition filtering[J]. Computer

Graphics, Imaging and Visualisation, 2007: 298-303.

[36] Hua Y B, Nikpour M, Stoica P. Optimal reduced-rank estimation and filtering[J]. IEEE Transactions on Signal Processing, 2001, 49(3): 457-469.

[37] Konstantinides K, Natarajan B, Yovanof G S. Noise estimation and filtering using block-based singular value decomposition[J]. IEEE Transactions on Image Processing, 1997, 6(3): 479-483.

[38] Konstantinides K, Yao K. Statistical analysis of effective singular values in matrix rank determination[J]. IEEE Transactions on Acoustics, Speech and Signal Processing, 1998, 36(5): 757-763.

[39] Hou Z J. Adaptive singular value decomposition in wavelet domain for image denoising[J]. Pattern Recognition, 2003, 36: 1747-1763.

[40] Guo Q, Zhang C M, Zhang Y F, et al. An efficient SVD-based method for image denoising[J]. IEEE Transactions on Circuits and Systems for Video Technology, 2015, 26(5): 1-13.

[41] Aharon M, Elad M, Bruckstein A M. K-SVD: An algorithm for denoising overcomplete dictionaries for sparse representation[J]. IEEE Transactions on Signal Processing, 2006, 54(11): 4311-4322.

[42] Elad M, Aharon M. Image denoising via sparse and redundant representations over learned dictionaries[J]. IEEE Transactions on Image Processing, 2006, 15(12): 3736-3745.

[43] Dabov K, Foi A, Katkovnik V, et al. Image denoising by sparse 3-D transform-domain collaborative filtering[J]. IEEE Transactions on Image Processing, 2007, 16(8): 2080-2095.

[44] Yang J, Jia Z H, Qin X Z, et al. BM3D image denoising based on shape-adaptive principal component analysis[J]. Computer Engineering, 2013, 39(3): 241-244.

[45] Zhang L, Dong W S, Zhang D, et al. Two-stage image denoising by principal component analysis with local pixel grouping[J]. Pattern Recognition, 2010, 43(4): 1531-1549.

[46] He Y M, Gan T, Chen W F, et al. Adaptive denoising by singular value decomposition[J]. IEEE Signal Processing Letters, 2011, 18(4): 215-218.

[47] Li X, Dong W S, Shi G M. Nonlocal image restoration with bilateral variance estimation: A low-rank approach[J]. IEEE Transactions on Image Processing, 2013, 22(2): 700-711.

[48] Yang J F, Lu C L. Combined techniques of singular value decomposition and vector quantization for image coding[J]. IEEE Transactions on Image Processing, 1995, 4(8): 1141-1146.

[49] 周先春, 吴婷, 石兰芳, 等. 一种基于曲率变分正则化的小波变换图像去噪方法[J]. 电子学报, 2018, 46(3): 621-628.

[50] 沈晨, 张旻. 基于压缩感知的无人机图像组合去噪方法[J]. 火力与指挥控制, 2018, 6:

11-15.

[51] 王志明, 张丽. 自适应的快速非局部图像去噪算法[J]. 中国图象图形学报, 2009, 14(4): 669-675.

[52] 王倩, 彭海云, 秦杰, 等. NSCT 域分类预处理的改进非局部均值去噪算法[J]. 计算机辅助设计与图形学学报, 2018, 3: 436-446.

[53] 栾宁丽, 金聪. 基于加权函数的全变分图像去噪模型[J]. 电子测量技术, 2018, 7: 58-63.

[54] 李传朋, 秦品乐, 张晋京. 基于深度卷积神经网络的图像去噪研究[J]. 计算机工程, 2017, 43(3): 253-260.

[55] 刘忠仁, 孙圣和. 基于模糊神经网络的脉冲噪声滤波器[J]. 中国图形图象学报, 2001, 6(4): 343-347.

[56] 朱菊华, 杨新, 李俊, 等. 基于纹理分析的保细节平滑滤波器[J]. 中国图形图像学报, 2001, 6(11): 1058-1064.

[57] Sattar F, Floreby L, Salomonsson G, et al. Image enhancement based on a nonlinear multiscale method[J]. IEEE Transactions on Image Processing, 1997, 2(6): 888-895.

[58] 阮秋琦. 数字图像处理学[M]. 北京: 电子工业出版社, 2001.

[59] Pal S K, King R A. Image enhancement using smoothing with fuzzy sets[J]. IEEE Transactions on Systems Man and Cybernetics, 1981, 11(7): 494-501.

[60] Action S T. On fuzzy nonlinear regression for image enhancement[J]. Computer Standards and Interfaces, 1999, 20(6): 239-253.

[61] Russo F. Evolution neural fuzzy systems for data filtering[J]. IEEE Instrumentation and Measurement Technology Conference, 1998, 2: 826-830.

[62] 刘兴淼, 王仕成, 赵静. 基于小波变换与模糊理论的图像增强算法研究[J]. 弹箭与制导学报, 2010, 4(30): 183-186.

[63] Gonzalez R C, Woods R E. Digital Image Processing[M]. Boston: Addison-Wesley, 1992.

[64] 王萍, 张春, 罗颖昕. 一种雾天图像低对比度增强的快速算法[J]. 计算机应用, 2006, 26(1): 152-153.

[65] 祝培, 朱虹, 钱学明, 等. 一种有雾天气图像景物影像的清晰化方法[J]. 中国图象图形学报, 2004, 9(1): 124-128.

[66] Oakley J P, Sathedey B L. Improving image quality in poor viability condition using a physical model for contrast degradation[J]. IEEE Transactions On Image Processing, 1998, 7(2): 167-179.

[67] Kim T K, Paik J K, Kang B S. Contrast enhancement system using spatially adaptive histogram equalization with temporal filtering[J]. IEEE Transactions on Consumer Electronics, 1998, 44(1): 82-87.

[68] Stark J A. Adaptive image contrast enhancement using generalization of histogram equalization[J]. IEEE Transactions on Image Processing, 2000, 9(5): 889-896.

[69] Kim J Y, Kim L S, Hwang S H. An advanced contrast enhancement using partially overlapped sub-block histogram equalization[J]. IEEE Transactions on Circuits and Systems for Video Technology, 2001, 11(4): 475-484.

[70] Seow M J, Asari V K. Ratio rule and homomorphic filter for enhancement of digital colour image[J]. Neurocomputing, 2006, 69(7): 954-958.

[71] Dippel S, Stahl M, Wiemker R, et al. Multiscale contrast enhancement for radiographies: Laplacian pyramid versus fast wavelet transform[J]. IEEE Transactions on Medical Imaging, 2002, 21(4): 343-353.

[72] Russo F. An image enhancement technique combining sharpening and noise reduction[J]. IEEE Transactions on Instrumentation and Measurement, 2002, 51(4): 824-828.

[73] Land E H. The Retinex[J]. American Scientist, 1964, 52(2): 247-264.

[74] Land E H. The Retinex theory of color vision[J]. Scientific America, 1977, 237(6): 108-128.

[75] Jobson D J, Rahman Z, Woodell G A. Properties and performance of a center/surround Retinex[J]. IEEE Transactions on Image Processing, 1997, 6(3): 451-462.

[76] Rahman Z, Jobson D J, Woodell G A. Multi-scale Retinex for color image enhancement[C]// Proceedings of the International Conference on Image Processing. IEEE, 1996, 3: 1003-1006.

[77] Amolins K, Zhang Y, Dare P. Wavelet-based image fusion techniques: An introduction, review and comparison[J]. ISPRS Journal of Photogrammetry and Remote Sensing, 2007, 62(4): 249-263.

[78] Pajares G, de la Cruz J M. A wavelet-based image fusion tutorial[J]. Pattern Recognition, 2004, 37(9): 1855-1872.

[79] Deshmukh D P, Malviya A V. A review on: Image fusion using wavelet transform[J]. International Journal of Engineering Trends and Technology, 2015, 21(8): 376-379.

[80] Li H, Manjunath B S, Mitra S K. Multisensor image fusion using the wavelet transform[J]. Graphical Models and Image Processing, 1995, 57(3): 235-245.

[81] Wang H, Peng J, Wu W. Fusion algorithm for multisensor images based on discrete multiwavelet transform[J]. IEEE Proceedings of Vision, Image and Signal Processing, 2002, 149(5): 283-289.

[82] Li S, Kwok J T, Wang Y. Using the discrete wavelet frame transform to merge Landsat TM and SPOT panchromatic images[J]. Information Fusion, 2002, 3(1): 17-23.

[83] Pradhan P S, King R L, Younan N H. Estimation of the number of decomposition levels for a wavelet-based multiresolution multisensor image fusion[J]. IEEE Transactions on Geoscience

and Remote Sensing, 2006, 44(12): 3674-3686.

[84] Wei C, Blum R S. Theoretical analysis of correlation-based quality measures for weighted averaging image fusion[J]. Information Fusion, 2010, 11(4): 301-310.

[85] Chen Y, Qin Z. PCNN-based image fusion in compressed domain[J]. Mathematical Problems in Engineering, 2015: 9.

[86] Xu Y, Lu Y W. Adaptive weighted fusion: A novel fusion approach for image classification[J]. Neurocomputing, 2015, 168: 566-574.

[87] 王亚杰，王晓岩，刘学平. 基于小波变换的多聚焦图像融合评述[J]. 沈阳航空工业学院学报, 2005, 22(4): 65-67.

[88] 於时才，吕艳琼. 一种基于小波变换的图像融合新算法[J]. 计算机应用研究, 2009, 26(1): 390-391.

[89] 周锐锐，陈振华，毕笃彦. 一种基于局部能量的图像融合方法[J]. 中国体视学与图像分析, 2006, 11(3): 226-229.

[90] Tong Z L. Compensation technology for the image motion of CCD camera[J]. Laser and Infrared, 2005, 35(9): 628-632.

[91] 肖姝. 航空相机的像移补偿[D]. 长春: 长春理工大学, 2008.

[92] Yang H L, Huang P H, Lai S H. A novel gradient attenuation Richardson-Lucy algorithm for image motion deblurring[J]. Signal Processing, 2014, 103(10): 399-414.

[93] Hillery A D, Chin R T. Iterative Wiener filters for image restoration[J]. IEEE Transactions on Signal Processing, 1991, 39(8): 1892-1899.

[94] Wiener N. Extrapolation, Interpolation, and Smoothing of Stationary Time Series: With Engineering Applications[M]. Cambridge: MIT Press, 1949.

[95] Harris J L. Image evaluation and restoration[J]. Journal of the Optical Society of America, 1966, 56(6): 569-574.

[96] Helstrom C W. Image restoration by the method of least squares[J]. Journal of the Optical Society of America, 1967, 57(3): 297-303.

[97] Slepian D. Linear least-squares filtering of distorted images[J]. Journal of the Optical Society of America, 1967, 57(7): 918-922.

[98] Pratt W K. Generalized Wiener filter computation techniques[J]. IEEE Transactions on Computers, 1972, 21(7): 636-641.

[99] Habibi A. Fast suboptimal Wiener filtering of Markov sequences[J]. IEEE Transactions on Computers, 1977, 26(5): 443-449.

[100] Yamada M, Azini-Sadjadi M R. Kenel Wiener filter using canonical correlation analysis framework[C]//IEEE/SP 13th Workshop on Statistical Signal Processing, 2005, 7: 769-774.

[101]Canon T M. Digital image deblurring by nonlinear homomorphic filtering[J]. Computer Science Department, 1974: 15-30.

[102]Andrews H C, Hunt B R. Digital Image Restoration[M]. Englewood Cliffs: Prentice-Hall, 1977.

[103]Blanco L, Mugnier L M. Marginal blind deconvolution of adaptive optics retinal images[J]. Optics Express, 2011, 19(23): 23227-23239.

[104]Li H, Lu J, Shi G H. Real-time blind deconvolution of retinal images in adaptive optics scanning laser ophthalmoscopy[J]. Optics, 2011, 284(13): 3258-3263.

[105]Hunt B R. A matrix theory proof of the discrete convolution theorem[J]. IEEE Transactions on Audio and Electroacoustics, 2003, 19(4): 285-288.

[106]Lim H, Tan K C, Tan B T G. Edge errors in inverse and Wiener filter restorations of motion-blurred images and their windowing treatment[J]. CVGIP: Graphical Models and Image Processing, 1991, 53(2): 186-195.

[107]Christou J C, Roorda A, Williams D R. Deconvolution of adaptive optics retinal images[J]. Journal of the Optical Society of America A: Optics Image Science and Vision, 2004, 21(8): 1393-1401.

[108]Gazzola S, Karapiperi A. Image reconstruction and restoration using the simplified topological ε-algorithm[J]. Applied Mathematics and Computation, 2016, 274(2): 539-555.

[109]Aghazadeh N, Bastani M, Salkuyeh D K. Generalized Hermitian and Skew-Hermitian splitting iterative method for image restoration[J]. Applied Mathematical Modelling, 2015, 39(20): 6126-6138.

[110]Ruiza P, Orozcob M H, Mateosa J, et al. Combining poisson singular integral and total variation prior models in image restoration[J]. Signal Processing, 2014, 103(10): 296-308.

[111]Bouhamidia A, Enkhbatb R, Jbilou K. Conditional gradient Tikhonov method for a convex optimization problem in image restoration[J]. Journal of Computational and Applied Mathematics, 2014, 255(1): 580-592.

[112]Tebini S, Mbarki Z, Seddik H, et al. Rapid and efficient image restoration technique based on new adaptive anisotropic diffusion function[J]. Digital Signal Processing, 2016, 48(1): 201-215.

[113]Dobeš M, Machala L, Fürst T. Blurred image restoration: A fast method of finding the motion length and angle[J]. Digital Signal Processing, 2010, 20(12): 1677-1686.

[114]Ullah A, Chen W, Khan M A, et al. A new variational approach for multiplicative noise and blur removal[J]. PloS One, 2017, 12(1): e0161787.

[115] Xu J, Tai X C, Wang L L. A two-level domain decomposition method for image restoration[J]. Inverse Problems and Imaging, 2017, 4(3): 523-545.

[116] Shen H F, Peng L, Yue L W, et al. Adaptive norm selection for regularized image restoration and super-resolution[J]. IEEE Transactions on Cybernetics, 2017, 46(6): 1388-1399.

[117] Yang X J, Wang L. Fast half-quadratic algorithm for image restoration and reconstruction[J]. Applied Mathematical Modelling, 2017, 50(10): 92-104.

[118] Zhang H L, Tang L M, Fang Z, et al. Nonconvex and nonsmooth total generalized variation model for image restoration[J]. Signal Processing, 2017, 143: 69-85.

[119] Bioucasdias J M, Figueiredo M A T. A new TwIST: Two-step iterative shrinkage/thresholding algorithms for image restoration[J]. IEEE Transactions on Image Processing, 2007, 16(12): 2992-3005.

[120] Papyan V, Elad M. Multi-scale patch-based image restoration[J]. IEEE Transactions on Image Processing, 2016, 25(1): 249-261.

[121] Tu Z G, Xie W, Cao J, et al. Variational method for joint optical flow estimation and edge-aware image restoration[J]. Pattern Recognition, 2017, 65(5): 11-25.

[122] Laghrib A, Ghazdali A, Hakim A, et al. A multi-frame super-resolution using diffusion registration and a nonlocal variational image restoration[J]. Computers and Mathematics with Applications, 2016, 72(9): 2535-2548.

[123] Bar L, Sochen N, Kiryati N. Semi-blind image restoration via Mumford-Shah regularization[J]. IEEE Transactions on Image Processing, 2006, 15(2): 483-493.

[124] Skariah D G, Arigovindan M. Nested conjugate gradient algorithm with nested preconditioning for non-linear image restoration[J]. IEEE Transactions on Image Processing, 2017, 26(9): 4471-4482.

[125] Huang S C, Ye J H, Chen B H. An advanced single-image visibility restoration algorithm for real-world hazy scenes[J]. IEEE Transactions on Industrial Electronics, 2015, 62(5): 2962-2972.

[126] Dong W S, Shi G M, Ma Y, et al. Image restoration via simultaneous sparse coding: Where structured sparsity meets Gaussian scale mixture[J]. International Journal of Computer Vision, 2015, 114(2): 217-232.

[127] Dong W S, Zhang L, Shi G M, et al. Nonlocally centralized sparse representation for image restoration[J]. IEEE Transactions on Image Processing, 2013, 22(4): 1620-1630.

[128] Matakos A, Ramani S, Fessler J A. Accelerated edge-preserving image restoration without boundary artifacts[J]. IEEE Transactions on Image Processing, 2013, 22(5): 2019-2029.

[129] Daubechies I. The wavelet transform: Time-frequency localization and signal analysis[J].

IEEE Transactions on Information Theory, 1990, 36(5): 961-1005.

[130]Wang M, Li Z, Duan X J, et al. An image denoising method with enhancement of the directional features based on wavelet and SVD transforms[J]. Mathematical Problems in Engineering, 2015: 9.

[131]Wang M, Zhou S D. Image denoising using block-rotation-based SVD filtering in wavelet domain[J]. IEICE Transactions on Information and Systems, 2018, E101-D(6): 1621-1628.

[132]He C, Xing J, Li J, et al. A new wavelet threshold determination method considering interscale correlation in signal denoising[J]. Mathematical Problems in Engineering, 2015: 9.

[133]Wang M, Yan W, Zhou S D. Image denoising using singular value difference in the wavelet domain[J]. Mathematical Problems in Engineering, 2018: 19.

[134]Canny J. A computational approach to edge detection[J]. IEEE Transactions on Pattern Analysis and Machine Intelligence, 1986, 8(6): 679-698.

[135]Zhang Y Y, Suen C Y. A fast parallel algorithm for thinning digital patterns[J]. Communications of the ACM, 1984, 27(3): 236-239.

[136]李晓磊, 邵之江, 钱积新. 一种基于动物自治体的寻优模式: 鱼群算法[J]. 系统工程理论与实践, 2002, 22(11): 32-38.

[137]Kennedy J, Eberhart R. Particle swarm optimization[C]//Proceedings of IEEE International Conference on Neural Networks, Perth, 1995: 1942-1948.

[138]孙颖. 微粒群算法的改进及其在图像预处理中的应用[D]. 南京: 南京师范大学, 2007.

[139]Tubbs J D. A note on parametric image enhancement[J]. Pattern Recognition, 1987, 20(6): 617-621.

[140]Eberhart R C, Shi Y. Particle swarm optimization: Developments, applications and resources[C]//Proceedings of IEEE International Conference on Evolutionary Computation, Seoul, 2001: 81-86.

[141]高尚, 杨静宇. 群智能算法及其应用[M]. 北京: 中国水利水电出版社, 2006.

[142]姚祥光, 周永权, 李咏梅. 人工鱼群与微粒群混合优化算法[J]. 计算机应用研究, 2010, 27(6): 2084-2086.

[143]王敏, 黄峰, 叶松, 等. 人工鱼群与粒子群混合图像自适应增强算法[J]. 计算机测量与控制, 2012 , 20(10): 2805-2807.

[144]孙勇强, 秦媛媛. 基于微粒群算法的彩色图像增强研究[J]. 徐州工程学院学报(自然科学版), 2009, 24(3): 36-40.

[145]李丙春, 耿国华. 基于粒子群优化的图像自适应增强方法[J]. 计算机工程与设计, 2007, 28(20): 4959-4961.

[146]陈战平. 求解线性约束问题的微粒群优化算法[J]. 南京师范大学学报(工程技术版), 2010,

10(4): 26-30.

[147]王敏, 叶松, 黄峰, 等. 基于突变粒子群算法的图像自适应增强[J]. 科学技术与工程, 2012, 12(26): 6657-6660.

[148]宋小宁, 赵英时. MODIS 图像的云检测及分析[J]. 中国图象图形学报, 2003, 8(9) : 1079-1083.

[149]朱锡芳, 吴峰, 庄燕滨. 小波变换在遥感图像云雾处理中的应用[J]. 微电子学与计算机, 2006, 23(12) : 50-52.

[150]周树道, 王敏, 黄峰, 等. 基于亮度小波变换和颜色改善的彩色图像去雾研究[J]. 哈尔滨理工大学学报, 2011, 16(4): 59-62.

[151]周树道, 邵啸, 朱涛. 薄雾影响下的退化彩色图像处理方法[J]. 解放军理工大学学报(自然科学版), 2008, 4: 142-145.

[152]Rahman Z U, Jobson D J, Woodell G A. Retinex processing for automatic image enhancement[J]. Proceedings of SPIE-The International Society for Optical Engineering, 2004, 13:100-110.

[153]Brainard D H, Wandell B A. Analysis of the Retinex theory of color vision[J]. Journal of the Optical Society of America A-Optics Image Science and Vision, 1986, 3(10): 1651-1661.

[154]张秀琼, 刘直芳, 袁红照.基于多尺度 Retinex 和小波变换的彩色图像融合方法[J].四川大学学报(自然科学版), 2009, 46(2): 330-333.

[155]龚昌来. 基于局部能量的小波图像融合新方法[J]. 红外与激光工程, 2008, 38(12): 1266-1270.

[156]Wang M, Zhou S D, Yang Z, et al. Image fusion based on wavelet transform and gray-level features[J]. Journal of Modern Optics, 2018, 66(1): 77-86.

[157]Wang M, Zhou S D, Yan W. Blurred image restoration using knife-edge function and optimal window Wiener filtering[J]. PloS One, 2018, 13(1): e0191833.

[158]何红英. 运动模糊图像恢复算法的研究与实现[D]. 西安: 西安科技大学, 2011.

[159]Tan K C, Lim H, Tan B. Restoration of real-world motion-blurred images[J]. CVGIP: Graphical Models and Image Processing, 1991, 53(3): 291-299.

[160]Oppenheim A V, Schafer R W. From frequency to quefrency: A history of the cepstrum[J]. IEEE Signal Processing Magazine, 2004, 21(5): 95-99.

[161]孙兆林. Matlab 6. x 图像处理[M]. 北京: 清华大学出版社, 2002.

[162]Lim H, Tan K C, Tan B. New methods for restoring motion-blurred images derived from edge error considerations[J]. CVGIP: Graphical Models and Image Processing, 1991, 53(5): 479-490.

[163]明文华, 孔晓东, 屈磊. 运动模糊图像的恢复方法研究[J]. 计算机工程, 2004, 30(7):

133-135.

[164]赵群, 石秀英, 徐亮, 等. 基于奇异值分解估计点扩散函数的复原算法研究[J]. 长春理工大学学报(自然科学版), 2012, 35(2): 85-88.

[165]Tekalp A M, Kaufman H. On statistical identification of a class of linear space-invariant image blurs using non-minimum-phase ARMA models[J]. IEEE Transactions on Acoustics, Speech and Signal Processing, 1988, 36(8): 1360-1363.

[166]王敏. 基于整体与部分奇异值分解的人脸识别[J]. 微计算机信息, 2009, 25(7): 203-204, 239.

[167]周树道, 王敏, 刘志华, 等. 基于多方向去噪的小波变换及形态学重构的 SAR 图像边缘检测[J]. 解放军理工大学学报 (自然科学版), 2011, 10: 436-439.

[168]王敏, 周树道. 静态水上物体检测分割算法[J]. 实验室研究与探索, 2010, 6: 30-33.

[169]Wang M, Zhou S D, Bai H, et al. SAR water image segmentation based on GLCM and wavelet textures[C]//6th International Conference on Wireless Communications Networking and Mobile Computing, 2010.

[170]王敏, 何明元, 白衡, 等. 基于城市 GCP 模板的遥感图像几何校正研究[J]. 信息技术, 2014, 4: 33-35.

[171]山世光. 人脸识别关键技术研究[D]. 北京: 中国科学院计算所, 2004.

[172]Abdel-Mottaleb M, Elgammal A. Face detection in complex environments from color images[C]// International Conference on Image Processing. IEEE, 1999: 622-626.

[173]Brunelli R, Poggio T. Face recognition: Features versus templates[J]. IEEE Transactions on Pattern Analysis and Machine Intelligence, 1993, 15(10): 1042-1052.

[174]程云鹏. 矩阵论[M]. 2 版. 西安: 西北工业大学出版社, 2003.

[175]阎平凡, 张长水. 人工神经网络与模拟进化计算[M]. 北京: 清华大学出版社, 2000.

[176]边肇祺, 张学工. 模式识别[M]. 2 版. 北京: 清华大学出版社, 2000.

[177]李骞, 陈占伟.图像边缘检测新技术及其应用[J].许昌学院学报, 2006, 25(2): 42-46.

[178]赵志刚, 杨应平, 蒋爱湘, 等. 基于方向导数和 B 样条小波的图像边缘检测[J].计算机工程与应用, 2009, 45(23): 176-178.

[179]葛雯, 高立群, 石振刚, 等. 基于融合技术的小波变换和形态学边缘检测算法[J].东北大学学报, 2008, 29(4): 477-479.

[180]Donoho D. De-noising by soft-thresholding[J]. IEEE Transactions on Information Theory, 2002, 41(3): 613-627.

[181]刘亚, 艾海舟, 徐光若. ·种基于背景模型的运动目标检测与跟踪[J]. 信息与控制, 2002, 4(31): 3-6.

[182]Shi J, Malik J. Normalized cuts and image segmentation[J]. IEEE Transactions on Pattern

Analysis and Machine Intelligence, 2000, 22(8): 888-905.

[183]胡溢，李平，韩波.微型 UAV 水面检测系统研究[J]. 机电工程, 2006, 12: 33-36.

[184]Raghavan R S. A method for estimating parameters of K-distributed clutter[J]. IEEE Transactions on Aerospace and Electronic System, 1991, 27(2): 238-246.

[185]李晋惠，容慧.一种静态背景下的运动目标检测算法研究[J].西安工业大学学报，2008, 28(6): 573-576.

[186]谢小竹，洪景新，肖思兴.有效的海上运动目标检测方法[J].计算机工程与应用，2005, 45(4): 225-231.

[187]洪文松，陈武凡.广义模糊算子法用于图像的浮雕显示[J]. 中国图象图形学报，1998, 3(8): 655-657.

[188]Zaman M R, Moloney C R. A comparison of adaptive filters for edge-preserving smoothing of speckle noise[C]//Proceedings of International Conference on Acoustic, Speech, and Signal Processing. Minneapolis, MN, USA, 1993.

[189]Wang N, Fan Y Z, Bao W X, et al. An image matching algorithm based on graph cuts[J]. Acta Electronica Sinca, 2006, 34(2): 232-236.

[190]张春华，陈标，徐登福.基于统计特性的 SAR 海洋图像纹理分析方法[J].雷达科学与技术，2007, 1: 55-59.

[191]胡德勇，李京，陈云浩，等.单波段单极化 SAR 图像水体和居民地信息提取方法研究[J].中国图象图形学报, 2008, 13(2): 257-263.

[192]刘保利，田铮. 基于灰度共生矩阵纹理特征的 SAR 图像分割[J]. 计算机工程与应用, 2008, 44(4): 4-6.

[193]Clausi D A, Yue B. Comparing co-occurrence probabilities and Markov random fields for texture analysis of SAR ice imagery[J]. IEEE Transactions on Geoscienee and Remote Sensing, 2004, 42(1): 215-228.

[194]薛笑荣，张艳宁，赵荣椿，等. 基于小波变换的 SAR 图像分割[J]. 计算机工程，2004, 7: 11-13.

[195]章孝灿.遥感数字图像处理[M]. 杭州: 浙江大学出版社, 1997.

[196]马广彬，章文毅，陈甫. 图像几何畸变精校正研究[J].计算机工程与应用，2007, 43(9): 45-48.

[197]Rocchini D, Rita A D. Relief effects on aerial photos geometric correction[J]. Applied Geography, 2005, 25: 159-168.

[198]王学平.遥感图像几何校正原理及效果分析[J].计算机应用与软件, 2008, 25(9): 102-105.

[199]赵灵军，刘定生，李国庆，等.卫星数据高性能精校正处理研究[J].国土资源遥感，2007, 1: 49-52.

[200] Barreto J P, Araujo H. Geometric properties of central catadioptric line images and their application in calibration[J].IEEE Transactions on Pattern Analysis and Machine Intelligence, 2005, (8): 1327-1332 .

[201] Kim T, Im Y. Automatic satellite image registration by combination of matching and random sample consensus[J]. IEEE Transactions on Geoscience and Remote Sensing, 2003, 41(5): 1111-1117.

[202] 文贡坚, 吕金建, 王继阳. 基于特征的高精度自动图像配准方法[J].软件学报, 2008, 19(9): 2293-2301.

彩　　图

图 1.1　生成图像(图形)

(a)可见光图像

(b)红外图像

(c)微波图像

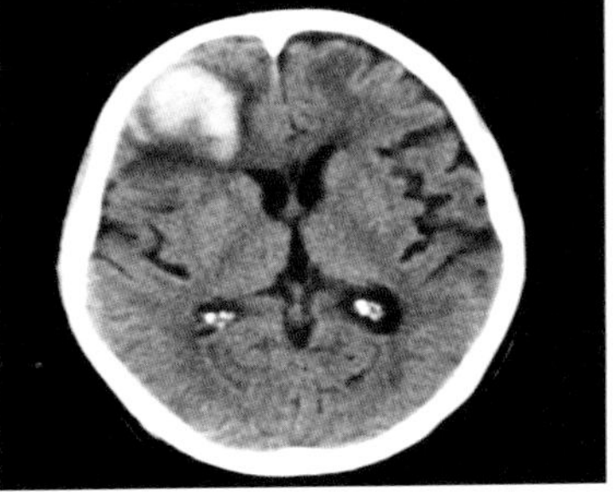

(d)磁共振图像

图 1.2　光图像

(a)原图像

(b)一般算法

(c)本章算法

图 7.3　半山腰户外图像去除薄雾效果图

(a)原图像

(b)一般算法

(c)本章算法

图 7.4　港口货船图像去除薄雾效果图

(a)

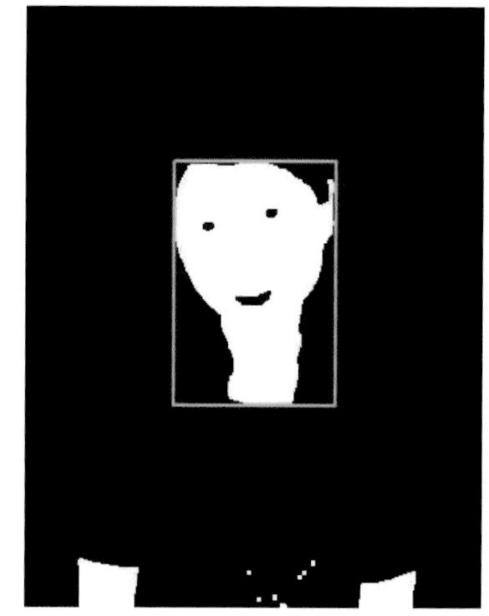

(b)

图 11.2　彩色图像的肤色分割处理

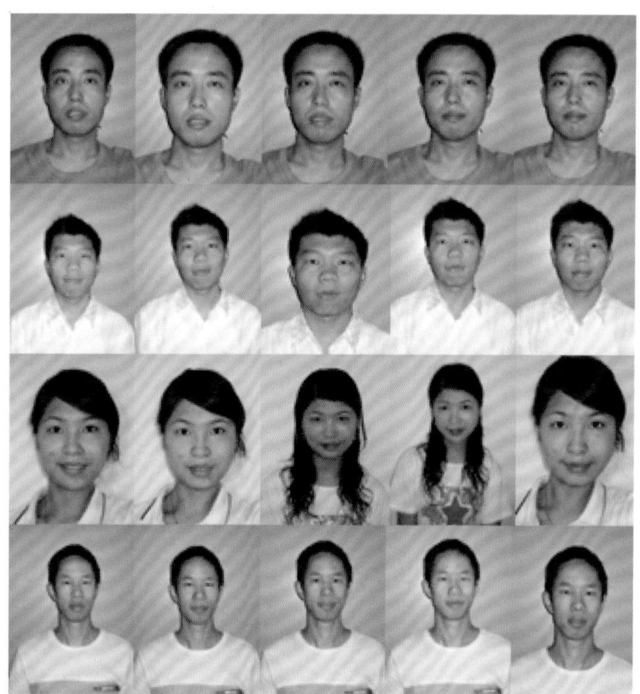

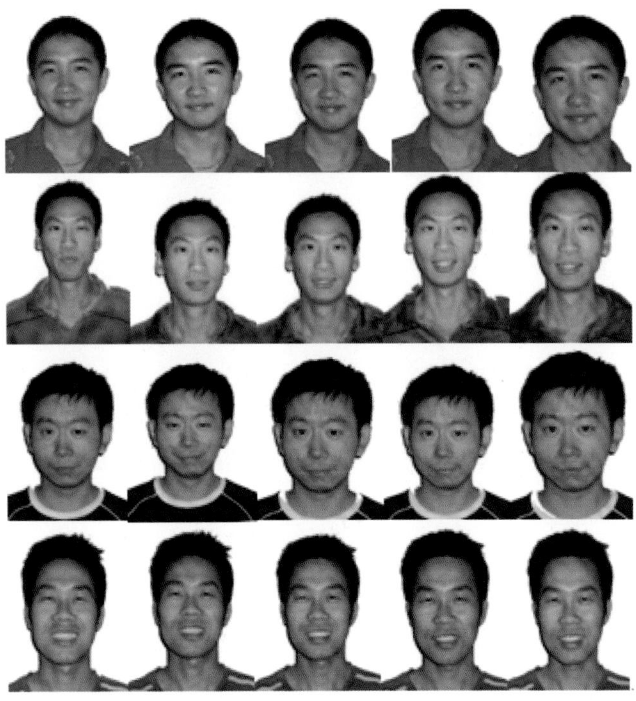

图 11.15　人脸图像数据库

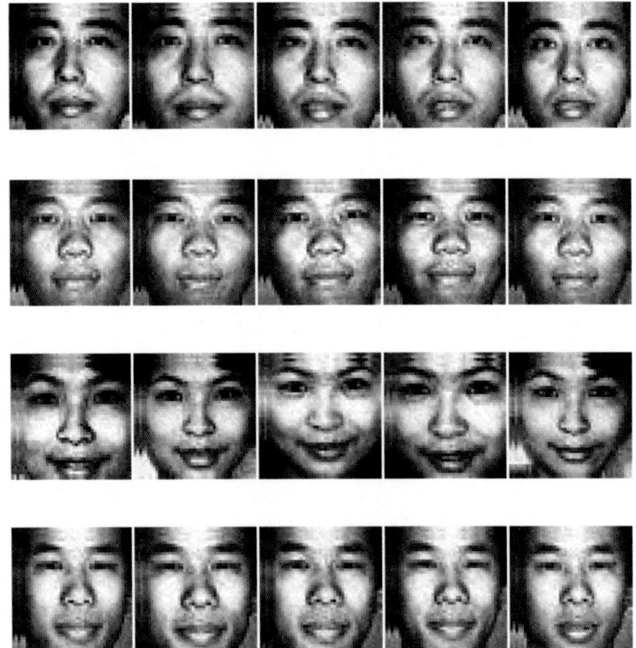

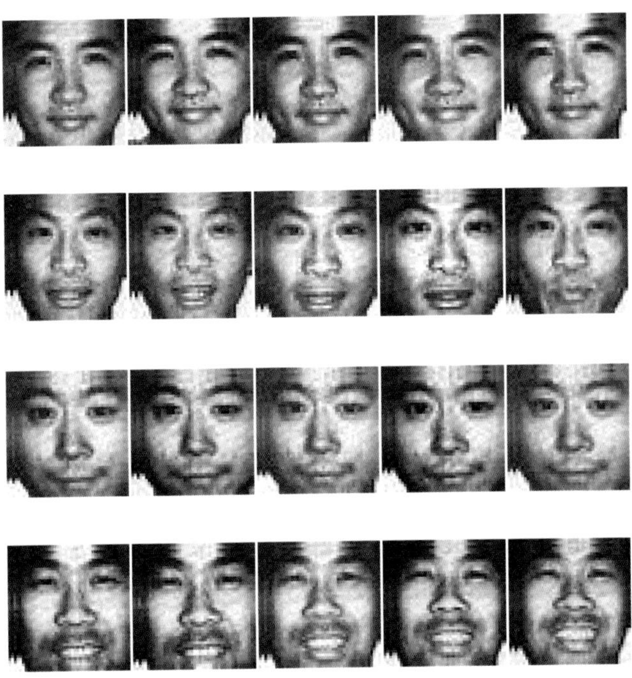

图 11.16　预处理后的标准图像

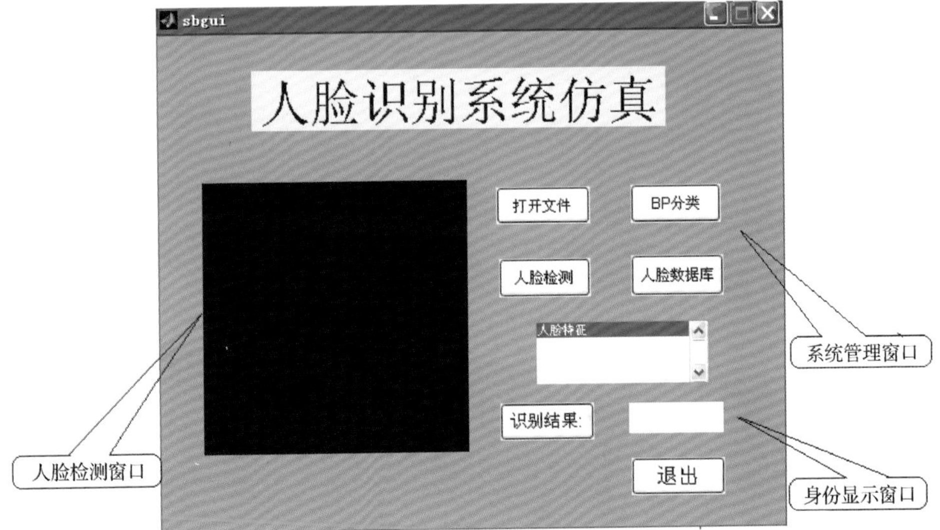

图 11.17　程序运行主界面

sbgui
人脸识别仿真系统
打开文件
BP分类
人脸检测
人脸数据库
24.0091
4.73418
-0.512766
1.90464
姓名：
王敏
退出

(a)

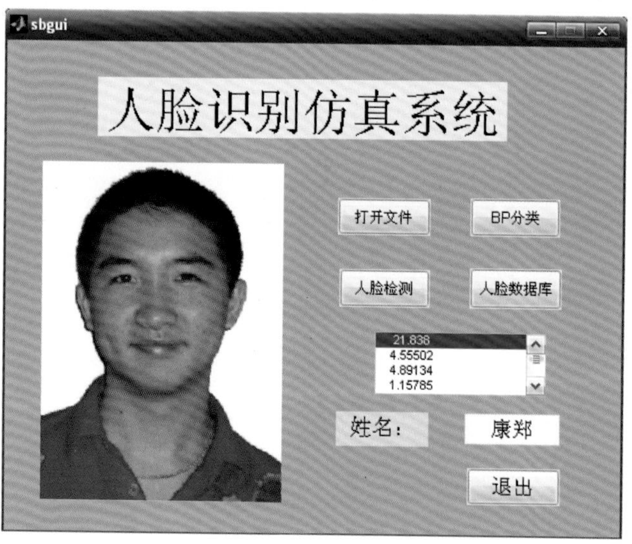
sbgui
人脸识别仿真系统
打开文件
BP分类
人脸检测
人脸数据库
21.838
4.55502
4.89134
1.15785
姓名：
康郑
退出

(b)

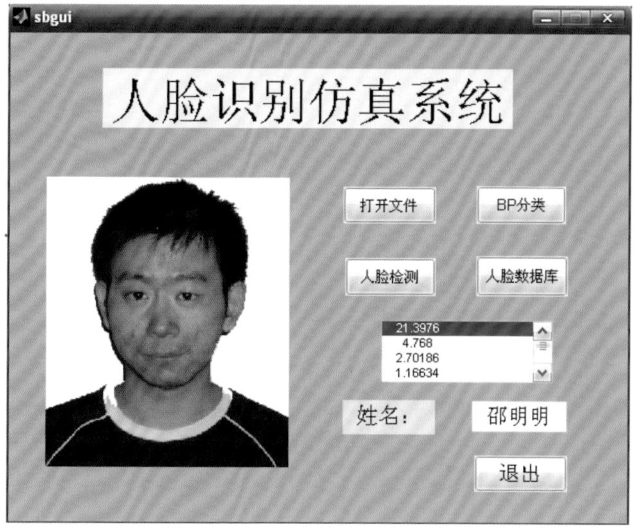

(c)

图 11.19　系统识别结果演示

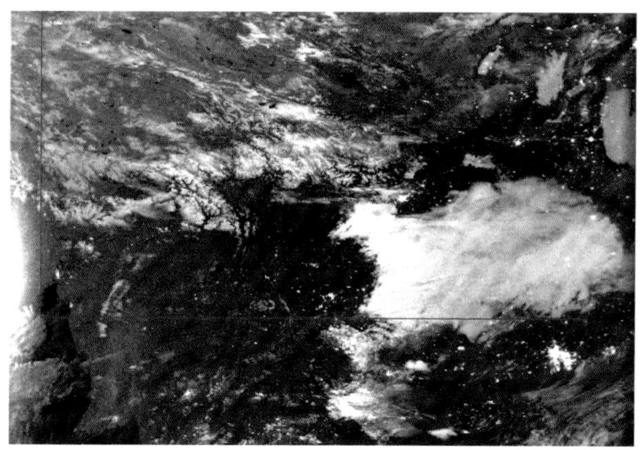

(a)原遥感图像

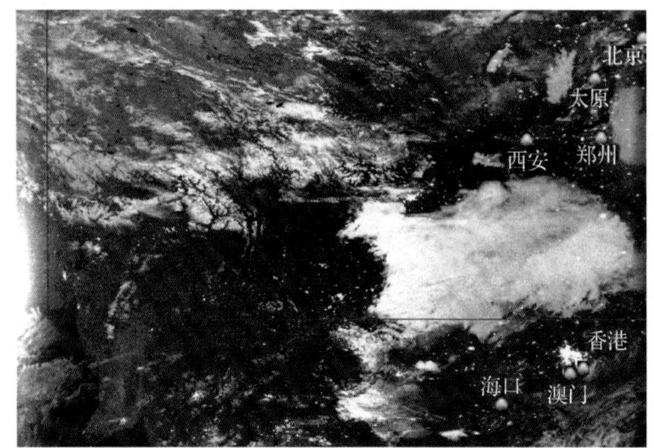

(b)匹配 GCP 模板的遥感图像

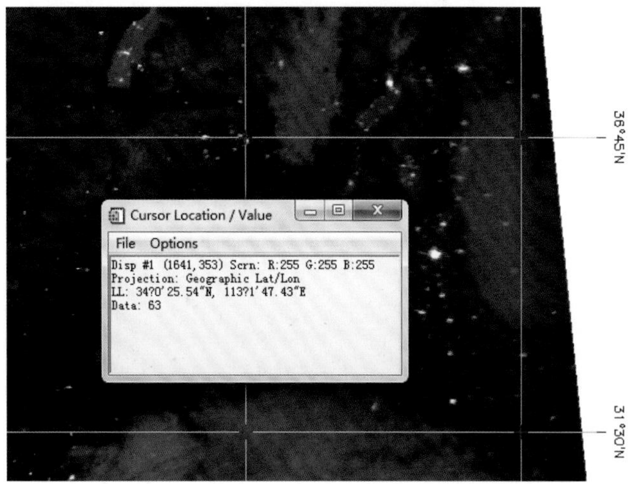

(c)校正并叠加经纬网的遥感图像的经纬度坐标

图 11.31 遥感图像校正